轨道交通装备制造业职业技能鉴定指导丛书

铁芯叠装工

中国中车股份有限公司 编写

中国铁道出版社

2016年·北 京

图书在版编目(CIP)数据

铁芯叠装工/中国中车股份有限公司编写.—北京:中国铁道出版社,2016.2

(轨道交通装备制造业职业技能鉴定指导丛书)

ISBN 978-7-113-21337-4

Ⅰ.①铁… Ⅱ.①中… Ⅲ.①变压器—铁芯—安装—职业技能—鉴定—自学参考资料 Ⅳ.①TM405

中国版本图书馆CIP数据核字(2016)第013108号

书　　名:轨道交通装备制造业职业技能鉴定指导丛书
铁芯叠装工

作　　者:中国中车股份有限公司

策　　划:江新锡　钱士明　徐　艳

责任编辑:陶赛赛　　　　编辑部电话:010-51873065

编辑助理:黎　琳

封面设计:郑春鹏

责任校对:马　丽

责任印制:陆　宁　高春晓

出版发行:中国铁道出版社(100054,北京市西城区右安门西街8号)

网　　址:http://www.tdpress.com

印　　刷:北京市昌平百善印刷厂

版　　次:2016年2月第1版　2016年2月第1次印刷

开　　本:787 mm×1 092 mm　1/16　印张:12.25　字数:297千

书　　号:ISBN 978-7-113-21337-4

定　　价:38.00元

序

在党中央、国务院的正确决策和大力支持下，中国高铁事业迅猛发展。中国已成为全球高铁技术最全、集成能力最强、运营里程最长、运行速度最高的国家。高铁已成为中国外交的金牌名片，成为高端装备“走出去”的大国重器。

中国中车作为高铁事业的积极参与者和主要推动者，在大力推动产品、技术创新的同时，始终站在人才队伍建设的重要战略高度，把高技能人才作为创新资源的重要组成部分，不断加大培养力度。广大技术工人立足本职岗位，用自己的聪明才智，为中国高铁事业的创新、发展做出了杰出贡献，被李克强同志亲切地赞誉为“中国第一代高铁工人”。如今在这支近9.2万人的队伍中，持证率已超过96%，高技能人才占比已超过59%，有6人荣获“中华技能大奖”，有50人荣获国务院“政府特殊津贴”，有90人荣获“全国技术能手”称号。

高技能人才队伍的发展，得益于国家的政策环境，得益于企业的发展，也得益于扎实的基础工作。自2002年起，中国中车作为国家首批职业技能鉴定试点企业，积极开展工作，编制鉴定教材，在构建企业技能人才评价体系、推动企业高技能人才队伍建设方面取得明显成效。

中国中车承载着振兴国家高端装备制造业的重大使命，承载着中国高铁走向世界的光荣梦想，承载着中国轨道交通装备行业的百年积淀。为适应中国高端装备制造技术的加速发展，推进国家职业技能鉴定工作的不断深入，中国中车组织修订、开发了覆盖所有职业(工种)的新教材。在这次教材修订、开发中，编者基于对多年鉴定工作规律的认识，提出了“核心技能要素”等概念，创造性地开发了《职业技能鉴定技能操作考核框架》。试用表明，该《框架》作为技能人才综合素质评价的新标尺，填补了以往鉴定实操考试中缺乏命题水平评估标准的空白，很好地统一了不同鉴定机构的鉴定标准，大大提高了职业技能鉴定的公平性和公信力，具有广泛的适用性。

相信《轨道交通装备制造业职业技能鉴定指导丛书》的出版发行，对于推动高技能人才队伍的建设，对于企业贯彻落实国家创新驱动发展战略，成为“中国制造2025”的积极参与者、大力推动者和创新排头兵，对于构建由我国主导的全球轨道交通装备产业新格局，必将发挥积极的作用。

中国中车股份有限公司总裁：

二〇一五年十二月二十八日

前　言

鉴定教材是职业技能鉴定工作的重要基础。2002年，经原劳动保障部批准，原中国南车和中国北车成为国家职业技能鉴定首批试点中央企业，开始全面开展职业技能鉴定工作。2003年，根据《国家职业标准》要求，并结合自身实际，我们组织开发了《职业技能鉴定指导丛书》，共涉及车工等52个职业(工种)的初、中、高3个等级。多年来，这些教材为不断提升技能人才素质、满足企业转型升级的需要发挥了重要作用。

随着企业的快速发展和国家职业技能鉴定工作的不断深入，特别是以高速动车组为代表的世界一流产品制造技术的快步发展，现有的职业技能鉴定教材在内容、标准等诸多方面，已明显不适应企业构建新型技能人才评价体系的要求。为此，公司决定修订、开发《轨道交通装备制造业职业技能鉴定指导丛书》。

本《丛书》的修订、开发，始终围绕打造世界一流企业的目标，努力遵循"执行国家标准与体现企业实际需要相结合、继承和发展相结合、质量第一、岗位个性服从于职业共性"四项工作原则，以提高中国中车技术工人队伍整体素质为目的，以主要和关键技术职业为重点，依据《国家职业标准》对知识、技能的各项要求，力求通过自主开发、借鉴吸收、创新发展，进一步推动企业职业技能鉴定教材建设，确保职业技能鉴定工作更好地满足企业发展对高技能人才队伍建设工作的迫切需要。

本《丛书》修订、开发中，认真总结和梳理了过去12年企业鉴定工作的经验以及对鉴定工作规律的认识，本着"紧密结合企业工作实际，完整贯彻落实《国家职业标准》，切实提高职业技能鉴定工作质量"的基本理念，以"核心技能要素"为切入点，探索、开发出了中国中车《职业技能鉴定技能操作考核框架》；对于暂无《国家职业标准》、又无相关行业职业标准的38个职业，按照国家有关《技术规程》开发了《中国中车职业标准》。自2014年以来近两年的试用表明：该《框架》既完整反映了《国家职业标准》对理论和技能两方面的要求，又适应了企业生产和技术工人队伍建设的需要，突破了以往技能鉴定实作考核缺乏水平评估标准的"瓶颈"，统一了不同产品、不同技术含量企业的鉴定标准，提高了鉴定考核的技术含量，提高了职业技能鉴定工作质量和管理水平，保证了职业技能鉴定的公平性和公信力，已经成为职业技能鉴定工作、进而成为生产操作者综合技术素质评价的新标尺。

本《丛书》共涉及99个职业(工种),覆盖了中国中车开展职业技能鉴定的绝大部分职业(工种)。《丛书》中每一职业(工种)又分为初、中、高3个技能等级,并按职业技能鉴定理论、技能考试的内容和形式编写。其中:理论知识部分包括知识要求练习题与答案;技能操作部分包括《技能考核框架》和《样题与分析》。本《丛书》按职业(工种)分册,已按计划出版了第一批75个职业(工种)。本次计划出版第二批24个职业(工种)。

本《丛书》在修订、开发中,仍侧重于相关理论知识和技能要求的应知应会,若要更全面、系统地掌握《国家职业标准》规定的理论与技能要求,还可参考其他相关教材。

本《丛书》在修订、开发中得到了所属企业各级领导、技术专家、技能专家和培训、鉴定工作人员的大力支持;人力资源和社会保障部职业能力建设司和职业技能鉴定中心、中国铁道出版社等有关部门也给予了热情关怀和帮助,我们在此一并表示衷心感谢。

本《丛书》之《铁芯叠装工》由原永济新时速电机电器有限责任公司《铁芯叠装工》项目组编写。主编韩振善;主审贾健,副主审牛志钧、冯列万、贺兴跃;参编人员时兴华、贺昱翔、刘晓荔、王峰。

由于时间及水平所限,本《丛书》难免有错、漏之处,敬请读者批评指正。

中国中车职业技能鉴定教材修订、开发编审委员会

二〇一五年十二月三十日

目　录

铁芯叠装工(职业道德)习题

一、填 空 题

1. 职业道德也是社会主义道德体系的(　　)部分。

2. 职业道德建设是公民道德(　　)的落脚点。

3. 加强职业道德建设,坚决纠正利用职权谋取(　　)的行业不正之风,是各行各业兴旺发达的保证。

4. 如果全社会职业道德水准普遍(　　),市场经济难以发展。

5. 要自觉维护国家的法律、法规和各项行政规章,遵守市民守则和有关规定,用法律规范自己的行为,不做任何(　　)违纪的事。

6. 提高职业修养要做到:正直做人,坚持真理,讲正气,办事公道,处理问题要(　　),合乎政策,结论公允。

7. 我国安全生产的方针是"(　　)、预防为主、综合治理"。

8. 噪声对人体的危害程度与(　　)有关。

9. 文明生产是通过宣传教育和整理整顿,养成职工在生产中的文明习惯,实现生产现场的(　　)、规范化和系统化,做到厂区环境文明、作业环境文明、岗位操作文明的活动。

10. 全面的质量管理的四大观点:为用于服务的观点,控制产品质量形成的全过程的观点,全员管理的观点,(　　)。

11. 企业员工要熟知本岗位安全职责和(　　)规程。

12. 劳动者者应当完成劳动任务,提高职业技能,执行劳动安全卫生规程,遵守劳动纪律和(　　)。

13. ISO14001 是指环境管理体系的(　　)。

14. 劳动者享有平等就业和选择职业的权利,取得劳动报酬的权利,休息和休假的权利,获得劳动安全卫生保护的权利,接受职业技能培训的权利,享受社会保险和福利的权利,搞清劳动争议(　　)的权利及法律规定的其他劳动权利。

15. 合同法的制定是为了保护合同当事人的(　　),维护社会经济秩序,促进社会主义现代化建设。

16. 爱岗敬业就要恪尽职守,脚踏实地,精益求精,干一行,爱一行,(　　)。

17. 中国中车的使命是(　　)。

18. 爱岗敬业的具体要求有树立职业理想、(　　)、提高职业技能。

19. 中国中车团队建设目标是(　　)、活力、凝聚力。

20. (　　)为了保护专利权人的合法权益,鼓励发明创造,推动发明创造的应用,提高创新能力,促进科学技术进步和经济社会发展而制定的。

21. (　　)是指所有从业人员在职业活动中应该遵循的行为准则,是一定职业范围内的特殊道德要求，即整个社会对从业人员的职业观念、职业态度、职业技能、职业纪律和职业作风等方面的行为标准和要求。

22.（　　）是作为职场工作人员的最为基本的要求，也是最基本的工作奉献精神。

23.（　　）是在特定的职业活动范围内从事某种职业的人们必须共同遵守的行为准则。

24. 职业纪律包括：（　　）、组织纪律、保密纪律等基本纪律要求以及各行各业的特殊纪律要求。

25. 保密法自（　　）起施行。

26. 公司商业秘密事项的定密原则是（　　）。

27. 涉密人员辞职、解聘、调离涉密岗位，应当在离岗前（　　）保管和使用的商业秘密载体。

28.（　　）是劳动合同者与用人单位确立劳动关系、明确双方权利和义务的协议。

29.（　　）依法订立即具有法律约束力，当事人必须履行劳动合同规定的义务。

30. 从事（　　）的劳动者必须经过专门的培训取得特种作业资格。

二、单项选择题

1. 涉密人员上岗、在岗应该（　　）。
(A)主动接受保密教育培训　(B)掌握保密知识技能
(C)签订保密承诺书　(D)自觉接受保密监督检查

2. 公司商业秘密事项的密级分为（　　）。
(A)秘密、机密、绝密　(B)秘密和机密
(C)核心商密和普通商密　(D)经营秘密和技术秘密

3. 涉密人员辞职、解聘、调离涉密岗位，应当在离岗前（　　）保管和使用的商业秘密载体。
(A)销毁　(B)清退　(C)丢弃　(D)自行处理

4. 劳动合同可以约定试用期，试用期一般不超过（　　）。
(A)3 个月　(B)6 个月　(C)12 个月　(D)18 个月

5.（　　）应依法建立和完善规章制度，保障劳动者享有的劳动权利和履行劳动义务。
(A)用人单位　(B)劳动者　(C)地方政府　(D)中央政府

6. 劳动者解除劳动合同的，应当提前（　　）以书面形式通知用人单位。
(A)10 日　(B)15 日　(C)30 日　(D)45 日

7. 从事（　　）的劳动者必须经过专门培训取得专业资格。
(A)特种作业　(B)一般作业　(C)特殊工种　(D)关键过程

8. 中华人民共和国合同法自（　　）起实行。
(A)1998 年 10 月 1 日　(B)1999 年 10 月 1 日
(C)2000 年 10 月 1 日　(D)1997 年 10 月 1 日

9. 做一个称职的劳动者，必须遵守（　　）。
(A)职业规范　(B)职业道德　(C)职业态度　(D)职业观念

10. 市场经济是法制经济，也是德治经济、信用经济，它要法制去规范，也要靠（　　）良知去自律。

(A)法制　　(B)道德　　(C)信用　　(D)经济

11. 在竞争越来越激烈的时代,企业要利于不败之地,个人要想脱颖而出,良好的职业道德,尤其是(　　)十分重要。

(A)技能　　(B)作风　　(C)信誉　　(D)观念

12. 遵守纪律、执行制度、严格程序、规范操作是(　　)。

(A)职业纪律　　(B)职业态度　　(C)职业技能　　(D)职业作风

13. 爱岗敬业是(　　)。

(A)职业修养　　(B)职业态度　　(C)职业纪律　　(D)职业作风

14. 提高职业技能与(　　)无关。

(A)勤奋好学　　(B)用于实践　　(C)加强交流　　(D)讲求效率

15. 严细认真就要做到:增强精品意识,严守(　　),精益求精,保证产品质量。

(A)国家机密　　(B)技术要求　　(C)操作规程　　(D)产品质量

16. 树立"用户至上"的思想,要增强服务意识,端正服务态度,改进服务措施,达到(　　)。

(A)用户至上　　(B)用户满意　　(C)产品质量　　(D)保证工作质量

17. 清正廉洁,克己奉公,不以权谋私、行贿受贿,是(　　)。

(A)职业态度　　(B)职业修养　　(C)职业纪律　　(D)职业作风

18. 为了保障劳动者的合法权益,调整劳动关系,建立和维护适应社会主义市场经济的劳动制度,促进社会经济的发展,根据宪法制定(　　)。

(A)合同法　　(B)劳动法　　(C)质量法　　(D)宪法

19. (　　)的制定是为了保护合同当事人的合法权益,维护社会经济秩序,促进社会主义现代化建设。

(A)合同法　　(B)劳动法　　(C)质量法　　(D)宪法

20. (　　)是为人之本、从业之要。

(A)提高工作技能　　(B)端正职业态度　　(C)清正廉洁　　(D)诚实守信

21. (　　)是在特定的职业活动范围内从事某种职业的人们必须共同遵守的行为准则,包括:劳动纪律、组织纪律、保密纪律等基本纪律要求以及各行各业的特殊纪律要求。

(A)职业态度　　(B)职业修养　　(C)职业纪律　　(D)职业作风

22. (　　)是接轨世界,牵引未来。

(A)职业态度　　(B)中国中车愿景　　(C)中国中车使命　　(D)职业作风

23. (　　)成为轨道交通装备行业世界级企业。

(A)职业态度　　(B)中国中车愿景　　(C)中国中车使命　　(D)职业作风

24. 企业员工要熟知本岗位的安全职责和(　　)规程。

(A)安全操作　　(B)工艺操作　　(C)设备操作　　(D)现场操作

25. 企业员工要积极开展质量公关活动,提高产品质量和用户满意度,避免(　　)的发生。

(A)安全事故　　(B)质量事故　　(C)安全问题　　(D)违法违纪

26. 我国的安全生产方针是(　　)。

(A)安全第一　　(B)预防为主

(C)安全第一,预防为主 (D)预防第一,安全为主

27.( )是指所有从业人员在职业活动中应该遵循的行为准则,是一定职业范围内的特殊道德要求,即整个社会对从业人员的职业观念、职业态度、职业技能、职业纪律和职业作风等方面的行为标准和要求。

(A)职业规范 (B)职业道德 (C)职业态度 (D)职业观念

28. 职业道德的建设核心是( )。

(A)服务群众 (B)爱岗敬业 (C)办事公道 (D)风险社会

29. 我国《环境保护法》确立环境污染危害民事责任的归责原则为( )。

(A)过错责任原则 (B)无过错责任原则

(C)公平责任原则 (D)诚实信誉原则

30. 在商业活动中,不符合待人热情要求的是( )。

(A)严肃待客,不卑不亢 (B)主动服务,细致周到

(C)微笑大方,不厌其烦 (D)亲切友好,宾至如归

三、多项选择题

1. 职业道德的内容包括( )。

(A)文明礼貌 (B)爱岗敬业 (C)诚实守信 (D)开拓创新

2. 中国中车的使命是( )。

(A)接轨世界 (B)牵引未来

(C)打造国际品牌 (D)建设活力团队

3. 中国中车核心价值观包括( )。

(A)诚信为本 (B)创新为魂 (C)崇尚行动 (D)勇于进取

4. 中国中车团队建设目标是( )。

(A)实力 (B)活力 (C)凝聚力 (D)信守承诺

5. 文明礼貌的内涵是( )。

(A)仪表端庄 (B)举止得体 (C)语言规范 (D)待人热情

6. 爱岗敬业的具体要求有( )。

(A)树立职业理想 (B)强化职业责任 (C)提高职业技能 (D)诚实守信

7. 办事公道的具体要求是( )。

(A)坚持真理 (B)公私分明 (C)公平公正 (D)光明磊落

8. 遵纪守法的具体要求是( )。

(A)学法 (B)知法 (C)守法 (D)用法

9. 团结互助的基本要求是( )。

(A)平等尊重 (B)顾全大局 (C)互相学习 (D)共同发展

10. 劳动合同应以书面形式订立,包括以下条款:( )。

(A)劳动合同期限 (B)工作内容

(C)劳动保护和劳动条件 (D)劳动报酬

11. 劳动合同的期限分为( )。

(A)固定期限 (B)无固定期限

(C)完成一定的工作为期限　(D)无限期

12. 订立和变更劳动合同,应遵循以下原则:(　　)。

(A)平等自愿　(B)协商一致

(C)用人单位有权变更　(D)不得违反法律法规

13. 牵引未来是指(　　)。

(A)推动社会进步　(B)牵引行业进步

(C)引领员工进步　(D)成为轨道交通装备行业世界级企业

14. 接轨世界是指(　　)。

(A)接轨先进理念　(B)接轨一流科技　(C)接轨全球市场　(D)接轨一流企业

15. 当事人订立合同有(　　)等形式。

(A)书面形式　(B)口头形式　(C)正式形式　(D)非正式形式

16. 安全生产的四个必须包括(　　)。

(A)必须人人注意安全　(B)必须时时注意安全

(C)必须事事注意安全　(D)必须处处注意安全

17. 职业纪律包括:(　　)等基本纪律要求以及各行各业的特殊纪律要求。

(A)劳动纪律　(B)组织纪律　(C)保密纪律　(D)特殊纪律要求

18. 团结互助指的目标是,为了实现共同的利益和目标,(　　)。

(A)互相帮助　(B)互相支持　(C)团结协作　(D)共同发展

19. 签订劳动合同的原则是(　　)。

(A)合法原则　(B)计划原则

(C)平等互利　(D)协商一致、等价有偿

20. 制定安全生产法的目的是(　　)。

(A)加强安全生产监督管理　(B)防治和减少安全事故

(C)保障人民群众生命和财产安全　(D)促进经济发展

21. 劳动者应做到(　　)。

(A)完成劳动任务　(B)提高职业技能

(C)执行劳动安全卫生工程　(D)遵守劳动纪律和职业道德

22. 企业的主要操作规程有(　　)。

(A)安全技术操作规程　(B)设备操作规程

(C)现场操作规程　(D)工艺规程

23. 职业作风的基本要求有(　　)。

(A)严细认真　(B)讲求效率　(C)热情服务　(D)团结协作

24. 我国处理劳动争议,应遵循以下(　　)原则。

(A)着重解决,及时处理　(B)依法处理

(C)公正处理　(D)三方原则

25. 用人单位可以解除劳动合同的情形有(　　)。

(A)被依法追究刑事责任的

(B)在使用期间证明不符合条件的

(C)严重违反用人单位劳动纪律和规章制度的

(D)严重失职，对用人单位造成重大损害的

26. 违反《环境保护法》的规定，根据行为违法的性质和情节的不同，可以对违法单位处以(　　)行政处罚。

(A)警告　(B)罚款　(C)停业　(D)关闭

27. 环境影响评价的特点是(　　)。

(A)预测性　(B)客观性　(C)综合性　(D)负面性

28. 造成环境污染危害的行为主体所应承担的民事责任有(　　)。

(A)赔礼道歉　(B)排除危害　(C)赔偿损失　(D)原状

29. 下列有关环境质量标准的说法，不正确的是(　　)。

(A)环境质量标准包括国家环境质量标准和各级地方政府制定的地方环境标准

(B)对国家环境质量标准已做规定的项目，不得制定地方标准

(C)中央直属企业所在地即使已有地方污染物排放标准，企业仍执行国家排污标准

(D)地方污染物排放标准必须报国务院环境保护行政主管部门批准

30. 专利权人享有的权利有(　　)。

(A)转让专利权的权利　(B)放弃专利权的权利

(C)许可他人实施专利的权利　(D)在专利产品上标明专利标识的权利

四、判 断 题

1. 图纸或技术资料丢失，可借用其他单位图纸或资料进行复印后使用。(　　)

2. 所有电子信息资料的拷出，只需单位领导批准即可。(　　)

3. 本着“尊重来宾，热情接待”的原则，可陪同来宾到技术中心各研究所参观、洽谈。(　　)

4. 公司商业秘密事项的定密原则是随时产生，定期确定。(　　)

5. 签订合同时，凡由公司提供图纸或技术文件涉及技术秘密的，必须与供应商签订技术保密协议。(　　)

6. 经劳动合同当事人协商一致，劳动合同可以解除。(　　)

7. 劳动者有权依法参加和组织工会。(　　)

8. 依法成立的合同，自成立时生效。(　　)

9. 抓好职业道德建设与改善社会风气没有密切关系。(　　)

10. 职业道德也是一种职业竞争力。(　　)

11.《公民道德建设实施纲要》指出我国职业道德建设规范是爱岗敬业、诚实守信、办事公道、服务群众、奉献社会。(　　)

12. 职业道德的“五个要求”，既包含基础性的要求，也有较高的要求。其中，最基本的要求是专业的职业技能。(　　)

13. 职业道德对职业技能的提高具有促进作用。(　　)

14. 职业道德修养是国家和社会的强制规定，个人必须服从。职业道德修养是从业人员获得成功的唯一途径。(　　)

15. 敬业是指尊重、尊崇自己的职业和岗位，以恭敬和负责的态度对待自己的工作，做到工作专心，严肃认真，精益求精，尽职尽责，有强烈的职业责任感和职业义务感。(　　)

16. 在职业生活中,从业人员是否践行诚实守信,应看上司的意见而定。(　　)
17. 造成环境污染危害的行为主体所不应承担相应的民事责任。(　　)
18.《环境保护法》中的行政制裁,分为行政处罚和行政处分两大类。(　　)
19.《环境保护法》的主体涉及国家、国家机关以及社会团体。(　　)
20. 中国中车使命接轨世界包括 接轨先进理念、接轨一流科技、接轨全球市场。(　　)
21. 中国中车核心价值观诚信为本,创新为魂,崇尚行动,勇于进取。(　　)
22. 中国中车团队建设目标是实力、活力、凝聚力。(　　)
23. 扑灭火灾常用的方法是冷却法、隔离法、窒息法。(　　)
24. 生产与安全的关系是生产必须安全,安全促进生产。(　　)
25. 清洁生产是我们预防污染的主要措施。(　　)
26. 从事特种作业的劳动者无须经过专门的培训可直接上岗。(　　)
27. 处理事故可以不坚持“四不放过”原则。(　　)
28. 只有发明专利才能由国务院推广应用。(　　)
29. 专利权人不享有许可他人实施专利的权利。(　　)
30. 安全生产的实质是安全生产,人人有责。(　　)

铁芯叠装工(职业道德)答案

一、填空题

1. 重要组成　2. 建设　3. 私利　4. 低下
5. 违法　6. 出以公心　7. 安全第一　8. 频率和强度
9. 科学化　10. 用数据说话　11. 安全操作　12. 职业道德
13. 规范性标准　14. 处理　15. 合法权益　16. 干好一行
17. 接轨世界、牵引未来　18. 强化职业责任　19. 实力
20. 专利法　21. 职业道德　22. 爱岗敬业　23. 职业纪律
24. 劳动纪律　25. 2010 年 10 月 1 日　26. 随时产生随时确定
27. 清退　28. 劳动合同　29. 劳动合同法　30. 特种作业

二、单项选择题

1. C　2. C　3. B　4. B　5. A　6. C　7. A　8. B　9. B
10. B　11. B　12. A　13. B　14. D　15. C　16. B　17. B　18. B
19. A　20. D　21. C　22. B　23. B　24. A　25. B　26. C　27. B
28. B　29. B　30. A

三、多项选择题

1. ABCD　2. AB　3. ABCD　4. ABC　5. ABCD　6. ABC　7. ABCD
8. ABCD　9. ABCD　10. ABCD　11. ABC　12. ABC　13. ABCD　14. ABCD
15. AB　16. ABCD　17. ABCD　18. ABCD　19. ABCD　20. ABCD　21. ABCD
22. ABD　23. ABCD　24. ABCD　25. ABCD　26. ABC　27. BC　28. ACD
29. ABCD　30. AB

四、判断题

1. ×　2. ×　3. ×　4. ×　5. √　6. √　7. √　8. √　9. ×
10. √　11. √　12. ×　13. √　14. ×　15. √　16. ×　17. ×　18. ×
19. √　20. √　21. √　22. √　23. √　24. √　25. √　26. ×　27. ×
28. √　29. ×　30. √

铁芯叠装工(初级工)习题

一、填 空 题

1. 一个物体可以有(　　)个基本投影方向。

2. “长对正、高平齐、宽相等”是表达了(　　)的关系。

3. 在几何作图中尺寸分为定形尺寸和(　　)尺寸。

4. 装配图包括:一组图形、必要尺寸、必要的技术条件、零件号和明细表、(　　)。

5. 设计给定的尺寸称为(　　)。

6. 最大极限尺寸减其基本尺寸所得的代数差称为(　　)。

7. 具有间隙(包括最小间隙等于0)的配合叫(　　)。

8. 尺寸界线应用(　　)画出。

9. 允许尺寸的变动量称为(　　)。

10. 基本尺寸相同的、相互结合的孔和轴公差带之间的关系称为(　　)。

11. 标准规定的基轴制其轴的(　　)。

12. 我国机械制图规定:应采用第一角画法布置六个基本视图,必要时可画出第一角画法的(　　)。

13. 工程上常用的投影法分为中心投影法和(　　)投影法。

14. 在前方投影的视图尽量反映物体的主要特征,该视图称为(　　)。

15. 同一张视图不能按六个基本视图投影面展开配置时,应在视图上方标出 x 向,在相应的视图附近用箭头指明(　　)。

16. 轮廓算术平均偏差(　　)为最常用的评定参数。

17. 表面结构代号中的数字其单位是(　　)。

18. 实际形状对理想形状的允许变动量称为形状公差,实际位置相对理想位置的允许变动量称(　　)。

19. 形位公差代号包括形位公差的符号、框格、指引线、数值、形状、(　　)。

20. 碳素钢按用途可分为碳素结构钢和(　　)钢。

21. 淬火的目的是使钢得到(　　),从而提高钢的韧性和耐磨性。

22. 淬火后高温回火称为(　　),可使钢获得很高的韧性和足够的强度。

23. 常用的洛氏硬度的表示方法为(　　)。

24. H62是普通黄铜,数字表示为(　　)。

25. 低碳钢强度低、硬度低、塑性好和(　　)。

26. 低碳钢牌号有Q195、Q215、Q235、Q255、Q275,钢后面的数字都表示的是其(　　)。

27. 世界各国都以(　　)值划分硅钢片的牌号,铁损越低,牌号越高,质量也高。

28. 摩擦传动的优点:缓冲、吸振、传动平衡、噪声小;过载时打滑,防止其他机件损坏;结构简单，装拆方便；适用(　　)。

29. 一般液压传动系统由(　　)、传送、控制、执行四个部分组成。

30. 液压阀在液压系统中的作用可分为：压力控制阀、流量控制阀、(　　)控制阀。

31. 气压传动系统中的气源装置主要由(　　)、油雾器、调压阀三部分组成。

32. 气压传动系统中空气过滤器是将空气当中的杂质过滤干净，起到清洁空气的作用。(　　)主要是起润滑作用。油雾器可以提高气缸的使用寿命。调压阀起到调节压力和稳压的作用。

33. 百分表一般和其他的量具套用，如和内径量杆一起套用，精度为(　　)。

34. 千分表的用途和百分表一样，精度为(　　)。

35. 数显游标卡尺使用前要对其进行(　　)设置，精度为 0.02 mm。

36. 绝缘漆由(　　)、阻燃剂、固化剂、颜填料、助剂和溶剂等组成。

37. 使绕组中导线与导线之间产生一良好的绝缘层，阻止电流的流通是(　　)绝缘漆的功效。

38. 通常由植物纤维、矿物纤维、合成纤维或其混合物，通过水和其他介质将纤维沉积在造纸机上而形成的薄页状绝缘材料是(　　)。

39. 树脂浸渍玻璃纤维无纬绑扎带称(　　)，因使用工艺简单，机械强度高，具有优良的电气绝缘特性而广泛应用于电机转子、变压器铁芯绑扎紧固，是电工行业不可缺少的绝缘材料。

40. 我国安全生产的方针是“(　　)、预防为主、综合治理”。

41. 噪声对人体的危害程度与(　　)有关。

42. 文明生产是通过宣传教育和整理整顿，养成职工在生产中的文明习惯，实现生产现场的(　　)、规范化和系统化，做到厂区环境文明、作业环境文明、岗位操作文明的活动。

43. 全面的质量管理的四大观点：为用于服务的观点，控制产品质量形成的全过程的观点，全员管理的观点，(　　)。

44. 比例是指图中(　　)与实物尺寸之比。

45. 标注尺寸的三要素是尺寸界限、尺寸线和(　　)。

46. 纸幅面按尺寸大小可分为 5 种，图纸幅面代号分别为(　　)、A1、A2、A3、A4。

47. 比例 3∶1 是指图形尺寸是(　　)的 3 倍，属于放大比例。

48. 尺寸标注的符号：R 表示(　　)。

49. 尺寸标注的符号：ϕ 表示(　　)。

50. 尺寸标注的符号：$S\phi$ 表示(　　)。

51. 公差配合中(　　)包括直线度、平面度、圆度、圆柱度、线轮廓度和面轮廓度。

52. 公差配合中(　　)包括平行度、垂直度、倾斜度、同轴度、对称度、位置度、圆跳动和全跳动。

53. 用于判断和测量表面结构时所规定的一段基准线长度称为(　　)，它在轮廓总的走向上取样。

54. 在尺寸标注时避免出现(　　)的尺寸链。

55. 热处理工艺中(　　)是将钢件加热到适当温度，保温一段时间，然后再缓慢的冷下来。

56. 热处理工艺中(　　)是使零件表面获得高硬度和耐磨性,而心部则保持塑性和韧性。

57. 使钢表面形成氧化膜的方法叫(　　)。

58. 淬火后必须(　　),用来消除脆性和内应力。

59. 叠压作业中(　　)是限制实际要素对基准在倾斜方向上变动量的一项指标。

60. 表面结构符号中基本符号加一短划,表示表面是(　　)获得。

61. 最大极限尺寸减其基本尺寸所得的代数差为(　　)。

62. 最小极限尺寸减其基本尺寸所得的代数差为(　　)。

63. 最大极限尺寸减最小极限尺寸之差,或上偏差减下偏差之差,它是允许尺寸的变动量,称(　　)。

64. 间隙配合是指具有间隙(包括最小间隙等于零)的配合,此时,孔的公差带在轴的公差带之(　　)。

65. 基孔制配合的孔为基准孔,代号为H,国际规定基准孔(　　)的为零。

66. 公差配合中(　　)是指某一尺寸(实际尺寸、极限尺寸等)减其基本尺寸所得的代数差。极限偏差包括上偏差和下偏差。

67. 基本偏差为一定的轴的公差带与不同基本偏差的孔的公差带形成各种配合的一种制度,称为(　　)。

68. 基轴制配合的轴为基准轴,国标规定基准轴的上(　　)为零。

69. 使用游标卡尺读取测量结果时视线方向应尽量(　　)刻度面。

70. 使用量具前必须看清量具是否在(　　)。

71. 量具使用结束后必须将量具(　　),放入盒内。

72. 叠压作业中(　　)不能测量实际尺寸,只能测量零件和产品的形状及尺寸是否合格。

73. 为了消除加工硬化现象、降低硬度、提高塑性,进行(　　)。

74. 曲柄压力机采用的离合器有(　　)和圆盘摩擦式离合器两种。

75. 生产工人在工作中做到按(　　)、按工艺、按技术标准生产。

76. 电机按照所接电源种类的不同分为直流电机和(　　)电机两大类。

77. 电机定转子铁芯一般是由冲制的圆形或(　　)硅钢片,经绝缘处理后装压而成。

78. 冷冲压使用的普通冲床按床身形式分类,分为开式和(　　)。

79. 影响产品质量的主要因素有人、机、料、(　　)、环。

80. 铁芯按槽方向分为直槽和(　　)。

81. 纵剪就是沿着冷轧钢带的(　　)方向,把一定宽度的材料剖成所需的各种宽度的条料。

82. 铁芯在整形过程通常使用的工装是(　　)。

83. 通槽棒是检查铁芯槽形尺寸的量具,通槽棒(　　)即为合格。

84. 硅钢片牌号50TW360中,50是(　　),W是无取向,360是铁损耗。

85. 冲裁件有大小端,落料件应测量(　　)端,冲孔件应测量小端。

86. 硅钢片按轧制方法可分为热轧和(　　)。

87. 冲制是指在冲床上利用模具对冲片进行落料、(　　)、冲槽等工作。

88. 冲片冲制毛刺大小的影响因素主要有(　　)、冲模刃口是否锐利及对模是否正确。

89. 铁芯叠装过程中,发现一边松一边紧时,可采用(　　)的办法来解决。

90. 铁芯采用剪片办法时，留下的部分应保留键槽和二分之一以上的（　　），使能够定位，在离心力作用下不会飞出。

91. 铁芯片退火或烘焙后表面变色主要原因有（　　）、保护气体不纯和温度太高。

92. 铁芯压装的三个工艺参数是压力、（　　）和铁芯质量。

93. 铁芯片间压力过大，将会损伤绝缘，导致（　　）增大，铁芯发热。

94. 铁芯压装时，通常（　　）和质量均在给定的范围之内。

95. 叠压系数是判断（　　）的一个主要指标。

96. 变压器铁芯通常分为（　　）和芯式两种。

97. 铁芯在叠装时，通常用（　　）来保证槽形尺寸的准确性。

98. 铁芯压装时，在槽中插入 2～4 根（　　），以保证尺寸精度，槽壁整齐。

99. 铁芯压装后，通常是用通槽棒来检查槽形尺寸，通槽棒能够（　　）的槽形为合格。

100. 为了减少铁芯中的涡流和漏磁损失，铁芯必须有很好的（　　）。

101. 为了保证安全，上岗时应正确穿戴（　　）。

102. 电动机是一种将电能转换成（　　）的设备。

103. 横剪就是在相对冷轧钢带的轧制方向成（　　）的方向上把一定宽度的材料剖成所需的各种宽度的条料。

104. 冲剪时要考虑到硅钢片有（　　）的现象，应避免使它有规则地反映到冲片中来。

105. 铁芯槽形尺寸不对时会影响下线质量，增加锉槽工时和引起（　　）。

106. 电机铁芯叠片图应提供铁芯的（　　）、叠压系数及铁芯槽不齐度等。

107. 三相异步电动机的定子由机座、（　　）、定子绕组、端盖、接线盒等组成。

108. 异步电动机的转子由（　　）、转子绕组、风扇、转轴等组成。

109. 铁芯叠压在工艺上应保证铁芯压装具有一定的（　　）、准确度和牢固性。

110. 铁芯压装的设备为液压机，小电机有专用的铁芯压装机，大电机一般为（　　）。

111. 设备保三好是指管好、（　　）、修好。

112. 请写出物料存放的三定：定点、（　　）、定量。

113. 力矩扳手用作安装紧固件时测量其安装力矩，绝不能用于（　　）工具，不能敲打、磕碰或做它用，使用时应尽量轻拿轻放，不许任意拆卸与调整。

114. 毛刺会引起铁芯的片间短路，增大（　　）和温升。

115. 冲模间隙过大、冲模安装不正确或冲模刃口（　　），都会使冲片产生毛刺。

116. 当冲片有波纹，有锈蚀，有油污、尘土等时，会使（　　）降低。

117. 槽形尺寸的准确度主要靠（　　）来保证，压装时在铁芯的槽中插 2～4 根槽样棒来定位，以保证尺寸精度和槽壁整齐。

118. 铁芯内外圆的准确度一方面取决于冲片的尺寸精度和同轴度，另一方面取决于铁芯压装的工艺和（　　）。

119. 变压器铁芯采用很薄的且涂有绝缘漆硅钢片叠装而成，目的是（　　）。

120. 铁芯压装的任务就是将一定数量的冲片理齐、（　　）、固定成一个尺寸准确、外形整齐紧密适宜的整体。

121. 铁芯在机械振动、电磁和热力综合作用下，不应出现（　　）和变形。

122. 在定子冲片外圆上还冲有记号槽，其作用是保证叠压时按（　　）叠片，使毛刺方向一致,并保证将同号槽叠在一起,使槽形整齐。

123. 在定子冲片外圆上冲有鸠尾槽,以便在铁芯压装时安放(　　),将铁芯紧固。

124. 油压机工作台尺寸是指工作台面上可以利用的(　　)尺寸。

125. 操作工应熟悉油压机性能和结构,经过培训后(　　)上岗操作。

126. 冲床的额定吨位的大小反映了冲床的冲裁能力。选择冲床时,必须使冲床的额定吨位(　　)工件的冲裁力。

127. 选择冲床时,必须使冲床的闭合高度(　　)冲模的闭合高度,否则,滑块在上止点时将冲模装在冲床上,冲床开动后将会使冲模损坏。

128. 单冲模是只有(　　)独立的闭合刃口,在冲床的一次冲程内冲出一个孔或落下一个工件的冲模。

129. 铁芯片涂漆有喷涂法和(　　)两种,前者通常用于喷涂硅钢片刃口,以防生锈,后者用于整张片子的表面涂漆。

130. 加强冲片的管理,特别是冲片的堆放,要做到(　　)、防尘防潮。

131. 冲片表面上的绝缘层应薄而均匀,有良好的介电强度、(　　)和防潮性能。

132. 硅钢片的剪裁在工艺上的主要问题是根据选定的材料确定(　　)和剪床。

133. 铁芯片毛刺直接影响变压器性能,因此规定毛刺高度大于(　　)的铁芯片,在涂漆之前必须压毛。

134. 浸漆处理包括预烘、浸漆及(　　)三个主要工序。

135. 定、转子冲片常用的冲裁方法有(　　)、复冲、级进冲。

136. 测量铁芯长度的位置通常选择在铁芯槽(　　)或铁芯外圆靠近扣片处。

137. 紧固电机铁芯的扣片不得(　　)铁芯外圆。

138. 电机铁芯内外圆要求光洁、整齐;冲片外圆的记号槽要(　　)。

139. 磁极铁芯铆接方式主要用于铁芯长度在(　　)以下的磁极。

140. 磁极铁芯螺杆紧固方式主要用于铁芯长度在(　　)以上的磁极。

141. 扇形冲片要交叉叠装的优点是既能减小铁芯的磁阻,又可提高铁芯的(　　)和叠装效率。

142. 叠装时,每一扇形冲片上的槽样棒不应少于(　　),以保持槽形的整齐。

143. 表测电阻时,每个电阻挡都要调零,如调零不能调到欧姆挡的零位,说明(　　)。

144. 叠压系数是指在规定压力下,净铁芯长度和铁芯长度的比值,或者等于铁芯(　　)和相当于铁芯长度的同体积的硅钢片质量的比值。

145. 铁芯压装后尺寸精度和公差的检查用(　　)进行检测。

146. 铁芯槽形尺寸用(　　)检查。

147. 铁芯槽与端面的垂直度用(　　)检查。

148. 定子铁芯齿部弹开大于允许值,这主要是因为定子冲片毛刺(　　)所致。

149. 铁芯的紧密度要适宜,在受到机械振动和温升作用下,不致出现(　　)或变形。

150. 铁芯冲片周边上的剩余毛刺应(　　),以免发生片间短路。

151. 由扇形冲片组成的铁芯,必须使冲片按规定(　　),片间无搭接现象。

152. 铁芯冲片表面不允许有氧化皮、裂纹、(　　)、刮伤等缺陷存在。

153. 直流牵引电机主要由(　　)和转子两大部分组成。

154. 电枢端板的作用是防止铁芯端部的冲片(　　)。

155. 冷冲模的工作零件有凸模、凹模、(　　)、刃口镶块。

156. 冲模刃口变钝,毛刺超差时,冲模则需要(　　)。

157. 冲片在首件检验(　　)后才可以进行冲制。

158. 选用力矩扳手时,扳手的最大扭矩值不得(　　)所紧螺栓的需求值。

159. 钢丝绳在使用过程中严禁超负荷使用,不应受(　　)作用。

160. 铁芯冲击力整形通常运用(　　)的原理使用整形棒整理槽形。

161. 圆形冲片内外圆的椭圆度偏差,应在图纸上相应(　　)公差带的范围内。

162. 铁芯叠装用定位棒一般有矩形、梯形、(　　)等形式。

163. 铁芯片间压力的大小通常用特制的检查(　　)测定。

164. 液压机保压时压力降得太快原因之一是参与密封的各阀口(　　)或管路漏油。

165. 通过用一个(　　)打击外部硅钢片的背铁部分,短路的硅钢片将振动并常常被分开。

二、单项选择题

1. 电机按照所接电源种类的不同分为(　　)和交流电机两大类。

(A)直驱　(B)交直流　(C)直流　(D)直线

2. 铁芯中轴向通风就是风道和转轴呈(　　)状态。

(A)椭圆状循环　(B)平行　(C)垂直　(D)同一截面

3. 不论直流电机还是交流电机,主要由(　　)和转子两大部分组成。

(A)定子铁芯　(B)定子　(C)换向器　(D)转子铁芯

4. 牵引电机定转子铁芯一般是由冲制的圆形或(　　)硅钢片,经绝缘处理后装压而成。

(A)矩形　(B)扇形　(C)方形　(D)长方形

5. 冷冲压使用的普通冲床按床身形式分类,分为(　　)和闭式。

(A)单点式　(B)开式　(C)双点式　(D)液压式

6. 槽形尺寸不对时会影响下线质量,增加锉槽工时和引起(　　)。

(A)磁通变化　(B)涡流损失　(C)磁通损失　(D)槽形损失

7. 电工材料是由(　　)组成。

(A)电材料、绝缘材料　(B)导体材料、导电材料、绝缘材料

(C)导电材料、绝缘材料、磁性材料　(D)导电材料、半导体材料、绝缘材料

8. 能使绝缘材料发生热老化的是(　　)。

(A)温度高出允许的极限工作温度　(B)高压电

(C)紫外线　(D)酸、碱

9. 下面的导电材料中,导电性能最好的是(　　)。

(A)铝　(B)黄铜　(C)紫铜　(D)银

10. 常用的叠压设备有(　　)。

(A)浸漆罐　(B)加工中心　(C)车床　(D)油压机

11. 外压装铁芯结构的特点是以冲片的(　　)定位,利用叠压用心胎,将单张或数张冲片,以一定的记号槽定位后叠压而成。

(A)内圆　(B)外圆　(C)槽形　(D)记号槽

12. 铁芯叠压的要求有铁芯的绝缘、紧密度和(　　)。

(A)准确度　(B)质量　(C)型号　(D)铁芯材料

13. 冷冲模在工作中承受(　　)载荷。

(A)压力　(B)冲击　(C)剪切　(D)缓冲

14. 槽样棒、通槽棒一般所用材质为(　　),经淬火处理,硬度达到50～55 HRC。

(A)Q235-A　(B)不锈钢　(C)Cr12　(D)黄铜

15. 定位棒是根据槽形尺寸按一定公差来制造,一般比冲片的槽形每边小(　　)。

(A)0.00～0.02 mm　(B)0.02～0.04 mm

(C)0.05～0.08 mm　(D)0.1～0.2 mm

16. 过长的铁芯在装配时应采用(　　)的装配方法。

(A)外压装　(B)多次压装　(C)内压装　(D)热套

17. 对于异步电动机为了保证气隙均匀,常需要加工的表面是(　　)。

(A)定子外圆　(B)定子内圆　(C)转子表面　(D)转子内圆

18. 铁芯叠压压力(　　)会破坏冲片的绝缘,使铁芯损耗反而增加。

(A)过小　(B)过大　(C)适度　(D)很小

19. 电机铁芯密实度增大,电机工作时铁芯中(　　),电动机的功率因数和效率高。

(A)磁通密度大　(B)激磁电流大　(C)铁芯损耗小　(D)温升高

20. 使用扭矩设备前一定要正确了解力矩扳手的最大量程,选择扳手的条件最好以工作值在被选用扳手的量限值(　　)之间为宜。

(A)0～100%　(B)20%～80%　(C)5%～95%　(D)10%～90%

21. 力矩扳手用作安装紧固件时测量其安装力矩使用,不许任意(　　)。

(A)拆卸　(B)拆卸与调整　(C)调整　(D)测量

22. 叠装过程中调整铁芯长度时,减片太多会使铁芯(　　),磁路截面减小,激磁电流增大。

(A)磁通量　(B)质量不够　(C)铁损　(D)叠压系数

23. 叠压后的槽形尺寸比冲片的尺寸要(　　)。

(A)大　(B)小　(C)不变　(D)可大可小

24. 铁芯压装后,通常用通槽棒来检查,通槽棒尺寸一般比槽形尺寸小(　　)。

(A)0.02～0.04 mm　(B)0.15～0.2 mm　(C)0.5 mm　(D)1 mm

25. 铁芯内外圆的准确度一方面取决于冲片的尺寸精度和同轴度,另一方面取决于铁芯压装的工艺和(　　)。

(A)通槽棒　(B)工装　(C)操作工　(D)设备

26. 叠压时定转子冲片都应该按照冲片上的记号槽对齐,保证按(　　)叠片,毛刺方向一致,槽形整齐。

(A)90°方向　(B)冲制方向　(C)180°方向　(D)45°方向

27. 在定子冲片外圆上冲有鸠尾槽,以便在铁芯压装时安放扣片,将铁芯(　　)。

(A)定位　(B)紧固　(C)胀紧　(D)压实

28. 油压机工作台尺寸是指(　　)上可以利用的有效尺寸。

(A)下台面　　(B)上台面　　(C)工作台面　　(D)下横梁

29. 油压机作业前要检查压力表压力指针偏转情况，如发现来回摆动或不动，应停车检查设备(　　)，使用时不得超限。

(A)额定压力　　(B)实际压力　　(C)额定行程　　(D)额定压强

30. 在使用冲床时，必须使冲床的额定吨位(　　)工件的冲裁力。

(A)大于　　(B)小于　　(C)等于　　(D)不小于

31. 选择冲床时，必须使冲床的闭合高度大于冲模的(　　)，否则，滑块在上止点时将冲模装在冲床上，冲床开动后将会使冲模损坏。

(A)闭合高度　　(B)高度　　(C)磨损后高度　　(D)不含垫板高度

32. (　　)是只有一个独立的闭合刃口，在冲床的一次冲程内冲出一个孔或落下一个工件的冲模。

(A)单冲模　　(B)单工序模　　(C)复冲模　　(D)冷冲模

33. 装冲片的定位心轴磨损，尺寸变小，将引起槽位置的(　　)。

(A)径向偏移　　(B)轴向偏移　　(C)槽宽尺寸变大　　(D)槽深尺寸变大

34. 下列属于合理套裁工艺方案的是(　　)。

(A)多孔冲裁　　(B)冲孔

(C)落料　　(D)不同直径冲片的混合套裁

35. 测量铁芯长度 L 的位置通常选择在铁芯(　　)或铁芯外圆靠近扣片处。

(A)槽口部位　　(B)轴孔部位　　(C)通风孔　　(D)槽底

36. 紧固电机铁芯的扣片不得(　　)铁芯外圆。

(A)小于　　(B)低于　　(C)高出　　(D)槽底

37. 电机铁芯槽形应光洁整齐，槽形尺寸允许比单张冲片槽形尺寸(　　)0.2 mm。

(A)小于　　(B)大于　　(C)不大于　　(D)等于

38. 铁芯两端采用端板的目的是为了保护铁芯两端的冲片，在压装后减少(　　)胀的现象。

(A)向内　　(B)向外　　(C)径向　　(D)槽底

39. 普通螺栓可以重复使用，高强度螺栓一般(　　)重复使用。

(A)不可以　　(B)可以　　(C)可以 2 次　　(D)可以多次

40. 叠压压力过小，铁芯压不紧，在运行中会发生冲片(　　)。

(A)松动　　(B)断片　　(C)断齿　　(D)尺寸变小

41. 定量压装就是按设计要求称好每台铁芯冲片的质量，然后加压，将铁芯压到(　　)，这种压装方法以控制质量为主，压力大小可以变动。

(A)规定质量　　(B)规定尺寸　　(C)最小尺寸　　(D)槽形尺寸

42. 定压压装就是在压装时保持压力不变，调整冲片质量片数使铁芯压到(　　)，这种压装方法是以控制压力为主，而质量大小可以变动。

(A)规定质量　　(B)规定尺寸　　(C)最小尺寸　　(D)槽形尺寸

43. 内压装是将定子冲片对准记号槽，一片一片地放在机座中后进行压装，压装的基准面是(　　)。

(A)铁芯槽形　　(B)定子铁芯内圆　　(C)定子冲片外圆　　(D)记号槽

44. 扇形片结构的定子铁芯叠片时,相邻层的扇形冲片要交叉叠装,逐层叠装,相邻层之间的接缝应(　　)。

(A)对齐　(B)错开　(C)一致　(D)随机

45. 铁芯扇形冲片交叉叠装时,每一扇形冲片上的定位棒不应少于(　　),以保持槽形的整齐。

(A)两根　(B)一根　(C)三根　(D)四根

46. 对于长铁芯,在压装过程中要采取(　　)加压。

(A)分段　(B)一次　(C)三次　(D)二次

47. 叠压系数是指在规定压力下,净铁芯长度和铁芯长度的比值,或者等于(　　)和相当于铁芯长度的同体积的硅钢片质量的比值。

(A)铁芯质量最大值　(B)铁芯净重

(C)铁芯质量最小值　(D)铁芯质量平均值

48. 叠压力一定的情况下,如果冲片厚度不匀,冲裁质量差,毛刺大,则(　　)降低。

(A)叠压系数　(B)铁芯质量　(C)不齐度　(D)铁芯长度

49. 使用同样的冲片进行叠装时,如果压得不紧,片间压力不够,则(　　)降低。

(A)叠压系数　(B)铁芯质量　(C)不齐度　(D)铁芯长度

50. 检查铁芯槽形尺寸时,使用专用量具(　　)进行检查。

(A)槽样棒　(B)通槽棒　(C)定位棒　(D)定位销

51. 对于封闭式电机,铁芯外圆不齐,定子铁芯外圆与机座的内圆接触不好,将影响热的传导,电机温升(　　)。

(A)高　(B)低　(C)不受影响　(D)不变

52. 定子铁芯内圆不齐时,有可能产生定转子铁芯相擦,如果磨内圆,既增加工时又会使铁耗(　　)。

(A)增大　(B)降低　(C)不受影响　(D)不变

53. 铁芯槽壁不齐,会造成槽形尺寸变小,(　　)困难。

(A)下线　(B)定位　(C)通槽检查　(D)叠片

54. 定子铁芯齿部弹开大于允许值,主要是因为定子冲片毛刺(　　)所致。

(A)过大　(B)过小　(C)不均匀　(D)方向不同

55. 铁芯的紧密度要适宜,在受到机械振动和温升作用下,不致出现(　　)。

(A)松动　(B)松动或变形　(C)变形　(D)长度变化

56. 铁芯叠片时,为了避免发生片间短路,冲片周边上的剩余毛刺应(　　)。

(A)相对　(B)朝不同方向　(C)朝同一方向　(D)相背

57. 铁芯材料厚度小时会引起材料强度的(　　),经济性差。

(A)不变　(B)增强　(C)提高　(D)降低

58. 装配换向器时一般使用(　　)来检查铁芯槽形中心线与换向器槽形中心线的偏移量。

(A)通槽棒　(B)换向器对中规　(C)定位棒　(D)铁长检查规

59. 电枢铁芯一般采用(　　)装配在电机转轴或电枢支架上,用键传递力矩。

(A)动配合　(B)静配合　(C)间隙配合　(D)热套

60. 电枢端板的作用是防止铁芯端部的冲片(　　)。

(A)齿胀　(B)边缘松散　(C)磨损　(D)防尘

61. 安装冷冲模的程序是先把上座固定在冲床滑块上,然后再(　　)。

(A)安装脱料板　(B)对间隙　(C)安装底座　(D)安装压料板

62. 冲模(　　),毛刺超差时,冲模则需要刃磨。

(A)脱料力变大　(B)压料力变小　(C)间隙变大　(D)刃口变钝

63. 铁芯整形通常运用(　　)的原理使用整形棒整理槽形。

(A)冷挤压　(B)扩大冲片尺寸　(C)减小毛刺　(D)修锉

64. 发电机是一种将(　　)转换成电能的设备。

(A)动能　(B)机械能　(C)电磁能　(D)风能

65. 铁芯在叠压时,为了保证(　　)的准确性,通常用槽样棒来保证。

(A)槽形尺寸　(B)铁芯长度　(C)叠压力　(D)叠压系数

66. 硅钢片牌号 50TW360 中,50 代表(　　)。

(A)铁损耗　(B)无取向　(C)厚度　(D)叠压系数

67. 铁芯修理的目的是(　　)破坏的区域,同时使铁芯硅钢的变形最小。

(A)去除　(B)减少　(C)减少或消除　(D)消除

68. 过薄的硅钢片在电机制造工艺中也是不宜采用的,一般采用(　　)的硅钢片。

(A)0.65 mm　(B)0.35 mm　(C)0.5 mm　(D)0.55 mm

69. 良好的(　　)是直流电机正常工作的必要条件。

(A)电流　(B)换向　(C)电压　(D)铁芯

70. 弹压卸料板不仅起卸料作用,还起(　　)作用。

(A)脱料　(B)压料　(C)定位　(D)固定

71. 液压压力机的代号是(　　)。

(A)D　(B)Q　(C)J　(D)Y

72. 剪切机的代号是(　　)。

(A)D　(B)Q　(C)J　(D)Y

73. 锻压机械类别代号中机械压力机的代号是(　　)。

(A)D　(B)Q　(C)J　(D)Y

74. 气动装置中的油雾器起(　　)作用。

(A)润滑　(B)清洁　(C)调节压力　(D)稳压

75. 压力机的(　　)应满足所要完成的工序要求,便于放入毛坯和取出工件。

(A)最大闭合高度　(B)行程　(C)最小闭合高度　(D)宽度

76. 当模具的闭合高度低于压力机最小装模闭合高度时,可在压力机的垫板上加(　　)使用。

(A)垫块　(B)弹性橡胶板　(C)木板　(D)铜板

77. 正确选用铁芯零部件是保证铁芯正常工作的重要措施,在铁芯叠装前,应根据(　　)要求,严格检查铁芯零部件的质量,确认合格后方可进行叠装。

(A)工艺　(B)图样　(C)技术人员　(D)调度

78. 直流电机定子部分主要由定子铁芯、(　　)、线圈、端盖等组成。

(A)换向器　(B)风扇　(C)机座　(D)转轴

79. 直流牵引电动机电枢铁芯结构主要由后支架、端板、(　　)转轴及换向器等组成。

(A)机座　(B)端盖　(C)铁芯冲片　(D)刷架盒

80. 铁芯两端采用端板的目的是为了保护铁芯两端的(　　),在装压后减少向外扩张的现象。

(A)环键　(B)冲片　(C)压圈　(D)压板

81. 常用的叠压设备有(　　)。

(A)浸漆罐　(B)车床　(C)加工中心　(D)油压机

82. 铁芯叠片中需要进行(　　)后,才可以进行后工序内容。

(A)机械加工凸片　(B)修锉凸片

(C)取出铁芯中凸片　(D)点焊凸片

83. 铁芯叠装过程中,主要由工艺准备、叠片、(　　)、紧固等主要工序。

(A)预压　(B)加压调整　(C)热套　(D)焊接

84. 主视图为(　　)投影。

(A)自前方　(B)自后方　(C)自上方　(D)自下方

85. 图样是由物体单个面表达出来的,这三个面表达的每个面形状称为(　　)。

(A)三视图　(B)视图　(C)图样　(D)零件图

86. 画在视图轮廓中的剖面图称为(　　)。

(A)复合剖视　(B)重合剖视　(C)旋转剖视　(D)移出剖视

87. 用来确定各封闭图形与基准线之间相对位置的尺寸称为(　　)。

(A)定位尺寸　(B)基准尺寸　(C)封闭尺寸　(D)定形尺寸

88. 标注尺寸要便于加工(　　)。

(A)测量　(B)安装　(C)画图　(D)定位

89. 允许尺寸变化的(　　)称为极限尺寸。

(A)一个界限值　(B)两界限值　(C)极限偏差　(D)两偏差

90. 基本尺寸相同,相互结合的孔和轴公差带之间的关系称为(　　)。

(A)配合公差　(B)配合　(C)过盈　(D)最小间隙

91. 允许间隙和过盈的变动量称为(　　)。

(A)过渡配合　(B)配合公差　(C)最小过盈　(D)最小间隙

92. 基本偏差是(　　)。

(A)基本尺寸允许的误差　(B)靠近零线的偏差

(C)实际尺寸与基本尺寸之差　(D)标准公差

93. 标准规定基孔制其孔的(　　)。

(A)基本尺寸小于最小极限尺寸　(B)下偏差为零

(C)基本尺寸等于最小极限尺寸　(D)上偏差为零

94. 40H7/h7 是(　　)配合。

(A)过渡　(B)过盈　(C)间隙　(D)非标

95. 40H7/h7 是根据国家标准优先选用(　　)配合。

(A)基孔制　(B)基轴制　(C)间隙　(D)非标

96. 表面结构代号中的数字其单位是(　　)。

(A)mm　　(B)cm　　(C)m　　(D)微米

97. 零件上实际存在的要素称为(　　)要素。

(A)基准　　(B)理想　　(C)实际　　(D)被测

98. 孔与轴装配时可能有间隙或过盈的配合称(　　)配合。

(A)过渡　　(B)过盈　　(C)间隙　　(D)非标准

99. 直线度、平面度、圆度、圆柱度、线轮廓度、面轮廓度统称(　　)。

(A)形状公差　　(B)位置公差　　(C)粗糙度　　(D)形状尺寸

100. 装配图中尺寸一般只标注机器或部件的(　　)、装配尺寸、安装尺寸、总体尺寸以及其他重要尺寸。

(A)规格尺寸　　(B)标准尺寸　　(C)基本尺寸　　(D)基本要素

101. Q235 是碳素钢,其中的数字表示(　　)。

(A)屈服强度值　　(B)抗拉强度值　　(C)碳的平均含量　　(D)牌号顺序

102. 下列属于碳素工具钢是(　　)。

(A)Q235　　(B)45　　(C)T8　　(D)Cr12MoV

103. 零件在外力作用下抵抗破坏的能力称为(　　)。

(A)刚度　　(B)强度　　(C)硬度　　(D)弹性

104. (　　)强度低、硬度低、塑性好、焊接性好。

(A)低碳钢　　(B)合金　　(C)铸铁　　(D)优质碳素钢

105. 含碳量大于(　　)的铸造铁碳合金称为铸铁。

(A)0.8%　　(B)1.5%　　(C)2.11%　　(D)2.5%

106. 材料抵抗破坏的能力称为(　　)。

(A)屈服强度　　(B)抗拉强度　　(C)抗弯强度　　(D)抗剪强度

107. 工件在弯曲变形时,容易产生裂纹,此时可采用热处理方法(　　)解决。

(A)退火　　(B)调质　　(C)回火　　(D)正火

108. 淬火后高温回火称为(　　)。

(A)退火　　(B)调质　　(C)回火　　(D)正火

109. 将钢加热到变相点以上 30～50 ℃保温一定时间,从炉中取出在空气中冷却的工艺方法叫(　　)。

(A)退火　　(B)调质　　(C)回火　　(D)正火

110. 硅钢片(　　)越低,牌号越高,质量也高。

(A)铁损　　(B)含碳量　　(C)含硅量　　(D)磁损

111. 硅钢片英文名称是 Silicon Steel Sheets,它是一种含碳极低的硅铁软磁合金,一般含硅量为(　　)。加入硅可提高铁的电阻率和最大磁导率,降低矫顽力、铁芯损耗(铁损)和磁时效。

(A)0.1%～0.5%　　(B)0.5%～4.5%　　(C)4.5%～5%　　(D)5%～10%

112. (　　)广泛应用于通信、电子、电力等工业,能替代传统合金及铁氧体等材料。具体能应用于漏电保护器、电流互感器、逆变电源、高频开关电源。

(A)非晶、超微晶合金材料　　(B)硅钢片

(C)合金　　(D)铝

113. 齿轮转动是机械传动中应用最为广泛的一类传动，其中最常用的是(　　)齿轮传动。

(A)渐开线圆柱　　(B)摆线　　(C)圆弧　　(D)闭式

114. 传动比大而准确，线速度高，承载力大的传动是(　　)。

(A)皮带传动　　(B)链传动　　(C)啮合传动　　(D)连杆传动

115. 旋转式带动油环转动，把油箱中的油带到轴颈上进行润滑的方法，称(　　)。

(A)滴油润滑　　(B)油环润滑　　(C)溅油润滑　　(D)压力润滑

116. (　　)属于啮合传动，齿轮齿廓为特定曲线，瞬时传动比恒定，且传动平稳、可靠。

(A)齿轮传动　　(B)同步带传动　　(C)链传动　　(D)摩擦传动

117. 液压机型号用汉语字母(　　)表示。

(A)Y　　(B)J　　(C)Q　　(D)W

118. 气压传动系统中(　　)主要是起润滑作用，同时可以提高气缸的使用寿命。

(A)油雾器　　(B)调节阀　　(C)空气过滤法　　(D)油阀

119. 攻螺纹前，螺纹孔的直径(　　)螺纹的小径。

(A)略小于　　(B)略大于　　(C)等于　　(D)小于

120. 梯形螺纹的特征代号为(　　)。

(A)Tr　　(B)T　　(C)Q　　(D)R

121. 直流电动机工作时换向器的作用是(　　)。

(A)能够自动改变电路中电流方向　　(B)能够自动改变线圈的转动方向

(C)能够自动改变线圈的受力方向　　(D)能够自动改变线圈中的电流方向

122. 为了直接控制加工过程，减少产生废品，可以采用(　　)。

(A)主动测量　　(B)被动测量　　(C)接触测量　　(D)综合测量

123. 样板是(　　)量具。

(A)专用　　(B)通用　　(C)万能　　(D)标准

124. 批量生产中，检验槽形宽度是否合格，通常采用(　　)检验。

(A)通止塞规　　(B)游标卡尺　　(C)钢板尺　　(D)角尺

125. 下列选择中，(　　)是利用电磁感应原理传输电能和电信号的器件，它具有变压、变电流、变阻抗的作用。

(A)变压器　　(B)发电机　　(C)电动机　　(D)牵引电机

126. 电力变压器型号 SCR9-500/10 中 S 表示三相，C 表示(　　)。

(A)三相　　(B)浇注成型，干式变压器

(C)设计　　(D)额定电压

127. 变压器由(　　)和绕组组成。

(A)铁芯　　(B)换向器　　(C)冲片　　(D)线圈

128. 使用(　　)是涂覆在硅钢片表面耐油防锈，防止硅钢片叠合成整体后间隙涡流产生和边缘增厚效应。

(A)硅钢片绝缘漆　　(B)覆盖绝缘漆　　(C)漆包线绝缘漆　　(D)浸渍绝缘漆

129. 只有使用(　　)，才能够使绕组中导线与导线之间产生一良好的绝缘层，阻止电流

的流通。

(A)硅钢片绝缘漆 (B)覆盖绝缘漆 (C)漆包线绝缘漆 (D)浸渍绝缘漆

130.(　　)是由植物纤维、矿物纤维、合成纤维或其混合物,通过水和其他介质将纤维沉积在造纸机上而形成的薄页状材料。

(A)绝缘纸 (B)绝缘漆 (C)无纬带 (D)浸渍绝缘漆

131. 树脂浸渍玻璃无纬绑扎带称(　　),因使用工艺简单,机械强度高,具有优良的电气绝缘特性而广泛应用于电机转子、变压器铁芯绑扎紧固,是电工行业不可缺少的绝缘材料。

(A)绝缘纸 (B)绝缘漆 (C)无纬带 (D)浸渍绝缘漆

132. 指导工人操作和用于生产、工艺管理的文件各种技术文件是(　　)。

(A)工艺过程 (B)工艺文件 (C)工艺路线 (D)工艺规程

133. 细化零件表面结构可以提高其(　　)强度。

(A)疲劳 (B)弯曲 (C)抗拉 (D)剪切

134. 物体在外力作用下,单位面积上的内力叫做(　　)。

(A)内力 (B)应力 (C)应变 (D)强度

135. 硅钢片退火流程的目的是(　　)。

(A)去应力 (B)增强韧性 (C)增强硬度 (D)减小硬度

136. 变压器的功能主要有(　　)。

(A)电压变换、电流变换、阻抗变换、隔离、稳压

(B)电压变换、隔离、稳压

(C)电流变换、阻抗变换

(D)电压变换、电流变换

137. 优质碳素结构钢是含碳小于(　　)的碳素钢,这种钢中所含的硫、磷及非金属夹杂物比碳素结构钢少,机械性能较为优良。

(A)10% (B)11% (C)7% (D)8%

138. 在国际单位制及我国法定计量单位中,长度的基本单位是(　　)。

(A)公尺 (B)米 (C)厘米 (D)毫米

139. 我国安全生产的方针是"(　　)"。

(A)安全第一,预防为主,综合治理 (B)安全第一,治理为主

(C)生产第一,预防为主,综合治理 (D)生产第一,治理为主

140. 噪声对人体的危害程度与(　　)有关。

(A)频率和强度 (B)频率 (C)强度 (D)分贝

141. 纸幅面按尺寸大小可分为(　　)种。

(A)1 (B)3 (C)4 (D)5

142. 比例是指图中(　　)与实物尺寸之比。

(A)图形尺寸 (B)实际尺寸 (C)设定尺寸 (D)所画尺寸

143. 无论采用哪种比例图样中的尺寸应是基件(　　)的尺寸。

(A)实际 (B)缩小后 (C)放大后 (D)更改后

144. 主视图所在的投影面称为正投影面,用字母(　　)表示。

(A)V (B)W (C)H (D)Y

145. 用来制作各种变压器、电动机和发电机铁芯的材料是(　　)。
(A)硅钢片　(B)合金　(C)低碳钢　(D)铸钢

146. 各国都根据(　　)划分硅钢片牌号,其值愈低,牌号愈高。
(A)铁损值　(B)磁损耗值　(C)电阻　(D)电导率

147. 硅钢片一般随(　　)含量提高,铁损、冲片性和磁感降低,硬度增高。
(A)碳　(B)硅　(C)硫　(D)铁

148. 通过测量获得的尺寸是(　　)。
(A)基本尺寸　(B)实际尺寸　(C)极限尺寸　(D)作用尺寸

149. 机械和仪器制造业中的互换性,通常包括(　　)和机械性能的互换。
(A)基本尺寸　(B)几何参数　(C)外形尺寸　(D)尺寸参数

150. 零部件在几何参数方面的互换性体现为(　　)。
(A)配合标准　(B)配合间隙　(C)公差标准　(D)极限偏差

151. 当一交流电流(具有某一已知频率)流过其中之一组线圈时,于另一组线圈中将感应出具有相同频率之(　　),而感应的电压大小取决于两线圈耦合及磁交链之程度。
(A)电压　(B)交流电压　(C)电流　(D)交流电流

152. 代表允许尺寸的变动量的是(　　)。
(A)尺寸公差　(B)尺寸偏差　(C)基本偏差　(D)下偏差

153. 机械传动中的(　　)结构简单,安装和维护方便,传动效率较高。
(A)同步传动　(B)带传动　(C)链传动　(D)齿轮传动

154. 气动装置中的油雾器起(　　)作用。
(A)润滑　(B)清洁　(C)调节压力　(D)稳压

155. 液压传动中的(　　)把机械能转换成液体的压力能。
(A)液压控制阀　(B)液压泵　(C)液压执行元件　(D)液压辅件

156. 控制液压介质的压力、流量和流动方向的液压辅件是(　　)。
(A)液压控制阀　(B)液压泵　(C)液压执行元件　(D)液压辅件

157. 20 号钢表示平均含碳量为(　　)的优质碳素钢。
(A)0.1%　(B)0.21%　(C)0.20%　(D)0.32%

158. 绝缘漆按(　　)分类可分为漆包线绝缘漆、浸渍绝缘漆、覆盖绝缘漆、硅钢片绝缘漆、黏合绝缘漆、电子元件绝缘漆。
(A)用途　(B)涂层　(C)耐热等级　(D)涂漆方法

159. 虽然(　　)变压器购买成本高,但考虑到其变压器具有低铁损,在变压器运行一段时间后,由于低的空载损耗形成的节电效益即可大于与硅钢变压器的购买差价。
(A)冷轧硅钢片　(B)非晶合金　(C)合金　(D)合金钢

160. 通过(　　)处理,可以提高钢件表面硬度、耐磨性及疲劳强度,心部仍然保持韧性状态。
(A)退火　(B)正火　(C)渗碳　(D)表面淬火

161. 通过(　　)处理,可以稳定钢件淬火后的组织,减小存放或使用期间的变形,减轻淬火以及磨削加工后的内应力,稳定形状和尺寸。
(A)失效　(B)正火　(C)退火　(D)表面淬火

162. 15号钢其数字表示含碳量为(　　)。

(A)1.5%　(B)0.15%　(C)15%　(D)0.015%

163. 在电磁感应现象里,(　　)转化为电能。

(A)机械能　(B)动能　(C)热能　(D)光能

三、多项选择题

1. 操作人员在工作中要做到按(　　)生产。

(A)图纸　(B)工艺　(C)技术标准　(D)行政指挥

2. 影响产品质量的主要因素有人、(　　)环节。

(A)图纸　(B)法　(C)料　(D)机

3. 定子铁芯按装配方式分为(　　)。

(A)冷压式　(B)外压装　(C)热套式　(D)内压装

4. 按槽方向可将铁芯分为(　　)。

(A)梯形槽　(B)直槽　(C)长方形槽　(D)斜槽

5. 电工材料是由(　　)组成。

(A)磁性材料　(B)导电材料　(C)半导体材料　(D)绝缘材料

6. 按剪切刃与冷轧钢带的轧制方向的相对位置,剪切方式可分为(　　)。

(A)纵剪　(B)90°横剪　(C)45°横剪　(D)180°

7. 冲裁件断面不是光滑垂直的,断面可分为(　　)区域。

(A)圆角带　(B)光亮带　(C)粗糙带　(D)断裂带

8. 冲片冲制毛刺大小的影响因素主要有(　　)。

(A)冲模间隙　(B)刃口是否锐利　(C)装模正确　(D)冲片大小

9. 在封闭式电机中铁芯与机座采用过盈配合的优点有(　　)。

(A)增加接触面积　(B)加强散热效果

(C)降低电机温升　(D)减少铁芯加工量

10. 铁芯扇张的影响因素有(　　)。

(A)冲片毛刺　(B)叠压配合　(C)压圈刚性不足　(D)端板刚性不足

11. 扇张现象在运行中振动力作用下会产生(　　)等问题。

(A)损坏线圈　(B)发生噪声　(C)损坏定位筋　(D)损坏端板

12. 由几张1 mm厚的钢板点焊而成的端板,点焊时焊接电流要调节合适,不能有(　　)现象。

(A)焊穿　(B)焊瘤　(C)松散　(D)熔焊

13. 冲片的两种绝缘处理方法为(　　)。

(A)涂绝缘漆绝缘　(B)真空压力浸漆　(C)氧化膜绝缘　(D)包扎绝缘材料

14. 阅读铁芯叠片图时应掌握图纸中(　　)及铁芯槽不齐度等。

(A)铁芯损耗　(B)铁芯的长度　(C)叠压系数　(D)铁芯密实度

15. 变压器铁芯叠片图就是反映铁芯中每层叠片的分布和排列方式的图,在叠片图中,规定了叠片的(　　)。

(A)接缝结构　(B)形状　(C)尺寸　(D)数量

16. 三相异步电动机的定子主要由(　　)、端盖等组成。
(A)机座　(B)定子铁芯　(C)定子绕组　(D)转轴
17. 异步电动机的转子由(　　)和风扇等组成。
(A)转子绕组　(B)转子铁芯　(C)端盖　(D)转轴
18. 电机铁芯压装的设备通常有(　　)。
(A)液压机　(B)四柱液压机　(C)铁芯压装机　(D)冲床
19. 液压机采用电液控制相结合的方式,具有调整、手动、半自动三种工作方式,可实现(　　)两种加工工艺。
(A)定时　(B)定压　(C)定程　(D)定量
20. 设备保养是指(　　)。
(A)使用　(B)保养　(C)检查　(D)排出故障
21. 力矩扳手绝不能用于(　　),使用时应尽量轻拿轻放,不许任意拆卸与调整。
(A)拆卸工具　(B)敲打　(C)磕碰　(D)他用
22. 铁芯冲片毛刺过大时会引起铁芯的(　　)现象。
(A)片间短路　(B)增大铁耗　(C)温升　(D)磁通量变大
23. 转子铁芯轴孔处毛刺过大时,可能引起(　　),致使铁芯在轴上的压装产生困难。
(A)孔尺寸变大　(B)孔尺寸缩小　(C)椭圆度　(D)轴变小
24. 冷冲裁冲片时,(　　)会使冲片毛刺变大或超差。
(A)冲模间隙过大　(B)冲模安装不正确
(C)冲模刃口磨钝　(D)冲模间隙过小
25. 叠装冲片有(　　)等时,会使叠压系数降低。
(A)波纹　(B)锈蚀　(C)油污　(D)尘土
26. 交流电机转子铁芯叠装的工艺过程一般包括(　　)、整形等。
(A)叠片　(B)称重或定片数　(C)加压测量调整　(D)加工冲片
27. 铁芯压装就是将一定数量的冲片叠装,固定成一个(　　)的整体。
(A)尺寸准确　(B)外形整齐　(C)无残余压力　(D)紧密适宜
28. 铁芯在机械振动、电磁和热力综合作用下,不应出现(　　)。
(A)尺寸变小　(B)松动　(C)无残余压力　(D)变形
29. 冲片的堆放管理,要做到(　　)。
(A)上盖　(B)下垫　(C)防尘防潮　(D)真空保存
30. 冲片表面上的绝缘层应有(　　),以及良好的介电强度。
(A)薄而均匀　(B)防雷电　(C)耐油　(D)防潮性能
31. 铁芯线圈浸漆处理包括(　　)等主要工序。
(A)预烘　(B)浸漆　(C)烘干　(D)连线
32. 定、转子冲片常用的冲裁方法有(　　)。
(A)单冲　(B)复冲　(C)级进冲　(D)下料
33. 按照冲片形状的不同,可将铁芯分为(　　)铁芯。
(A)整形冲片　(B)扇形冲片　(C)磁极　(D)T型
34. 电机铁芯内外圆要求(　　),冲片外圆的记号槽要对齐。

(A)冲片无毛刺 (B)光洁 (C)整齐 (D)无凸片

35. 在保证铁芯长度一定的情况下，压力越大，就会使(　　)、质量越大、密实度越高。

(A)压装的冲片数越多 (B)磁通量加大

(C)铁芯越紧 (D)槽形越好

36. 扇形片定子铁芯叠装时，叠压基准分别可以以(　　)为定位基准。

(A)外圆 (B)内圆 (C)槽孔 (D)记号槽

37. 电机铁芯材料的要求：具有较高的导磁性能，(　　)，厚度公差小。

(A)具有较低的铁芯损失 (B)磁性陈老现象小

(C)一定的机械强度 (D)表面要求光洁平整

38. 铁芯冲片表面不允许有(　　)等缺陷存在。

(A)氧化皮 (B)裂纹 (C)锈斑 (D)刮伤

39. 硅钢片漆用于覆盖硅钢片，以降低铁芯的涡流损耗，增强(　　)的能力。

(A)氧化 (B)防锈 (C)耐腐蚀 (D)摩擦

40. 换向器与转轴的装配方式按照过盈量的大小可分为(　　)。

(A)间隙装配 (B)热套 (C)粘接 (D)冷压

41. 电枢由(　　)组成。

(A)转轴 (B)电枢铁芯 (C)电枢绕组 (D)换向器

42. 电枢铁芯是牵引电动机磁路的一个组成部分，也是(　　)的部件。

(A)输出电流 (B)安装电枢绕组

(C)承受电磁作用力 (D)输出电压

43. 冷冲模的工作零件有(　　)和刃口镶块。

(A)凸模 (B)凹模 (C)凸凹模 (D)脱料版

44. 凹模的类型按刃口形状分为(　　)两种。

(A)平刃 (B)台阶刃 (C)侧刃 (D)斜刃

45. 影响冷冲模寿命的因素有(　　)。

(A)冲床质量 (B)冲模安装质量 (C)冲制中的保养 (D)合理的修磨

46. 铁芯的绝缘可分为(　　)的绝缘。

(A)拉板 (B)片间

(C)拉杆 (D)叠片与结构件间

47. 直流牵引电机转子部分主要由转子铁芯、(　　)和换向器等组成。

(A)线圈 (B)轴承 (C)拉杆 (D)风扇

48. 铁芯叠装用定位棒一般有(　　)等形式。

(A)矩形 (B)梯形 (C)圆棒形 (D)三角形

49. 铁芯叠装用通槽棒一般有(　　)等形式。

(A)矩形 (B)梯形 (C)圆棒形 (D)三角形

50. 铁芯修理的方法主要有(　　)等方法。

(A)敲击 (B)剥片 (C)研磨 (D)加工

51. 换向器由(　　)三部分组成。

(A)导电 (B)绝缘 (C)套筒 (D)支撑紧固

52. 交流电机有(　　)两种主要类型。
(A)永磁电动机　(B)异步电动机　(C)同步电动机　(D)风力发动机
53. 电机铁芯冲片按形状分为(　　)。
(A)圆形冲片　(B)扇形冲片　(C)山形冲片　(D)磁极冲片
54. 铁芯冲片冲制过程中严禁(　　)。
(A)冲双次　(B)双片冲　(C)局部冲　(D)整体冲
55. 三视图关系表达了(　　)。
(A)长对正　(B)高平齐　(C)宽相等　(D)尺寸相等
56. 在几何作图中尺寸分为(　　)。
(A)定形尺寸　(B)定位尺寸　(C)实际尺寸　(D)测量尺寸
57. 机械制图中常用的几种线形有(　　)。
(A)粗实线　(B)细实线　(C)虚线　(D)点画线
58. 细实线一般应用于(　　)。
(A)尺寸线　(B)尺寸界线　(C)剖面线　(D)轮廓线
59. 一个完整的尺寸包括(　　)要素。
(A)尺寸界线　(B)尺寸线　(C)尺寸线终端　(D)数字
60. 工程上常用的投影法有(　　)。
(A)中心投影法　(B)平行投影法　(C)斜投影法　(D)幻灯投影法
61. 三视图中的投影面包括(　　)。
(A)正立投影面　(B)水平投影面　(C)倒立投影面　(D)六面投影法
62. 标注尺寸的基本要求有(　　)。
(A)正确　(B)完全　(C)清晰　(D)合理
63. 目前国际上使用着两种投影面体系,这两种投影面体系指(　　)。
(A)第一分角　(B)第二分角　(C)第三分角　(D)第四分角
64. 三视图指(　　)。
(A)主视图　(B)左视图　(C)俯视图　(D)右视图
65. 零件尺寸的加工误差包括(　　)。
(A)尺寸误差　(B)几何形状误差　(C)相互位置误差　(D)表面结构
66. 形位公差指(　　)。
(A)形状公差　(B)位置公差　(C)表面结构　(D)尺寸公差
67. 位置公差包括(　　)。
(A)定向公差　(B)定位公差　(C)跳动　(D)平行度
68. 轴测图一般可分(　　)。
(A)正等轴测图　(B)正二等轴测图　(C)斜二等轴测图　(D)正三等轴测图
69. 一般完整的零件图应包括(　　)。
(A)图形　(B)尺寸　(C)技术条件　(D)标题栏
70. 尺寸基准可分为(　　)。
(A)设计基准　(B)工艺基准　(C)参考基准　(D)测量基准
71. 构成零件的要素包括(　　)。

(A)点　(B)线　(C)面　(D)圆

72. 形状公差有(　　)。

(A)直线度　(B)平面度　(C)圆柱度　(D)线/面轮廓度

73. 尺寸偏差有(　　)。

(A)上偏差　(B)下偏差　(C)实际偏差　(D)理论偏差

74. 配合分类有(　　)。

(A)间隙配合　(B)过盈配合　(C)过渡配合　(D)小过盈

75. 基准制包括(　　)。

(A)基孔制　(B)基轴制　(C)中心制　(D)外圆制

76. 配合代号用(　　)表示。

(A)孔的公差带代号　(B)轴的公差带代号

(C)分数线　(D)分号

77. 螺纹的要素包括(　　)。

(A)牙型　(B)公称直径

(C)线数 n　(D)螺距 P 和导程 P_b

78. 螺纹旋向分(　　)。

(A)左旋　(B)右旋　(C)螺旋　(D)半旋

79. 低碳钢优点是(　　)。

(A)强度低　(B)硬度低　(C)塑性好　(D)焊接性好

80. 下列碳素结构钢是(　　)。

(A)Q235　(B)45 号钢　(C)65Mn　(D)Q195

81. 低碳钢牌号有(　　)。

(A)Q195　(B)Q215　(C)Q235　(D)Q255

82. 硅钢片按含硅量可分为(　　)。

(A)低硅钢　(B)高硅钢　(C)热轧钢　(D)冷轧钢

83. 冷轧又可分(　　)。

(A)晶粒无取向　(B)晶粒取向　(C)低硅钢　(D)高硅钢

84. 下列与退火相关的内容是(　　)。

(A)消除内应力　(B)降低硬度　(C)提高硬度　(D)以便切削

85. 下列与淬火相关的内容是(　　)。

(A)急冷　(B)提高硬度和强度

(C)回火　(D)降低硬度和强度

86. 下列与调质相关的内容是(　　)。

(A)淬火后高温回火　(B)空气或油中冷却

(C)提高韧性和强度　(D)降低硬度和强度

87. 一般液压传动系统由(　　)组成。

(A)动力部分　(B)传送部分　(C)控制部分　(D)执行部分

88. 液压阀在液压系统中的作用可分为(　　)。

(A)压力控制阀　(B)流量控制阀　(C)方向控制阀　(D)逆向控制阀

89. 气压传动系统中的气源装置主要由(　　)组成。
(A)空气过滤器　(B)油雾器　(C)调压阀　(D)液压阀
90. 气压传动系统中调压阀起到(　　)的作用。
(A)调节压力　(B)稳定压力　(C)转换压力　(D)平衡压力
91. 变压器的主要作用是(　　)。
(A)变压　(B)变电流　(C)传送功率　(D)控制电流
92. 绝缘纸是通常是由(　　),通过水和其他介质将纤维沉积在造纸机上而形成的薄页状材料。
(A)植物纤维　(B)矿物纤维
(C)合成纤维或其混合物　(D)化学纤维
93. 我国安全生产的方针是"(　　)"。
(A)安全第一　(B)预防为主　(C)综合治理　(D)生产第一
94. 下面不是直流电动机工作时换向器的作用是(　　)。
(A)能够自动改变电路中电流方向　(B)能够自动改变线圈的转动方向
(C)能够自动改变线圈的受力方向　(D)能够自动改变线圈中的电流方向
95. 绝缘漆包括(　　)。
(A)硅钢片绝缘漆　(B)覆盖绝缘漆　(C)漆包线绝缘漆　(D)浸渍绝缘漆
96. 测量要素包括(　　)。
(A)被测对象　(B)计量单位　(C)测量方法　(D)测量误差
97. 样板检测工件优点有(　　)。
(A)用样板检测很简单　(B)检测效率高
(C)检测时不需要专用设备　(D)检测准确
98. 样板的缺点有(　　)。
(A)制造困难　(B)通用性较低
(C)检测效率低　(D)用样板检测很简单
99. 签订合同的原则是(　　)。
(A)合法原则　(B)计划原则　(C)平等互利原则　(D)等价有偿原则
100. 对劳动者的要求有(　　)。
(A)完成劳动任务　(B)提高职业技能
(C)执行劳动安全卫生工程　(D)遵守劳动纪律和职业道德

四、判 断 题

1. 冷轧片定子铁芯随着叠压力的增加片间压力越高,所以可以任意提高叠压力。(　　)
2. 定位棒是铁芯叠压时为保证铁芯槽形整齐而制作的一种定位工具。(　　)
3. 通槽棒是检查铁芯槽形用的,叠压后的铁芯槽形,通槽棒能顺利通过即为合格。(　　)
4. 整形棒为修整铁芯槽形不齐之用,当叠出的铁芯槽,通槽棒不能顺利通过时,就用整形棒进行修整。(　　)
5. 定位棒、通槽棒、整形棒一般材质为Cr12、T10、T8。为保证其精度和耐磨,必须经过淬

火处理,使其硬度达到 HRC23～35。( )

6. 热套是利用热胀冷缩的原理,把要套装的工件在烘箱或其他加热器中加热到一定的温度,趁热套装在另一个工件上即可。( )

7. 热套的优点是套装后配合牢固,不会产生回弹和松动,在电枢制造过程中需要转轴上的键和冲片的键槽。( )

8. 端板压形主要解决铁芯叠压的扇张现象。( )

9. 铁芯可以用中频感应加热器来加热。( )

10. 冲片绝缘层主要用途是防止涡流的产生。( )

11. 冲床一次行程,板料在冲模内,经过一次定位同时完成两种或两种以上不同的工序叫复合冲压工序。( )

12. 大间隙可以减小卸料力和推件力。( )

13. 冲裁变形过程完全是剪切变形。( )

14. 变压器的铁芯由铁芯柱和铁轭两部分组成。( )

15. 变压器高低压绕组的排列方式主要分为同心式和交叠式两种。( )

16. 铁芯是电机磁场磁路的主要组成部分,它肩负着磁路的导通和线圈的放置以及转矩的传递等作用。( )

17. 铁芯在电机运行过程中要承受机械振动与电磁力、热力的综合作用。( )

18. 直流牵引电动机铁芯包括电枢铁芯、磁极铁芯,脉流牵引电动机还有换向极铁芯。( )

19. 同步主发电机铁芯包括定子铁芯及磁极铁芯。( )

20. 交流牵引电动机铁芯包括定子铁芯和转子铁芯。( )

21. 直流牵引电动机电枢铁芯结构主要由转轴、换向器、端板、定子冲片及后支架组成。( )

22. 直流牵引电动机磁极铁芯主要由前、后端板、铁芯冲片及芯杆组成。( )

23. 由于同步主发电机的直径较大,为了充分利用材料定子铁芯均由硅钢片冲制的扇形片叠压而成。( )

24. 合理地选用铁芯材料能够有效地提高电机性能,减小电机尺寸,降低电机制造成本,尽可能减少涡流损耗。( )

25. 硅钢片是由硅钢锭轧制而成,含硅量在 0.8%～4.8%之间,另外还含有碳≤0.05%,硫、磷≤0.04%等。硅的含量对硅钢片的性能不起着重要作用。( )

26. 随着含硅量的增加,硬度减小,使剪裁和冲制发生困难,因此,硅钢片中硅的含量一般不超过 4.8%。( )

27. 冷轧硅钢片又可分低硅和含硅电工钢片,低硅钢片也称无硅电工钢片,多用于家用电器,牵引电机均采用冷轧无取向含硅电工钢片。( )

28. 硅钢 50W470 中 50 代表厚度是 0.5 mm,W 表示无取向,470 代表实际铁损。( )

29. 冷轧无取向硅钢片目前采用两类三个品种的涂层:无机类涂层(D 类)、半有机簿涂层(A1L)、半有机厚涂层(A1H)。( )

30. 硅钢片有板料和卷料两种,板料厚度主要有 0.35 mm、0.5 mm 两种。( )

31. 冷轧硅钢片与热轧片相比具有高磁感、低铁损的优良磁性能。( )

32. 冷、热轧硅钢片的硬度不同,对模具的间隙要求也不一样。( )

33. 冷轧片叠压过程中,以数片数及测质量的方法,实测的叠压系数为 0.98 左右;而热轧硅钢片叠压系数为 0.95 左右。( )

34. 冷轧硅钢片较不涂漆的热轧硅钢片有较小的绝缘电阻。( )

35. 铁芯两端采用端板的目的是为了保护铁芯两端的冲片,在压装后减少向外胀的现象。( )

36. 利用专用胶粘剂将一定数量的冲片粘接在一起,此种端板可增大电机铁芯长度,提高涡流损耗。( )

37. 冲裁力是冲裁时板料阻止凸模向下运动的阻力,也就是阻止凸模切入板料的阻力。( )

38. 同一型号的冲片批量较小时,采用复合模方式较为经济合理;中等批量时,采用单冲方式较合理;大批量生产的小型冲片则应该选用连续级进模。( )

39. 模具设计任务书的内容应包括:工装名称、图号、用途、数量及技术要求;工装制造依据、选材、结构形式、质量与刚度要求、安装条件等。( )

40. 在槽形设计时应注意不宜设计有尖角,尖角在冲槽时容易产生应力集中,并因此而破坏磁畴分布,即破坏磁场分布,使铁耗增加。( )

41. 冲片毛刺大铁芯压不紧、铁耗增加空载电流增大,温升增加损伤绕组绝缘影响寿命,也影响平衡精度。( )

42. 减少铁芯不等高的方法在冲制时可将放料依次转动 180°或 90°。( )

43. 铁芯叠压的任务是将一定数量的冲片理齐、压紧、压装成为一个整体,使之能满足电磁和机械方面的要求。( )

44. 铁芯叠压在电磁方面的要求是要有较高而且稳定的导磁性能和较高的铁损。( )

45. 铁芯叠压在机械方面的要求是整体性要好、尺寸准确、表面及槽形整齐无毛刺。( )

46. 铁芯叠压应保证在后道工序的操作和传递中不松动、不变形,不影响电机的可靠性。( )

47. 外装压铁芯结构的特点是以冲片外圆定位,依次将单张冲片以一定的次序或记号放入机座内,借以机座内的台阶和压圈,采用拉螺杆或弧形键紧固。( )

48. 外压装结构的特点是以冲片内圆定位,利用外压装的胎具,将冲片在压力机上压紧后,采用热套的办法放入机座;或用扣片将其紧固,在经过嵌线、浸漆等工序后,与机座以间隙配合压入。( )

49. 在保证铁芯长度符合要求的情况下,压力越大、压装的冲片越多、铁芯越紧密。( )

50. 定位棒是铁芯叠压时为保证铁芯槽形整齐而制作的一种定位工具,整张冲片叠压一般用四件,扇形片每张扇形片部位一般用两件。( )

51. 定位棒根据铁芯槽形来设计,矩形槽一般应比冲片槽小 0.06~0.08 mm,公差为±0.02 mm。( )

52. 异形槽定位棒一般比冲片槽小 0.08~0.10 mm,公差为±0.02 mm。( )

53. 通槽棒是检查铁芯槽形用的,叠压后的铁芯槽形,通槽棒能顺利通过即为合格。( )

54. 通槽棒一般由棒体和手柄两部分组成，矩形槽棒体一般比冲片槽形小 0.10～0.15 mm，异形槽棒体一般比冲片槽形小 0.15～0.20 mm，公差为±0.02 mm。(　　)

55. 整形棒为修整铁芯槽形不齐之用，当叠出的铁芯槽，通槽棒不能顺利通过时，就用整形棒进行修整。(　　)

56. 定位棒、通槽棒、整形棒一般材质为 Cr12、T10、T8，为保证其精度和耐磨，必须经过淬火处理，使其硬度达到 HRC58～60。(　　)

57. 定子铁芯有内定位和外定位叠压工装两种，整张冲片一般采用内定位工装，扇形片一般采用外定位工装。(　　)

58. 铁芯叠压后须有一定的紧密度，才能防止由于机械振动和温升作用引起的松动，使铁芯始终保持一个规则的形状，而不致发生严重的齿胀现象。(　　)

59. 铁芯叠压准确度是指铁芯叠压后的几何尺寸精度和形位度，尤其槽形的几何尺寸及其精度准确性。(　　)

60. 槽形尺寸的准确度在合格冲片的基础上主要靠定位棒来保证。(　　)

61. 发生轴摆现象主要应分析铁芯冲片的质量和叠压有关因素，解决办法有发现轴摆后进行矫正和事前控制两种。(　　)

62. 叠压设备及工装的状态也是影响轴摆数值的重要因素，特别是压力机上下压板的平行度应达到 0.02 mm/m。(　　)

63. 交流牵引电动机定子铁芯，采用退火处理等方法消除机械应力和应变，恢复材料原有的磁性，对提高效率、减少机械损耗和发热有积极作用。(　　)

64. 整形棒一般比通槽棒小 0.1 mm，整形棒只能用在开口槽整修。(　　)

65. 太钢冷轧无取向硅钢板采用 G1、G2 两种涂层，G1 涂层(EB5300)是国外尤其是欧洲广泛使用的环保型涂层，符合国际使用要求。(　　)

66. 采用冷轧片进行冲剪时，一定要考虑模具间隙，并且模具使用一段时间后必须进行修磨。(　　)

67. 冷轧硅钢片在片间压力为 0.7～1 MPa($7\sim10\ kgf/mm^2$)时的片间绝缘电阻约为 $3.5\sim4\ \Omega\cdot cm^2$/片。(　　)

68. 转子发现轴摆后进行矫正，经矫正的转子会产生内应力，经运行振动后不可能重新出现轴摆现象。(　　)

69. 按通风系统分为轴向、径向和没有通风道三种铁芯。(　　)

70. 在铁芯叠装前，不需根据图样要求检查铁芯零部件的质量，拿来即用就可以。(　　)

71. 铁芯中轴向通风就是风道和转轴呈垂直状态。(　　)

72. 直流电机定子部分主要由定子铁芯、机座、线圈和端盖、风扇等组成。(　　)

73. 电机工作时铁芯要受到机械振动、温度、电场、磁通的综合作用。(　　)

74. 为了减少涡流损耗，电机铁芯通常不能做成整块的，而由彼此绝缘的钢片沿轴向叠压起来，以阻碍涡流的流通。(　　)

75. 转子铁芯叠压按装配方式分为对轴装和对假轴装。(　　)

76. 电机斜槽铁芯主要是为了提高电机的输出功率。(　　)

77. 铁芯中涡流损耗与硅钢片厚度有关，硅钢片愈薄，涡流损耗愈大。(　　)

78. 变压器铁芯是由铁芯本体、夹紧件、绝缘件和接地片等组成。(　　)

79. 铁芯叠压的要求有铁芯叠压的紧密度、准确度,不包括铁芯的绝缘。( )

80. 冲模在工作中承受冲击载荷,冲模工作零件有足够的强度和韧性,还须有较高的硬度和耐磨性。( )

81. 截交线是截平面与形体表面的共有线。( )

82. 圆柱的内表面,也包括其他内表面中单一尺寸确定的部分称为孔。( )

83. 最大极限尺寸减其基本尺寸所得的代数差称为上偏差。( )

84. 装配图包括:一组图形,必要的技术条件,零件号和明细表,标题栏。( )

85. 尺寸界线应用粗实线画出。( )

86. 基本尺寸相同的,相互结合的孔和轴公差带之间的关系称为配合。( )

87. 标准规定的基孔制其孔的上偏差为零。( )

88. 我国机械制图规定:应采用第一角画法布置六个基本视图。( )

89. 在前方投影的视图尽量反映物体的主要特征,该视图称为主视图。( )

90. 主、俯视图宽对正。( )

91. 在图样中的书写的文字必须做到:字体工整,笔画清楚,间隔均匀,排列整齐。( )

92. 一个完整的尺寸包括以下要素:尺寸界线 、尺寸线 、尺寸线终端、数字。( )

93. 表面结构代号中的数字其单位是毫米。( )

94. 实际形状对理想形状的允许变动量称形状公差。( )

95. 尺寸标注时可以出现封闭的尺寸链。( )

96. 形位公差是表示零件的形状及相互间位置的精度要求。( )

97. $\nabla\!\!/$ 表示去除材料获得的表面结构。( )

98. 某一尺寸减其基本尺寸,所得的代数差称为尺寸偏差,简称偏差。( )

99. ϕ25H7/g6 的含义指该配合的基本尺寸为 ϕ25、基孔制配合,基准孔的公差带为 H7(基本偏差为 H,公差带等级为 7 级),轴的公差带为 g6。( )

100. ϕ25H6/h6 优先选用基轴制的原则。( )

101. 公差带表示公差范围和相对零线位置的一个区域。( )

102. 淬火后高温回火称为正火,正火可使钢获得很高的韧性和足够的强度。( )

103. 退火可以消除内应力,降低硬度。( )

104. 低碳钢焊接性差。( )

105. 淬火时会引起内应力使钢变脆,所以淬火后必须回火。( )

106. 低碳钢牌号有 Q195、Q215、Q235、Q255、Q275,钢后面的数字都表示的是其抗拉强度。( )

107. 硅钢片铁损低,世界各国都以铁损值划分牌号,铁损越低,牌号越高,质量也高。( )

108. 低碳钢牌号有 Q195、Q215、Q235、Q255、Q275。( )

109. 非晶态合金是 20 世纪 70 年代问世的新金属材料,( )。

110. 常见的机械传动有带传动、同步带传动、链传动、齿轮传动、蜗轮蜗杆传动、摩擦传动。( )

111. 气压传动系统中空气过滤器是将空气当中的杂质过滤干净,起到清洁空气的作用。

调压阀主要是起润滑作用。调压阀可以提高气缸的使用寿命。油雾器起到调节压力和稳压的作用。(　)

112. 一般液压传动系统由动力、传送、控制、执行四个部分组成。(　　)

113. 轴测图一般只画出可见部分,必要时才画出不可见部分。(　　)

114. 装配图中相邻面中的剖面线的方向应相同。(　　)

115. 金属材料机械性能是指金属材料在外力作用下所表现的抵抗能力。(　　)

116. 装配图是表达机器的图样。(　　)

117. 斜视图也可旋转至水平方向,但必须在斜视图的上方注明"x 向旋转"。(　　)

118. 优质碳素结构钢 15 表示含碳量千分之十五。(　　)

119. 液压系统工作压力大小与行程有关。(　　)

120. 公差代号和极限偏差都标注在基本尺寸右侧。(　　)

121. 测量时由于受测量条件和测量方法的限制,不可避免会产生误差。(　　)

122. 在测量中常用标准圆柱、圆球及心轴,这些是测量用的辅具。(　　)

123. 纸幅面按尺寸大小可分为 6 种。(　　)

124. 比例是指图中图形尺寸与实物尺寸之比。(　　)

125. 比例 1∶2 属于缩小比例,比例 2∶1 属于放大比例。(　　)

126. 标注尺寸的三要素是尺寸界限、尺寸线和尺寸数字。(　　)

127. 图样尺寸是零件的实际尺寸,尺寸以厘米为单位时,不需代号和名称。(　　)

128. 斜度是指斜线对水平线的倾斜程度。(　　)

129. 外螺纹的大径用粗实线表示,内螺纹的小径用粗实线表示。(　　)

130. 三视图的投影规律是,主视图与俯视图等长,主视图与左视图等高,俯视图与左视图等宽。(　　)

131. 按剖切方法来分,剖视图可分为全剖视图、半剖视图、局部剖视图三种。(　　)

132. 螺纹的导程等于螺距。(　　)

133. 尺寸数字不能被任何图线所通过。(　　)

134. 尺寸标注可以不考虑加工顺序。(　　)

135. 尺寸公差是一个没有符号的绝对值。(　　)

136. 国家标准规定 45 号钢就是含碳量 0.45%的优质碳素结构钢,Q235 是普通碳素结构钢,其屈服强度为 235 MPa。(　　)

137. 不准使用没编号或不精确的量具。(　　)

138. 使用外径千分尺测量时,被测物必须轻轻地与测量头接触,若碰劲过大,应退回一点重来。(　　)

139. 使用游标卡尺时无需检查可直接测量产品。(　　)

140. 使用游标卡尺读取测量结果时视线方向无需垂直于刻度面。(　　)

141. 所有量具使用时必须检查是否能归零。(　　)

142. 在尺寸标注时避免出现封闭的尺寸链。(　　)

143. 退火是将钢件加热到适当温度,保温一段时间,然后再缓慢的冷下来。(　　)

144. 淬火后必须回火,用来消除脆性和内应力。(　　)

145. 上偏差为最大极限尺寸减其基本尺寸所得的代数差。(　　)

146. 过盈配合是指具有过盈的配合。此时,孔的公差带在轴的公差带之上。(　　)

147. 在电机制造中硅钢片越薄性能越好。(　　)

148. 尺寸公差有正负。(　　)

149. 基本尺寸相同,相互结合的孔与轴公差之间的关系,称为配合。所以配合的前提必须是基本尺寸相同,二者公差带之间的关系确定了孔、轴装配后的配合性质。(　　)

150. 间隙是指孔的尺寸减去相配合的轴的尺寸之差为负;过盈是指孔的尺寸减去相配合的轴的尺寸之差为正。(　　)

151. 基本偏差为一定的轴的公差带与不同基本偏差的孔的公差带形成各种配合的一种制度,称为基轴制。基轴制配合的轴为基准轴,代号为 H,国标规定基准轴的上偏差为零。(　　)

152. 在一般情况下,优先选用基孔制配合。如有特殊要求,允许将任一孔、轴公差带组成配合。(　　)

153. 装配图中一般标注配合代号,配合代号由两个相互结合的孔或轴的公差带代号组成,写成分数形式,分子为轴的公差带代号,分母为孔的公差带代号。(　　)

154. 为了消除硅钢片的内应力,必须对硅钢片进行退火处理,还可以降低其抗剪强度。(　　)

155. 铁芯制造中对硅钢片厚度公差无要求。(　　)

156. 表面结构基本符号加一小圆,表明表面是不去除材料获得的。(　　)

157. 平行度是限制实际要素对基准在垂直方向上的变动量的一线指标。(　　)

158. 物体 W 面上正投影称为左视图;物体 V 面上正投影称为主视图。(　　)

159. 三个互相垂直的面把空间分成 8 个部分,称为 8 个分角。(　　)

160. 所谓合理的尺寸标注就是要满足设计要求又要符合加工测量等工艺要求。(　　)

161. 主要尺寸是指非配合的直径、长度、外轮廓尺寸。(　　)

162. 尺寸线可用其他图线代替,也可与其他图线重合。(　　)

163. 无论是外螺纹或内螺纹,在剖视图或剖面图中的剖面线都应画到粗实线。(　　)

164. 同一基本尺寸的表面,若有不同公差时,不需要分开注明。(　　)

五、简 答 题

1. 铁芯叠压后,一般要检查哪些项目?
2. 装配图的内容有哪些?
3. 读装配图的基本方法是什么?
4. 根据相互结合的孔轴之间间隙或过盈的状况,配合可分为哪三类?
5. 常用的电工测量方法有哪几种?
6. 对铜导线焊接的质量有什么基本要求?
7. 直(脉)流牵引电动机铁芯由哪几部分组成?
8. 硅钢片按轧制方法分哪两类?
9. 我国目前生产冷轧硅钢片的企业主要有几家?
10. 冲片冲制的方法有哪些?
11. 铁芯两端采用端板的目的?

12. 什么叫冲裁力?
13. 什么叫毛刺?
14. 铁芯叠压的任务是什么?
15. 内装压铁芯结构的特点有哪些?
16. 焊接成一整体的磁极铁芯一般工艺流程是什么?
17. 铁芯压装的三个工艺参数是什么?
18. 铁芯叠压力过小的危害有哪些?
19. 整形棒的作用是什么?
20. 铁芯槽形尺寸的准确度主要靠什么来保证?
21. 铸铝转子铁芯断条与细条对电机的影响?
22. 常用的绝缘浸渍方法有哪些?
23. 铁芯制造工艺包括哪两个部分?
24. 铁磁物质分哪两类?
25. 冷轧硅钢片按轧制方向分哪两类?
26. 铁芯轴向通风的特点是什么?
27. 什么叫铁芯径向通风?
28. 冷冲压使用的普通冲床按床身形式分哪两类?
29. 定子铁芯叠压按装配方式分哪两类?
30. 铁芯按槽方向分哪两类?
31. 按剪切刃与冷轧钢带的轧制方向的相对位置,剪切方式可分为哪两类?
32. 纵剪的定义是什么?
33. 什么叫铁芯的定压装配?
34. 变压器铁芯通常分哪两类?
35. 设备保养三好指的是什么?
36. 单冲模的定义?
37. 按照冲片形状的不同,铁芯可分成哪三类?
38. 凹模的类型按刃口形状分为哪两种?
39. 主、磁极叠压装备根据铁芯装配方式有哪几种?
40. 铁芯叠压适用的工装量具有哪些?
41. 硅钢片不平整对冲裁的影响有哪些?
42. 冲片毛刺大对铁芯的影响有哪些?
43. 冲片大小齿超差对铁芯的影响有哪些?
44. 定子冲片内外圆不齐对电机的影响有哪些?
45. 定子冲片槽根圆对外径同轴度超差对电机的影响是什么?
46. 铁芯片绝缘处理不合格对电机的影响是什么?
47. 定子铁芯造成齿外胀的原因有哪些?
48. 定子铁芯质量不足产生的原因有哪些?
49. 转子铁芯斜槽斜度大于允许值对电机的影响有哪些?
50. 转子铁芯斜槽斜度小于允许值对电机的影响有哪些?

51. 冲片的质量检查一般有哪几项?
52. 冲片翘曲的测量方法是什么?
53. 简述铁芯剪片的方法。
54. 保证铁芯内外圆和转子槽同心的措施有哪些?
55. 为什么不同模具冲制的冲片不能混用于同一台转子铁芯中?
56. 变压器有哪些主要部件?
57. 变压器铁芯的作用是什么?
58. 变压器为什么通常用 0.35 mm 厚、表面涂有绝缘漆的硅钢片叠成?
59. 什么是冲裁间隙?
60. 简述铁芯热套的缺点。
61. 简述铁芯中径向通风的定义。
62. 生产工人在工作中应做到"三按"是什么?
63. 简述槽形尺寸不对对电机的影响。
64. 变压器铁芯的叠片形式按什么来分类?
65. 什么叫变压器铁芯的叠片的对接?
66. 什么叫变压器铁芯的叠片的搭接?
67. 定位棒的设计要求是什么?
68. 硅钢片牌号 50TW360 中 50、W、360 分别表示什么?
69. 冲制的定义是什么?
70. 铁芯压装质量的标准是什么?

六、综 合 题

1. 简述电机铁芯对材料的要求。
2. 对端板点焊有什么要求?
3. 工程上常采用哪些方法防止绝缘材料的老化?
4. 电机冲片对模具的要求有哪些?
5. 冲片的质量要求控制主要有哪些?
6. 减小冲片毛刺的方法有哪些?
7. 提高定子铁芯质量的办法有哪些?
8. 铸铝转子铁芯断条与细条产生原因有哪些?
9. 转子不平衡对电机的影响有哪些?
10. 铁芯叠压后,一般要检查哪些项目?
11. 对铁芯端板点焊有哪些主要要求?
12. 冲裁时对润滑剂的选择有什么要求?
13. 简述冲裁力计算公式。
14. 变压器有哪些主要部件,它们的主要作用是什么?
15. 铁芯质量要求是什么?
16. 铁芯叠压的任务是什么?
17. 叠压系数与哪些因素有关?

18. 铁芯冲片的质量检查有哪些?
19. 电工钢板的质量要求有哪些?
20. 转子不平衡的影响有哪些?
21. 影响冲片质量的主要因素有哪些? 冲模间隙太大、太小对冲裁件质量有何影响?
22. 电机加工的特点有哪些?
23. 交流电动机的磁路为什么采用硅钢片制成?
24. 简述硅钢片型号 50BW470(A. H. D)的含义。
25. 铁芯对冲片机械方面的技术要求有哪些?
26. 简述全工艺型冷轧无取向硅钢片的特点。
27. 简述转子铁芯加工的一般技术要求。
28. 简述冲片不平整、不清洁对电机的影响。
29. 铁芯压装质量检查有哪些?
30. 定子铁芯质量不够的原因通常有哪些?
31. 定子铁芯不齐的原因通常有哪些?
32. 转子铁芯平衡的基本原理是什么?
33. 转子铁芯平衡通常的技术条件有哪些?
34. 简述叠片式铁芯的任务及压装的基本工艺过程。
35. 简述内压装结构的特点及优点。

铁芯叠装工(初级工)答案

一、填 空 题

1. 六个	2. 三视图	3. 定位	4. 标题栏
5. 基本尺寸	6. 上偏差	7. 间隙配合	8. 细实线
9. 公差	10. 配合	11. 上偏差为零	12. 识别符号
13. 平行	14. 主视图	15. 投影方向	16. *Ra*
17. 微米	18. 位置公差	19. 基准代号	20. 碳素工具
21. 马氏体组织	22. 调质	23. HRC	24. 含铜量为62%
25. 焊接性好	26. 屈服强度	27. 铁损	28. 较大中心距
29. 动力	30. 方向	31. 空气过滤器	32. 油雾器
33. 0.01 mm	34. 0.001 mm	35. 归零	36. 基料
37. 漆包线	38. 绝缘纸	39. 无纬带	40. 安全第一
41. 频率和强度	42. 科学化	43. 用数据说话的观点	
44. 图形尺寸	45. 尺寸数字	46. A0	47. 实物尺寸
48. 圆半径	49. 圆直径	50. 球直径	51. 形状公差
52. 位置公差	53. 取样长度	54. 封闭	55. 退火
56. 表面淬火	57. 发黑、发蓝	58. 回火	59. 倾斜度
60. 去除材料的方法	61. 上偏差	62. 下偏差	63. 尺寸公差
64. 上	65. 下偏差	66. 极限偏差	67. 基轴制
68. 偏差	69. 垂直于	70. 有效期内	71. 擦拭干净
72. 专用量具	73. 再结晶退火	74. 刚性离合器	75. 图纸
76. 交流	77. 扇形	78. 闭式	79. 法
80. 斜槽	81. 轧制	82. 整形棒	83. 顺利通过
84. 厚度	85. 大	86. 冷轧	87. 冲孔
88. 冲模间隙	89. 剪片	90. 轴孔	91. 冲片表面有油污
92. 铁芯长度	93. 铁损耗	94. 压力	95. 叠压质量
96. 壳式	97. 槽样棒	98. 定位棒	99. 顺利通过
100. 绝缘	101. 劳动防护用品	102. 机械能	103. 某一角度
104. 边薄中后	105. 涡流损失	106. 长度	107. 定子铁芯
108. 转子铁芯	109. 紧密度	110. 四柱液压机	111. 用好
112. 定置	113. 拆卸	114. 铁损	115. 磨钝
116. 叠压系数	117. 槽样棒	118. 工装	119. 减少涡流
120. 压紧	121. 松动	122. 冲制方向	123. 扣片

124. 有效　125. 凭证　126. 大于　127. 大于
128. 一个　129. 滚涂法　130. 上盖下垫　131. 耐油
132. 剪裁力　133. 0.03 mm　134. 烘干　135. 单冲
136. 槽底　137. 高出　138. 对齐　139. 500 mm
140. 500 mm　141. 机械强度　142. 两根
143. 电源电压不足,应换电池　144. 净重　145. 一般量具
146. 通槽棒　147. 直角尺　148. 过大　149. 松动
150. 朝同一方向　151. 交叉叠放　152. 锈斑　153. 定子
154. 边缘松散　155. 凸凹模　156. 刃磨　157. 合格
158. 小于　159. 冲击力　160. 冷挤压　161. 直径尺寸
162. 圆棒形　163. 刀片　164. 密封不严　165. 木槌

二、单项选择题

1. C　2. B　3. B　4. B　5. B　6. B　7. D　8. A　9. D
10. D　11. A　12. A　13. B　14. C　15. B　16. B　17. C　18. B
19. A　20. B　21. B　22. B　23. B　24. B　25. B　26. B　27. B
28. C　29. A　30. B　31. A　32. A　33. A　34. D　35. D　36. C
37. C　38. B　39. A　40. A　41. B　42. B　43. C　44. B　45. A
46. A　47. B　48. A　49. A　50. B　51. A　52. A　53. A　54. A
55. B　56. C　57. D　58. B　59. B　60. B　61. C　62. D　63. A
64. B　65. A　66. C　67. C　68. C　69. B　70. B　71. D　72. B
73. C　74. A　75. B　76. A　77. B　78. C　79. C　80. B　81. D
82. C　83. B　84. A　85. B　86. B　87. A　88. A　89. B　90. B
91. B　92. B　93. B　94. C　95. A　96. D　97. C　98. A　99. A
100. C　101. A　102. C　103. B　104. A　105. C　106. B　107. A　108. B
109. D　110. A　111. B　112. A　113. A　114. C　115. B　116. A　117. A
118. A　119. B　120. A　121. D　122. A　123. A　124. A　125. A　126. B
127. A　128. A　129. C　130. A　131. C　132. B　133. A　134. B　135. A
136. A　137. D　138. D　139. A　140. A　141. D　142. A　143. A　144. A
145. A　146. A　147. B　148. B　149. B　150. C　151. B　152. A　153. B
154. A　155. B　156. A　157. D　158. A　159. B　160. C　161. A　162. B
163. A

三、多项选择题

1. ABC　2. BCD　3. BD　4. BD　5. BCD　6. ABC　7. ABD
8. ABC　9. ABC　10. ABCD　11. ABC　12. ABC　13. AC　14. BC
15. ABCD　16. ABC　17. ABD　18. ABC　19. BC　20. ABCD　21. ABCD
22. ABC　23. BC　24. ABC　25. ABCD　26. ABC　27. ABD　28. BD
29. ABC　30. ACD　31. ABC　32. ABC　33. ABC　34. BCD　35. AC

36. ABC　37. ABCD　38. ABCD　39. BC　40. BD　41. BCD　42. BC
43. ABC　44. AD　45. ABCD　46. BD　47. ABD　48. ABC　49. ABC
50. ABC　51. ABD　52. BC　53. ABD　54. ABC　55. ABC　56. AB
57. ABCD　58. ABC　59. ABCD　60. AB　61. ABC　62. ABCD　63. AC
64. ABC　65. ABCD　66. AB　67. ABC　68. ABC　69. ABCD　70. AB
71. ABC　72. ABCD　73. ABC　74. ABC　75. AB　76. ABC　77. ABCD
78. AB　79. ABCD　80. ABCD　81. ABCD　82. AB　83. AB　84. ABD
85. ABD　86. ABC　87. ABCD　88. ABC　89. ABC　90. AB　91. AC
92. ABC　93. ABC　94. ABC　95. ABCD　96. ABCD　97. ABC　98. ABD
99. ABCD　100. BD

四、判 断 题

1. ×　2. √　3. √　4. √　5. ×　6. ×　7. ×　8. √　9. ×
10. √　11. √　12. √　13. ×　14. √　15. √　16. √　17. √　18. √
19. √　20. √　21. ×　22. ×　23. √　24. √　25. ×　26. ×　27. √
28. ×　29. √　30. √　31. √　32. √　33. √　34. ×　35. √　36. ×
37. √　38. ×　39. √　40. √　41. √　42. √　43. √　44. ×　45. √
46. √　47. ×　48. ×　49. √　50. √　51. √　52. √　53. √　54. √
55. √　56. √　57. √　58. √　59. √　60. √　61. √　62. √　63. √
64. ×　65. √　66. √　67. √　68. ×　69. ×　70. ×　71. ×　72. ×
73. ×　74. ×　75. √　76. ×　77. ×　78. √　79. ×　80. √　81. √
82. √　83. √　84. √　85. ×　86. ×　87. ×　88. ×　89. √　90. ×
91. √　92. √　93. ×　94. √　95. ×　96. √　97. √　98. √　99. √
100. ×　101. √　102. ×　103. √　104. ×　105. √　106. ×　107. √　108. √
109. √　110. √　111. ×　112. √　113. √　114. ×　115. √　116. ×　117. √
118. ×　119. ×　120. ×　121. √　122. √　123. ×　124. √　125. √　126. √
127. ×　128. √　129. √　130. √　131. ×　132. ×　133. √　134. ×　135. √
136. √　137. √　138. √　139. ×　140. ×　141. √　142. √　143. √　144. √
145. √　146. ×　147. ×　148. ×　149. √　150. ×　151. ×　152. √　153. ×
154. √　155. ×　156. √　157. ×　158. √　159. √　160. √　161. ×　162. ×
163. √　164. ×

五、简 答 题

1. 答:槽形尺寸用通槽棒检查(2 分);铁芯质量用磅秤检查(2 分);槽与断面的垂直度用直尺检查等(1 分)。

2. 答:一组视图(1 分),必要的尺寸(1 分),必要的技术要求(1 分),零件序号和明细栏标题栏(2 分)。

3. 答:(1)概括了解,弄清表达方法(1.5 分);(2)具体分析,掌握形体结构(1.5 分);(3)归纳总结,获完整概念(2 分)。

4. 答:分为间隙配合(1.5 分)、过渡配合(1.5 分)和过盈配合(2 分)三类。

5. 答:直接测量法(1.5 分),比较测量法(1.5 分),间接测量法(2 分)。

6. 答:铜导线焊接应牢固可靠(1 分),接头处光滑、平整、无焊瘤(2 分),接头无虚焊、砂眼等(2 分)。

7. 答:包括电枢铁芯转子铁芯(2 分)、磁极铁芯(1 分)、脉流牵引电动机(1 分)还有换向极铁芯(1 分)。

8. 答:热轧(2 分)和冷轧硅钢片(3 分)。

9. 答:武钢(1.5 分)、宝钢(1 分)、太钢(1.5 分)、鞍钢(1 分)4 家。

10. 答:单冲(1.5 分)、复冲(1.5 分)和连续冲(2 分)。

11. 答:保护铁芯两端的冲片(1 分),在压装后减少(1 分)向外张的现象(2 分)。

12. 答:冲裁力是冲裁时板料阻止凸模向下运动的阻力(3 分),也就是阻止凸模切入板料的阻力(2 分)。

13. 答:毛刺是指板料冲裁时,在冲裁表面边缘上形成的尖锐突起(2 分)。毛刺的允许标准与加工精度的要求(1 分)、材料的厚度(1 分)及材料的抗拉强度有关(1 分)。

14. 答:将一定数量的冲片理齐(1 分)、压紧(1 分)、压装成为一个整体(1 分),使之能满足电磁和机械方面的要求(2 分)。

15. 答:(1)可减少胀胎等工艺装备(2.5 分);(2)铁芯在机座内固定后,不再受其他工序的影响而使铁芯变形(2.5 分)。

16. 答:这种结构的磁极冲片极身两侧预冲好焊接的半圆孔(2.5 分),在液压机上通过卧式专用模具把冲片叠好并焊接(2.5 分)。

17. 答:压力(1.5 分)、铁芯长度(2 分)、铁芯质量(1.5 分)。

18. 答:压力过小使铁芯压不紧(1.5 分),使励磁电流及铁芯损耗增加(1.5 分),严重的还会引起冲片松动(1.5 分),造成故障(0.5 分)。

19. 答:整形棒为修整铁芯槽形不齐之用(5 分)。

20. 答:定位棒(5 分)。

21. 答:使转子电阻增大(1 分),起动转矩小(1 分),效率降低(1 分),温升变高(1 分),转差率大(1 分)。

22. 答:普通沉浸(0.5 分)、连续沉浸(0.5 分)、滚浸(0.5 分)、浇漆(0.5 分)、滴漆(0.5 分)、普通真空浸漆(0.5 分)、VPI 真空压力浸漆(2 分)。

23. 答:铁芯的冲片制造(2 分)、冲片叠压(3 分)。

24. 答:硬磁材料(2.5 分)和软磁材料(2.5 分)。

25. 答:有取向(2.5 分)和无取向硅钢片(2.5 分)。

26. 答:风道和转轴呈平行状态(5 分)。

27. 答:风道方向和转轴方向垂直(5 分)。

28. 答:开式(2.5 分)和闭式(2.5 分)。

29. 答:外压装(2.5 分)和内压装(2.5 分)。

30. 答:直槽(3 分)和斜槽(2 分)。

31. 答:纵剪(2.5 分)、横剪(2.5 分)。

32. 答:沿着冷轧钢带的(轧制)方向(2.5 分),把一定宽度的材料剖成所需的各种宽度的条料(2.5 分)。

33. 答:铁芯在一定的压力下(2.5 分)按照一定的尺寸标准来压装(2.5 分)。

34. 答:壳式(2.5 分)和芯式(2.5 分)。

35. 答:管好(1.5 分)、用好(2 分)、修好(1.5 分)。

36. 答:只有一个独立的闭合刃口(2 分),在冲床的一次冲程内冲出一个孔或落下一个工件的冲模(3 分)。

37. 答:整形冲片铁芯(2 分)、扇形冲片铁芯(1.5 分)和磁极铁芯(1.5 分)。

38. 答:平刃(2.5 分)和斜刃(2.5 分)。

39. 答:立式(2.5 分)和卧式(2.5 分)。

40. 答:定位棒(1.5 分)、整形棒(1 分)、通槽棒(1.5 分)、叠压器(1 分)。

41. 答:(1)落料时易造成圈料变形(2.5 分);(2)冲槽时易造成大小牙(2.5 分)。

42. 答:(1)叠压系数降低(1.5 分);(2)齿部弹开值增大(1 分);(3)涡流损耗增大(1.5 分);(4)槽形不齐(1 分)。

43. 答:(1)齿密度不均匀(1 分);(2)激磁电流大,功率因数低(1.5 分);(3)铁耗大(1.5 分);(4)铁芯槽小,下线困难(1 分)。

44. 答:电机气隙不均匀(1.5 分);磁拉力不均匀(1.5 分);噪声和振动增大(2 分)。

45. 答:电机磁拉力中心偏移(2.5 分),噪声和振动增大(2.5 分)。

46. 答:涡流损耗增大(2 分),铁耗大(1.5 分),效率低(1.5 分)。

47. 答:(1)毛刺大(2.5 分);(2)装压胎具使用不当(2.5 分)。

48. 答:冲片毛刺大(1.5 分),硅钢片厚薄不均匀(1.5 分),压装压力不足(2 分)。

49. 答:(1)斜槽漏抗增大,电机总漏抗增大(2.5 分);(2)转子损耗增大,效率低,温升高,转差率大(2.5 分)。

50. 答:(1)斜槽漏抗减小,电机总漏抗减小,启动电流大(2.5 分);(2)振动和噪声大(2.5 分)。

51. 答:冲裁毛刺(0.5 分)、内外圆同轴度(1 分)、冲片槽分布不均匀度(1 分)、内外径尺寸(1 分)、槽形尺寸(1 分)、冲片翘曲(0.5 分)。

52. 答:将冲片平放在检测平台上(2 分),测量冲片与平台的间隙(2 分),间隙值越小越好(1 分)。

53. 答:将松的一边加厚使之达到平行(1 分),但剪片留下的部分应保留键槽和二分之一以上的轴孔(1 分),使能够定位(1 分),在离心力作用下不会飞出(2 分)。

54. 答:(1)规定冲制的程序和限制冲模的偏心度(2.5 分)。(2)采用合理的装配基准(2.5 分)。

55. 答:不同模具冲出的通风孔位置不会完全相同(1.5 分),混用时会使风路减小(1.5 分),影响通风效果(2 分)。

56. 答:铁芯(1 分)、绕组(1 分)、分接开关(1 分)、油箱和冷却装置(1 分)、绝缘套管(1 分)。

57. 答:铁芯构成变压器的磁路(2.5 分),同时又起着器身的骨架作用(2.5 分)。

58. 答:为了减少铁芯损耗(5 分)。

59. 答:冲裁工作时,凸模与凹模之间存在着一周很小的间隙(1 分),凸模与凹模之间每侧的间隙称为单边间隙(1分),两侧间隙之和称为双边间隙(1分),而冲裁间隙一般指双边间隙(2分)。

60. 答:需要配备专门的加热设备,将工件加热(1.5分);由于在热态下操作,员工劳动条件相对较差(1.5分);为了防止回弹需要保压冷却,延长生产周期(2分)。

61. 答:径向通风就是风道方向和转轴方向垂直(5分)。

62. 答:按图纸(1.5分),按工艺(2分),按技术标准生产(1.5分)。

63. 答:影响下线质量(1.5分),增加锉槽工时(1.5分)和引起涡流损失(2分)。

64. 答:按芯柱和铁轭的接缝是否在一个平面内而分类(5分)。

65. 答:变压器芯柱和铁轭的接缝在同一垂直平面内的叠片形式(5分)。

66. 答:变压器芯柱和铁轭的接缝在两个(1分)或多个(1分)垂直平面内的叠片形式(3分)。

67. 答:根据槽形按一定公差来制造(3分),一般比冲片的槽形每边小0.02~0.04 mm(2分)。

68. 答:50是厚度(1.5分),W是无取向(1.5分),360是铁损耗(2分)。

69. 答:指在冲床上(1分)利用模具(1分)对钢片进行冲裁(1分)、冲孔(1分)、冲槽(1分)等工作。

70. 答:压力和质量均在给定的范围之内(5分)。

六、综合题

1. 答:(1)具有较高的导磁性能(2分)。

(2)具有较低的铁芯损失(2分)。

(3)磁性陈老现象小(2分)。

(4)一定的机械强度(2分)。

(5)板材表面光洁平整、厚度偏差小(2分)。

2. 答:(1)点焊前要按冲片记号孔位置将各片对齐,使毛刺方向保持一致(2分)。

(2)点焊好的端板上下方向要一致不能出歪斜(2分)。

(3)点焊时焊接电流要调整合适,点焊的产品不能有焊穿(1.5分)、焊瘤或松散现象(1.5分),片间没有焊牢或开焊(1分),在进行筋板点焊时筋板在冲片齿的正中同时和冲片保持垂直,不能倾斜和超出齿部(2分)。

3. 答:(1)在绝缘材料制造中加入防老剂,常用酚类防老化剂(2.5分)。

(2)户外绝缘材料,可添加紫外光吸收剂,以吸收紫外光(1.5分),或隔层隔离,以避免强阳光直接照射(1分)。

(3)湿热使用的绝缘材料,可加入防霉剂(2分)。

(4)加强高压电气设备的防电晕、防局部放电措施(1分)。绝缘材料的老化是一个多因素的问题(1分),关系十分复杂,实际工作中我们必须分清主次,有的放矢,抓住主要矛盾选用绝缘材料(1分)。

4. 答:(1)能冲出合乎技术要求的工件(2分)。

(2)有合乎需要的生产率(2分)。

(3)模具制造维修方便(2分)。

(4)模具具有足够的寿命(2 分)。

(5)模具易于安装调整,且操作方便、安全(2 分)。

5. 答:(1)冲片的外径(1 分)、内径(1 分)、槽形尺寸及对称度(1 分)、轴孔等应符合图纸要求(1 分)。

(2)冲片毛刺均匀(1.5 分)。

(3)冲片平整不变形(1.5 分)。

(4)冲片厚度均匀(1.5 分)。

(5)分批、分模摆放(1.5 分)。

6. 答:(1)冲模应及时检查刃磨(2 分)。

(2)上下模应有正确的间隙(2 分)。

(3)冲模无裂纹、崩角(2 分)。

(4)正确安装模具(2 分)。

(5)保证机床精度(1 分)。

(6)不冲制重叠和不完整的材料(1 分)。

7. 答:提高冲模制造精度(2 分);单冲时严格控制大小齿的产生(2 分);实现单机自动化,使冲片顺序顺向叠放,顺序顺向压装(2 分);保证定子铁芯压装时所用的胎具,槽样棒等工艺装备应有的精度(2 分);加强在冲翦与压装过程中各道工序的质量检查(2 分)。

8. 答:(1)由于转子铁芯压装过紧,铸铝后铁芯胀开,产生较大的拉力作用在铝条上(2 分)。

(2)铸铝后保压时间过短,铝条未凝固好,在铁芯胀力的作用下铝条被拉断或拉细(2 分)。

(3)个别槽孔的漏冲、槽内有杂物(2 分)。

(4)铝水清渣不好,铝水中有杂物(1 分);铝条中有气孔(1 分)。

(5)离心浇铸时转速过大,使槽底浇不满,形成细条(2 分)。

9. 答:(1)消耗能量,使电机效率降低(2 分)。

(2)接伤害电机轴承,加速其磨损,缩短使用寿命(2 分)。

(3)影响安装基础和与电机配套设备的运转,使某些零件松动或疲劳损伤,造成事故(2 分)。

(4)直流电枢的不平衡引起的振动会使换向器产生火花(2 分)。

(5)产生机械噪声(2 分)。

10. 答:槽形尺寸用槽样棒检查(3.5 分);铁芯质量用磅秤检查(3.5 分);槽与断面的垂直度用直尺检查等(3 分)。

11. 答:(1)点焊前要按冲片记号孔位置将各片对齐,使毛刺方向保持一致(3 分)。

(2)点焊好的端板上下方向要一致不能出歪斜(3 分)。

(3)点焊时焊接电流要调整合适,点焊的产品不能有焊穿(1 分),焊瘤或松散现象(1 分),片间没有焊牢或开焊(1 分),在进行筋板点焊时筋板在冲片齿的正中同时和冲片保持垂直,不能倾斜和超出齿部(1 分)。

12. 答:(1)不腐蚀金属材料,有防锈功能(1.5 分)。

(2)容易涂抹、容易清洗掉(1.5 分)。

(3)稳定性好,不容易变质(1.5 分)。

(4)具有较小的摩擦系数(1.5分)。

(5)当工件退火时,容易烧掉,不留坚固炭灰(1.5分)。

(6)容易配制、价格低廉(1.5分)。

(7)无难闻气味,对工人健康和环境无害(1分)。

13. 答:$P=1.3\times$冲裁件周长$\times$材料厚度$\times$材料抗剪强度$+$推件力$+$顶料力$+$卸料力(10分)。

14. 答:(1)铁芯:构成变压器的磁路,同时又起着器身的骨架作用(2分)。

(2)绕组:构成变压器的电路,它是变压器输入和输出电能的电气回路(2分)。

(3)分接开关:变压器为了调压而在高压绕组引出分接头,分接开关用以切换分接头,从而实现变压器调压(2分)。

(4)油箱和冷却装置:油箱容纳器身,盛变压器油,兼有散热冷却作用(2分)。

(5)绝缘套管:变压器绕组引线需借助于绝缘套管与外电路连接,使带电的绕组引线与接地的油箱绝缘(2分)。

15. 答:(1)铁芯叠压紧密(1.5分):铁芯叠压后须有一定的紧密度,才能防止由于机械振动和温升作用引起的松动(1分),使铁芯始终保持一个规则的形状,而不至发生严重的齿胀现象(1分)。

(2)铁芯冲片的净重(1.5分):一般采用固定称质量的方法,来达到铁芯装压质量的要求(1分)。

(3)铁芯叠压准确度是指铁芯叠压后的几何尺寸精度和形位度(1.5分),尤其槽形的几何尺寸及其精度准确性(1分)。

(4)铁芯槽内无铁屑、无毛刺、无油污等异物(1.5分)。

16. 答:将一定数量的冲片理齐、压紧、压装成为一个整体(1.5分),使之能满足电磁和机械方面的要求(1分),其电磁要求是要有较高而且稳定的导磁性能和较低的铁损(2分);其机械方面的要求是整体性要好(1分)、尺寸准确(1分)、表面及槽形整齐无毛刺(1分)。铁芯叠压应保证在后道工序的操作和传递中不松动(1分)、不变形,不影响电机的可靠性(1.5分)。

17. 答:(1)绝缘层的种类及厚度(1分),冲片厚度的均匀程度(1分),冲片表面质量(1分)、形状(1分)、端板点焊后的质量及齿部压弯情况(1分),毛刺大小及均匀程度等(1分)。

(2)叠压时铁芯与机座或轴、筋的配合情况(1分)、压力的均匀情况(1分)、工装质量(1分)、压力的大小及加压次数有关(1分)。

18. 答:冲片质量主要反映在四个方面:

(1)冲片尺寸(1.5分)、形状的准确度(1.5分)。

(2)毛刺的大小(2.5分)。

(3)冲片绝缘层的质量(2.5分)。

(4)冲片的铁损和导磁性能(2分)。

19. 答:主要是它的电磁性能(1分)。

(1)低损耗(1分):包括磁滞损耗和涡流损耗(1分)。

(2)高导磁性能(1分):导磁性能越高,在磁通量不变的情况下,可缩小磁路的截面积,节约励磁绕组用铜量,减少电机体积(1分)。

(3)良好的冲片性(1分):电工钢板应具有适宜的硬度,不能过脆或过软(1分),表面要光滑、平整且厚度均匀(1 分),以利模具冲制和提高叠压系数(1 分)。

(4)成本低使用方便(1 分)。

20. 答:电机转子不平衡所产生的振动对电机的危害主要有:

(1)消耗能量,使电机效率降低(2 分)。

(2)直接伤害电机轴承,加速其磨损,缩短使用寿命(2 分)。

(3)影响安装基础和与电机配套设备的运转,使某些零件松动或疲劳损伤,造成事故(2 分)。

(4)直流电枢的不平衡引起的振动会使换向器产生火花(2 分)。

(5)产生机械噪声(2 分)。

21. 答:(1)冲模的间隙是否合理(1.5 分);(2)冲床的精度(1.5 分);(3)冲片本身的特性(1.5 分)。

如间隙太小时使凸模与凹模产生裂缝不相重合(1 分),隔着一定的距离而互相平行(1 分),最后分离是因受挤压而使两条裂缝面的断面产生毛刺和层片,形成光亮带,并成倒锥形(1.5 分)。

如间隙太大是则材料除剪切力外还将受到拉伸作用(1 分),使得裁件的尺寸比凹模还小,发生负的误差(1 分)。

22. 答:(1)空气隙对电机性能的影响很大(2.5 分)。

(2)机座和端板的结构刚性较差(1.5 分),装夹和加工时容易产生变形(1 分)。

(3)对于带有绝缘材料的零部件(1.5 分),如定转子等,加工时要小心,避免破坏绝缘材料和导电材料(1 分)。

(4)对于导磁零件,切削应力不应过大,以免降低导磁性能和增大铁耗(2.5 分)。

23. 答:日常生活工作中,电能绝大部分是采用工频交流电源(2 分),所以电机基本上均在这种电源内工作,由于交流电动机的磁场是交变的(2 分),所以适合于这种交变磁场的铁芯是软磁材料制成的铁芯(2 分),由于硅钢片的导磁性能好(2 分),制造工艺简单,产量大,所以电动机的磁路采用硅钢片制成(2 分)。

24. 答:50 表示硅钢片厚度的 100 倍(2 分)。

B 表示宝钢钢铁集团公司(2 分)。

W 表示无取向硅钢片(2 分)。

470 表示材料最大损耗不大于 4.7 W/kg(2.5 分)。

A 表示半有机薄涂层(0.5 分)。

H 表示半有机厚涂层(0.5 分)。

D 表示无机涂层(0.5 分)。

25. 答:合理选用铁芯材料,表面质量良好(1 分),平整光滑(1 分),厚薄均匀(1 分),冲片的断面整齐(1 分),毛刺要小(1 分)。过大的毛刺在叠装后容易形成片间短路(2 分),使铁损增加(2 分),叠压系数下降(1 分)。

26. 答:其涂层已在轧钢厂形成(2 分),通常是先涂一层硅酸盐绝缘薄膜(2 分),再用化学离子反应法把磷酸盐紧覆在其表面上(2 分),形成均匀光滑的薄涂层(2 分),其机械绝缘和耐热性能极好(能耐 750 ℃左右)(2 分)。

27. 答:转子在加工时,不管采用哪种机床加工,首先要保证的是转子外径的大小应符合技术设计要求(2 分),其次是转子外径与轴的跳动量符合技术设计要求(2 分),转子表面的粗糙度、轴的表面结构(1.5 分)以及轴伸长度都应达到图纸要求(1.5 分)。对于噪声等级要求比较严格的电机,转子端环的外径及平面都应车削加工,以免产生不必要的振动,从而增大噪声(1 分),对于性能要求特别严的电机,转子还应做动平衡(2 分)。

28. 答:当冲片有波纹(0.5 分),有锈(0.5 分),有油污(0.5 分)、尘土(0.5 分)等时,会使压装系数降低(1 分)。压装时要控制长度(1 分),减片太多会使铁芯质量不够(1 分),磁路截面减小,激磁电流增大(1 分)。冲片绝缘处理不好或管理不善(1 分),压装后绝缘层被破坏(1 分),使铁芯短路,涡流损耗增大(2 分)。

29. 答:(1)铁芯压装后尺寸精度和公差的检查用一般量具进行检测(2 分)。

(2)槽形尺寸用通槽棒检查(2 分)。

(3)铁芯质量用磅秤检查(2 分)。

(4)槽与端面的垂直度用直角尺检查(2 分)。

(5)片间压力的大小,通常用特制的检查刀片测定(1 分)。测定时,用力将刀片插进铁轭(1 分)。

30. 答:(1)定子冲片毛刺过大(2 分);(2)硅钢片薄厚不匀(2 分);(3)冲片有锈或沾有污物(2 分);(4)压装时由于油压漏油或其他原因压力不够(2 分);(5)缺边的定子冲片掺用太多(2 分)。

31. 答:冲片没有按顺序顺向压装(1.5 分);冲片大小齿过多(1.5 分),毛刺过大(1.5 分);槽样棒因制造不良或磨损而小于公差(2 分),叠压工具外圆因磨损而不能将定子铁芯内圆胀紧(1.5 分);定子冲片槽不整齐等(2 分)。

32. 答:电机的转子铁芯由于结构不对称(如键槽、记号槽)(2 分),材料质量不均匀或制造加工时的误差等原因(2 分),而造成转动体机械上的不平衡,就会使该转动体的重心对轴线产生偏移(2 分),转动时由于偏心的惯性作用,将产生不平衡的离心力或离心力偶(2 分),电机在离心力的作用下将产生振动(2 分)。

33. 答:(1)当两个校正平衡面与重心的距离相等时,则每个校正平衡面的许用不平衡量应为推荐值的一半(2 分)。

(2)转子校平衡时,允许采用加重或去重法(2 分)。

(3)多速电机的转子平衡应以电机的最高工作转速为准(2 分)。

(4)校平衡时,按《电机振动测定方法》(GB 2807—1981)的规定,在转子轴上的键槽中应安装半键。当采用带键工程塑料风扇时,则转子的风扇挡键槽可以不需安装半键(2 分)。

(5)校好平衡后的转子,操作者要再复核一次平衡精度(2 分)。

34. 答:(1)铁芯压装的任务就是将一定数量的冲片理齐(1 分)、压紧(1 分)、固定成一个尺寸准确(1.5 分)、外形整齐紧密适宜的整体(1.5 分)。

(2)压装工艺过程一般包括理片(1 分)、称重或定片数(1 分)、定位叠压固紧(1 分)、固定(1 分)、表面处理等(1 分)。

35. 答:内压装铁芯结构的特点是以冲片外圆定位(1.5 分),依次将单张冲片以一定的次序或记号放入机座内(1.5 分),借以机座内的台阶和压圈(1.5 分),采用拉螺杆或弧形键紧固(1.5 分)。这种结构的优点是:(1)可减少胀胎等工艺装备(2 分);(2)铁芯在机座内固定后,不再受其他工序的影响而使铁芯变形(2 分)。

铁芯叠装工(中级工)习题

一、填 空 题

1. 使用铁芯零部件是保证铁芯正常工作的重要措施,在铁芯叠装前,应根据(　　)要求,严格检查铁芯零部件的质量,确认合格后方可进行叠装。

2. 铁芯中轴向通风就是风道和转轴呈(　　)状态,径向通风就是风道方向和转轴方向垂直。

3. 不论直流电机还是交流电机,主要由(　　)和转子两大部分组成。

4. 交流电机定子部分主要由(　　)、线圈和机座、端盖等组成。

5. 交流电机转子主要由(　　)、线圈和转轴、轴承风扇等组成。

6. 直流牵引电动机电枢铁芯结构主要由后支架、端板、(　　)、转轴及换向器等组成。

7. 铁芯两端采用端板的目的是为了保护铁芯两端的冲片,在装压后(　　)向外扩张的现象。

8. 当电机线圈中通过交流电流时,铁芯中将感应出(　　),使铁芯中损耗增大,引起铁芯发热。

9. 定子铁芯的压装装配方式有外压装和(　　)。

10. 转子铁芯的压装装配方式有(　　)和对假轴装。

11. 变压器铁芯是由(　　)、夹紧件、绝缘件和接地片等组成。

12. 变压器铁芯的叠片形式是按心柱和铁轭的接缝是否在一个平面内而分类,各个接合处的接缝在同一垂直平面内的成为(　　),接缝在两个或多个垂直平面内的成为搭接。

13. 铁芯叠压的要求有铁芯的绝缘、(　　)、铁芯叠压的准确度。

14. 冲裁冲片的冲剪刀应具有高硬度、高(　　)、高强度、高韧性和高耐热性。

15. 冲模在工作中承受(　　)载荷,冲模工作零件有足够的强度和韧性,还须有较高的硬度和耐磨性。

16. 槽样棒、通槽棒一般所用材质为(　　)或 T10、T8,经淬火处理,硬度达到 58～62 HRC。

17. 硅钢片牌号 50TW360 中,360 是(　　)。

18. 冲裁变形可分为弹性变形阶段、(　　)阶段、剪裂阶段。

19. 冲片槽或齿不正的偏差检查可用(　　)冲片相叠合起来,用眼睛观察,沿对径方向的一对槽或齿应做到上下两片基本对正,检查时要多看几个方向。

20. 硅钢片按晶粒取向性分为取向硅钢片和(　　)硅钢片。

21. 按剪切刃与冷轧钢带的轧制方向的相对位置,剪切方式可分为(　　)、90°横剪和 45°横剪。

22. 硅钢片性能的好坏可以用它在相同磁场强度作用下的(　　)和单位铁损来表征。

23. 对于扇形片装配的中小型电机，外圆与机座之间无间隙，因此，应以(　　)为基准进行定子装配。

24. 铁芯在工况下产生(　　)和磁滞损失，会增加电机发热，降低电机效率。

25. 在封闭式电机中铁芯与机座采用过盈配合，可以增加接触面积，加强散热效果，降低(　　)。

26. 铁芯片退火或烘焙后表面变色主要原因有钢片表面有油污、保护气体不纯和(　　)。

27. 铁芯片间压力不够，使铁芯质量及其密实度不够，会造成振动大、(　　)大的缺点。

28. 铁芯压装后，残余内应力应该达到(　　)。

29. 过长的铁芯在装配时应采用(　　)的装配方法。

30. 槽形尺寸的准确度主要靠(　　)来保证。

31. 为了保证铁芯同心度，原则上以外圆为基准，冲槽的铁芯也要以(　　)为基准来装配，反之，如以内圆为基准冲槽，就应以内圆为基准来装配。

32. 铁芯长度不对时会影响(　　)的大小，使励磁电流过大。

33. 铁芯扇张的影响因素有冲片毛刺、(　　)，压圈、端板刚性不足。

34. 扇张现象在运行中振动力作用下，会产生(　　)，损坏线圈和定位筋。

35. 冲片的两种绝缘处理方法为涂绝缘漆绝缘和(　　)。

36. 常用硅钢片 50TW470 和 50WW360 中 50 代表厚度为(　　)。

37. 电力变压器型号 SFP-90000/220 中 S 表示此变压器为(　　)，F 表示此变压器为油浸风冷，P 表示强迫油循环。

38. 电力变压器型号 SFP-90000/220 中 90000 表示此变压器的(　　)，220 表示此变压器的电压等级。

39. 变压器铁芯叠片图就是反映铁芯中每层叠片的分布和排列方式的图，在叠片图中，规定了叠片的(　　)、叠片的形状、尺寸和数量。

40. 转子铁芯斜槽线应平直，无明显曲折，无(　　)波纹，其斜槽尺寸应符合产品图样规定，转子铁芯斜槽值允许偏差为±1.0 mm。

41. 将变压器的一次侧绕组接交流电源，二次侧绕组(　　)，这种运行方式称为变压器的空载。

42. 液压机采用电液控制相结合的方式，具有调整、手动、半自动三种工作方式，可实现(　　)、定程两种加工工艺。

43. 液压系统中的压力取决于(　　)，执行元件的运动速度取决于流量。

44. 由于毛刺的存在，会使冲片数目减少，引起激磁电流(　　)和效率降低，还会引起齿部外胀。

45. 槽样棒根据槽形按一定的公差制造，一般比槽形尺寸小(　　)。

46. 铁芯压装后，通常用(　　)来检查。

47. 变压器铁芯被吊出暴露在空气中的时间，规定为小于(　　)。

48. 电力变压器的空载损耗是指变压器的(　　)。

49. 铁芯在机械振动、电磁和热力综合作用下，不应出现(　　)和变形，对于外压装铁芯，还要保证在运输中不致松动和变形。

50. 公称压力是指油压机名义上能产生的最大力量，在数值上等于(　　)和工作柱塞总工作面积的乘积,它反映了油压机的主要工作能力。

51. 最大净空距反映了油压机在( )方向上工作空间的大小,它应根据模具及相应垫板的高度、工作行程大小以及放入坯料、取出工件所需空间大小等工艺因素来确定。

52. 作业前检查压力表压力指针偏转情况,如发现来回摆动或不动,应停车检查设备额定压力,使用时不得( )。

53. 冲模设计和冲模在冲床上安装时都必须考虑的重要因素是( )。

54. 液压机动作失灵有可能是油箱注油不足,其排除方法是按照规定加油至( )。

55. 液压机保压时压力降得太快原因之一是主缸内密封圈损坏,其排除方法是更换( )。

56. 硅钢片的厚度对冲模的结构有很大影响,通常,凸凹模刃口之间的间隙为硅钢片厚度的( )。

57. 铁芯片涂漆不仅可以减少铁芯涡流损耗和边缘泄漏电流引起的附加损耗,而且可使铁芯片表面与空气中的氧气及腐蚀粒子隔绝,可避免金属表面( )而影响铁芯的电磁性能。

58. 从冲模方面来看,合理的( )及冲模制造精度是保证冲片尺寸准确性的必要条件。

59. 单冲时槽位不准的原因有分度盘( )、冲槽机的旋转机构不能正常工作和安装冲片的定位心轴磨损和毛刺等。

60. 合理套裁包括相同直径冲片的( )、不同直径冲片的混合套裁和四角余料套裁等。

61. 压毛通常是采用双锟压毛机进行的,将双锟压毛机的下压锟位置固定,上压锟采用( )加压,其压力大小由弹簧压紧装置上的顶丝调节,上下锟必须平行且沿压锟表面均匀接触。

62. 按照冲片形状的不同,可将铁芯分为整形冲片铁芯、( )铁芯和磁极铁芯三类。

63. 叠压后的铁芯的质量应符合图纸要求,并以此作为衡量铁芯( )的方法之一。

64. 电机铁芯槽形应光洁整齐,槽形尺寸允许比单张冲片槽形尺寸( )。

65. 铁芯两端采用端板的目的是为了保护铁芯两端的冲片,在压装后减少( )胀的现象。

66. 按照长短不同,磁极铁芯的紧固方式有铆接、( )及焊接三种基本方法。

67. 普通螺栓可以重复使用,高强度螺栓一般( )重复使用。

68. 叠压压力增大,铁芯密实度增加,铁芯损耗减小,但压力过大会破坏冲片的( ),使铁芯损耗反而增加。

69. 叠压压力过小,铁芯压不紧,使激磁电流和铁芯损耗增加,甚至在运行中会发生冲片( )。

70. 在保证铁芯长度的情况下,压力越大,压装的冲片数越多,铁芯越紧,质量越大,( )越高。

71. 相邻层的扇形冲片要( ),通常以两张扇形冲片为一叠,逐层叠装,叠装时,相邻层之间的接缝应错开。

72. 对于长铁芯,在压装过程中要采取( )加压。

73. 叠压力一定的情况下,如果冲片厚度不匀,冲裁质量差,毛刺大,则( )降低。

74. 使用同样的冲片,如果压的不紧,片间压力不够,则( )降低。

75. 对于封闭式电机,铁芯外圆不齐,定子铁芯外圆与机座的内圆接触不好,将影响热的传导，电机温升(　　)。

76. 铁芯内圆不齐时，如果不磨内圆，有可能产生定转子铁芯相擦；如果磨内圆，既增加工时又会使铁耗(　　)。

77. 要有良好的(　　)，以减小铁芯的涡流损耗和避免局部过热。

78. 电机铁芯材料的要求：具有较高的(　　)，具有较低的铁芯损失，磁性陈老现象小，有一定的机械强度，表面要求光洁平整，厚度公差小。

79. 较高的导磁性能可以减小(　　)和磁路截面，提高电机性能，使电机尺寸减小。

80. 铁芯材料厚度小时会引起材料强度的(　　)，经济性差。

81. 硅钢片漆用于覆盖硅钢片，以降低铁芯的(　　)，增强防锈和耐腐蚀的能力。

82. 使用(　　)来检查铁芯槽形中心线与换向器槽形中心线的偏移量。

83. 电枢由转轴、(　　)、电枢绕组、换向器组成。

84. 凹模的类型按刃口形状分为(　　)和斜刃两种。

85. 安装冷冲模的程序是先把上座固定在冲床滑块上，然后再安装(　　)。

86. 钢丝绳在使用过程中严禁超负荷使用，不应受(　　)作用。

87. 直流牵引电机转子部分主要由转子铁芯、线圈、轴承、风扇和(　　)等组成。

88. 铁芯在叠压时，为了保证(　　)的准确性，通常用槽样棒来保证。

89. 厚度较大的产品冲裁后形成大小端，落料件应测量(　　)端。

90. 厚度较大的产品冲裁后形成大小端，冲孔件应测量(　　)端。

91. 铁芯片间压力不够，使铁芯(　　)及其密实度不够，会造成振动大、铁损耗大的缺点。

92. 铁芯叠装用通槽棒一般有矩形、梯形、(　　)等形式。

93. 叠压压力过大会破坏冲片的绝缘，使铁芯损耗反而(　　)。

94. 硅钢片是一种含碳极低的硅铁软磁合金，一般含硅量为(　　)。

95. 定量压装就是在压装时，先按设计要求称好每台铁芯冲片的(　　)，然后加压，将铁芯压到规定尺寸。

96. 定压压装就是在压装时保持(　　)不变，调整冲片质量片数使铁芯压到规定尺寸。

97. 良好的(　　)是直流电机正常工作的必要条件。

98. 当模具的闭合高度低于压力机最小装模闭合高度时，可在压力机的垫板上加(　　)使用。

99. 压力机的最大闭合高度是指当压力机在(　　)行程及最小连杆长度时，由压力机工作台上平面到滑块的底平面之间的距离。

100. 压力机的最小闭合高度是指当压力机在(　　)行程及最大连杆长度时，由压力机工作台上平面到滑块的底平面之间的距离。

101. 主、磁极叠压装备根据铁芯装配方式有(　　)和卧式两种。

102. 交流电动机有(　　)、同步电动机两种主要类型。

103. 除基本视图外，还有(　　)、右视图和后视图三种视图。

104. 比例 1∶2 是指(　　)是图形尺寸 2 倍，属于缩小比例。

105. 无论采用哪种比例图样中的尺寸应是基件(　　)的尺寸。

106. 零件有长、宽、高三个方向的尺寸，主视图上能反映零件的长和高，俯视图和左视图(　　)。

107. 按剖切范围的大小来分,剖视图可分为(　　)、半剖视图和局部剖视图三种。

108. 螺纹的六要素是螺纹牙型、(　　)、螺距、导程、线数和旋向。

109. 内螺纹的规定画法是大径用(　　)表示,小径用 D_1 表示,终止线用粗实线表示。

110. 常见的螺纹连接形式有螺栓连接、双头螺柱连接和(　　)。

111. 常用的键的种类有(　　)、半圆键、钩头楔键和花键。

112. 装配图中的尺寸种类有规格尺寸、(　　)、安装尺寸、外形尺寸和其他重要尺寸。

113. 位置公差中的定向公差包括平行度、(　　)和倾斜度。

114. 表面结构对摩擦和磨损的影响:表面结构越粗,摩擦系数越(　　),磨损越快。

115. 无论是外螺纹或内螺纹,在剖视或剖面图中的剖面线都应画到(　　)。

116. 标注尺寸的基本要求正确、(　　)、清晰、合理。

117. 标注线性尺寸时尺寸线必须与所标注的线段(　　)。

118. 退火用来消除锻铸件的内应力和组织不均匀及晶粒粗大等现象,消除冷轧坯件的冷硬现象和内应力,降低(　　)以便切削。

119. 焊条和焊件之间(　　)产生强烈持久的放电现象称为焊接电弧。

120. 淬火用来提高钢的硬度和强度,但淬火时会引起内应力使钢变脆,所以淬火后必须(　　)。

121. 使钢表面形成(　　)的方法叫发黑、发蓝。

122. 同轴度是限制(　　)的一项指标。

123. 表面结构符号中基本符号加一小圆,表示表面是(　　)获得。

124. 基轴制配合的轴为基准轴,代号为 h,国标规定基准轴的(　　)为零。

125. 装配图中一般标注配合代号,配合代号由两个相互结合的孔或轴的公差带代号组成,写成(　　)形式。

126. 基本偏差为一定的孔的公差带与不同基本偏差的轴的公差带形成各种配合的一种制度,称为(　　)。基孔制配合的孔为基准孔,代号为 H,国际规定基准孔的下偏差为零。

127. 百分表、千分表使用前应将(　　)、测杆擦拭干净。

128. 高级优质碳素结构钢,是按含碳量来编号划分的,比如 20 号、45 号、60 号等等。数字指的是其含碳量的万分比,数字越大,含碳量越(　　),热处理后的强度就越高。

129. 硅钢片,英文名称是 Silicon Steel Sheets,它是一种含碳极低的硅铁软磁合金,一般含硅量为(　　)。

130. 加入硅可提高铁的(　　)和最大磁导率,降低矫顽力、铁芯损耗和磁时效。

131. 硅钢片主要用来制作各种变压器、电动机和(　　)的铁芯。

132. 用压板夹紧工件时,螺栓应尽量(　　)工件,压板的数目一般不少于两块。

133. 图纸的幅面分为基本幅面和加长幅面两类,基本幅面按尺寸大小可分为五种,其代号分别为(　　)、A1、A2、A3、A4。

134. 左视图从左往右进行投影,在侧立投影面 W 面上所得到的视图,在第一角投影法上左视图在主视图的(　　)侧。

135. 作图时应尽量采用缩小比例,需要时也可采用原值或放大的比例,无论采用何种比例,图样中所注的尺寸,均为机件的(　　)。

136. 标注水平尺寸时,尺寸数字的字头方向应向上;标注垂直尺寸时,尺寸数字的字头方向应朝(　　)。

137. 角度的尺寸数字一律按水平位置书写,当任何图线穿过尺寸数字时都必须(　　)。

138. 斜度是指高度差对长度的倾斜程度,用符号∠表示,标注时符号的倾斜方向应与所标斜度的倾斜方向(　　)。

139. 锥度是指(　　)与长度的比,锥度用符号表示,标注时符号的锥度方向应与所标锥度方向一致。

140. 机件的每一尺寸,一般只标注一次,并应标注在反映该结构(　　)的图形上。

141. 在零件图中注写极限偏差时,上、下偏差小数点对齐,小数后位数相同,(　　)必须标出。

142. 属于直线的点,其投影必在该直线的(　　)上,且分该直线的各投影成比例。

143. 三视图的投影规律是:(　　)与俯视图长相等且对正;主视图与左视图高相等且平齐;俯视图与左视图宽相等且对应。

144. 表达形体外部形状的方法,除基本视图外,还有向视图、(　　)、断面图、局部放大图四种视图。

145. 按剖切范围的大小来分,剖视图可分为全剖、(　　)、局部剖三种。

146. 常见的螺纹牙型有(　　)、梯形、锯齿形。

147. 梯形螺纹,公称直径 20,螺距 4,双线,右旋,中径公差带代号为 7e,中等旋合长度,其螺纹代号为(　　),该螺纹为外螺纹。

148. 键联接用于联接轴和装在轴上的转动零件如齿轮、带轮等的连接,起传递扭矩的作用。常用键的种类有普通平键、半圆键、钩头楔键、(　　)。

149. 圆柱齿轮按(　　)可分为直齿、斜齿、人字齿三种。

150. 轴承是用来支承轴的,滚动轴承根据受载荷方向不同分为(　　)、向心推力轴承和推力轴承三类。

151. 根据零件互换程度的不同,可分为完全互换和(　　)。

152. 零件表面的大部分粗糙度相同时,可将相同的粗糙度代号标注在图样的(　　),并在前面加注其余两字。

153. 变压器由(　　)和线圈组成,线圈有两个或两个以上的绕组,其中接电源的绕组叫初级线圈,其余的绕组叫次级线圈。

154. 配合的基准制有基孔制和基轴制两种,优先选用(　　)。

155. 百分表刻度圆盘圆周上刻成(　　)等份。

156. 金属的机械性能指标主要包括强度、硬度、塑性、韧性、疲劳强度等,其中衡量金属材料在静载荷下机械性能的指标有(　　)、硬度、塑性。

157. 常用的回火方法有低温回火、(　　)、高温回火。

158. 衡量金属材料在交变载荷和冲击载荷作用下的指标有(　　)和冲击韧性。

159. 传统的淬火冷却介质有(　　)、水、盐水和碱水等。

160. 随着不锈钢中含碳量的增加,其强度、硬度和(　　)提高,但耐蚀性下降。

161. 常见的表面热处理可分为(　　)和表面化学热处理。

162. 45 号钢中平均碳含量为(　　)。

163. 金属材料抵抗冲击载荷作用而(　　)的能力,称为冲击韧性。

164. 根据工艺的不同,钢的热处理方法可分为(　　)、正火、淬火、回火及表面热处理五种。

165. 增压回路中提高油液压力的主要元件是(　　)。

166. 液压系统可分为动力系统、执行系统、(　　)、辅件系统四个部分。

167. 液压泵是将机械能转换为(　　)的能量转换装置。

168. 液压系统中(　　)的作用是利用阀芯对阀体的相对改变来控制液体的流动方向,接通或关闭油路,从而改变液压系统的工作状态。

169. 液压机是利用(　　)流体静压原理制造的。

170. 测量误差有绝对误差和(　　)误差。

171. 曲柄压力机采用(　　),这种压力机称为四点压力机。

172. 摩擦压力机是由滑块、主轴部分、飞轮、液压操纵装置、(　　)组成。

173. 压力机的滑块行程是指滑块从(　　)所经过的距离。

174. 经常检查冲床(　　)之间的间隙大小,随时进行调节或拆修。

175. 模具的冲裁间隙是指(　　)间隙。

二、单项选择题

1. 铁芯中径向通风就是风道方向和转轴方向(　　)。

(A)平行　(B)椭圆状循环　(C)垂直　(D)同一截面

2. 不论直流电机还是交流电机,主要由定子和(　　)两大部分组成。

(A)定子铁芯　(B)换向器　(C)转子　(D)转子铁芯

3. 直流电机定子部分主要由(　　)、机座、线圈、端盖和刷架等组成。

(A)换向器　(B)风扇　(C)定子铁芯　(D)转轴

4. 交流电机转子主要由转子铁芯、线圈、(　　)、轴承和风扇等组成。

(A)换向器　(B)机座　(C)刷架　(D)转轴

5. 铁芯两端采用端板的目的是为了保护铁芯两端的(　　),在装压后减少向外扩张的现象。

(A)环键　(B)冲片　(C)压圈　(D)压板

6. 当电机线圈中通过交流电流时,(　　)中将感应出涡流,使铁芯中损耗增大。

(A)线圈　(B)铁芯　(C)转轴　(D)机座

7. 定子铁芯按装配方式分为(　　)。

(A)冷压式　(B)外压装　(C)热套式　(D)内压装

8. 壳式变压器铁芯一般是水平放置的,铁芯截面为(　　),每柱有两旁轭,铁芯包围了绕组。

(A)矩形　(B)圆形　(C)异形　(D)正方形

9. 接缝在两个或多个垂直平面内的变压器铁芯的叠片形式称为(　　)。

(A)压力叠　(B)对接　(C)搭接　(D)叠放

10. 内压装铁芯结构的特点是以冲片的(　　)定位,依次将单张或数张冲片叠放入机座内。

(A)内圆　(B)外圆　(C)槽形　(D)记号槽

11. 绝缘电阻率的影响因素有(　　)。
(A)电流、电压、杂质、温度　(B)温度、湿度、杂质、电场强度
(C)杂质、电流、电压、湿度　(D)温度、湿度、电压、杂质

12. 绝缘材料发生热老化的主要原因是(　　)。
(A)温度高出允许的极限工作温度　(B)高压电
(C)紫外线　(D)酸碱

13. 硅钢属于(　　)。
(A)顺磁物质　(B)反磁物质　(C)铁磁物质　(D)以上几种都不是

14. 用于硅钢片涂覆硅钢片漆的作用是(　　)。
(A)防止硅钢片之间短路　(B)提高硅钢片对地电阻
(C)提高散热效果　(D)降低铁芯的涡流损耗

15. 下列方法中(　　)是能够有效降低冲裁力。
(A)斜刃冲裁　(B)加大设备吨位　(C)刃磨　(D)减低压料力

16. 检查铁芯槽形尺寸的量具是(　　),顺利通过即为合格。
(A)定位棒　(B)通槽棒　(C)铁长检查规　(D)槽样棒

17. 槽样棒是根据槽形按一定公差来制造,一般比冲片的槽形每边小(　　)。
(A)0.00～0.02 mm　(B)0.02～0.04 mm
(C)0.05～0.08 mm　(D)0.1～0.2 mm

18. 硅钢片牌号 50TW360 中,50 代表(　　)。
(A)无取向　(B)厚度　(C)铁损耗　(D)涂层

19. 冲裁工艺冲制的产品冲裁后形成大小端,落料件应测量(　　)。
(A)大端　(B)小端　(C)中端　(D)取平均值

20. 采用剪片办法调整铁芯长度差时,留下的部分应保留键槽和二分之一以上的(　　),使能够定位,在离心力作用下不会飞出。
(A)外圆　(B)轴孔　(C)通风孔　(D)槽形

21. 铁芯叠装过程中,发现一边松一边紧时,可采用(　　)的办法来解决。
(A)加大压力　(B)减小压力　(C)剪片　(D)去除冲片

22. 铁芯中的磁场发生变化时,在其中会产生感生电流,成为涡流,它引起的损耗称为(　　)。
(A)磁通损耗　(B)涡流损耗　(C)铁损耗　(D)功率损耗

23. 铁芯在一定的压力下按照一定的尺寸标准来压装时,叫(　　)装配。
(A)定量　(B)定压　(C)定尺　(D)定重

24. 铁芯以质量为标准进行压装时,叫(　　)装配。
(A)定量　(B)定压　(C)定尺　(D)定重

25. 叠压系数是判断(　　)的一个指标。
(A)叠压质量　(B)铁芯长度　(C)铁芯质量　(D)铁芯槽形

26. 铁芯在叠压时,通常用(　　)来保证槽形尺寸的准确性。
(A)定位销　(B)槽样棒　(C)通槽棒　(D)铁长检查规

27. 对于异步电动机为了保证气隙均匀,常需要加工的表面是(　　)。

(A)定子外圆　(B)定子内圆　(C)转子表面　(D)转子内圆

28. 通风道尺寸不对,会影响(　　)。

(A)电磁力　(B)磁通量　(C)通风效果　(D)磁通密度

29. 为了减少铁芯中的涡流和漏磁损失,铁芯必须有很好的(　　)。

(A)磁通量　(B)绝缘　(C)通风效果　(D)磁通密度

30. 电动机是一种将电能转换成(　　)的设备。

(A)电量　(B)机械能　(C)转速　(D)速度

31. 冲剪时要考虑到硅钢片有(　　)的现象,应避免使它有规则地反映到冲片中来。

(A)边厚中薄　(B)边薄中厚　(C)薄厚不规律　(D)波浪形

32. 电力变压器型号 SFP-90000/220 中 S 表示此变压器为三相变压器,F 表示此变压器为油浸风冷,P 表示(　　)。

(A)强迫水循环　(B)强迫油循环　(C)油循环　(D)水循环

33. 电力变压器型号 SFP-90000/220 中 S 表示此变压器为(　　)。

(A)二相变压器　(B)三相变压器　(C)六相变压器　(D)直流变压器

34. 铁芯叠压压力过大会破坏冲片的(　　),使铁芯损耗反而增加。

(A)磁通量　(B)绝缘　(C)磁密度　(D)铁芯长度

35. 小型电机铁芯压装需要的专用设备是(　　)。

(A)四柱油压机　(B)铁芯压装机　(C)油压机　(D)冲床

36. 四柱液压机主机结构形式采用(　　)的形式。

(A)四梁四柱　(B)二梁四柱　(C)三梁四柱　(D)多梁四柱

37. 液压系统中的执行元件的运动速度取决于(　　)。

(A)压力　(B)流量　(C)工件　(D)行程

38. 在使用扭矩设备前一定要正确了解力矩扳手的(　　)。

(A)最小行程　(B)最大量程　(C)臂长　(D)有效期

39. 使用扭矩设备前一定要正确了解力矩扳手的最大量程,选择扳手的条件最好以工作值在被选用扳手的量限值(　　)之间为宜。

(A)0～100%　(B)20%～80%　(C)5%～95%　(D)10%～90%

40. 力矩扳手是测量其安装力矩的量具,不许任意(　　)。

(A)拆卸　(B)拆卸与调整　(C)调整　(D)测量

41. 铁芯压装时要控制长度,减片太多会使铁芯(　　),磁路截面减小,激磁电流增大。

(A)磁通量　(B)质量不够　(C)铁损　(D)叠压系数

42. 压装时在铁芯的槽中插(　　)根槽样棒来定位,以保证尺寸精度和槽壁整齐。

(A)1　(B)2～4　(C)2　(D)1～2

43. 叠压后的冲片不可避免的会有(　　)的现象,叠压后的槽形尺寸比冲片的尺寸要小。

(A)波浪　(B)参差不齐　(C)不垂直　(D)可大可小

44. 铁芯内外圆的准确度一方面取决于冲片的(　　)和同轴度,另一方面取决于铁芯压装的工艺和工装。

(A)通槽棒　(B)尺寸精度　(C)操作工　(D)设备

45. 铁芯采用很薄且涂有(　　)硅钢片叠装而成,目的是减少涡流。

(A)涂料　(B)防锈漆　(C)绝缘漆　(D)防锈油

46. 定转子冲片上的记号槽作用是保证叠压时按(　　)叠片,毛刺方向一致,槽形整齐。

(A)90°方向　(B)冲制方向　(C)180°方向　(D)45°方向

47. 在定子冲片外圆上冲有鸠尾槽,以便在铁芯压装时安放(　　),将铁芯紧固。

(A)拉杆　(B)扣片　(C)拉板　(D)绝缘杆

48. 公称压力是指油压机名义上能产生的最大力量,在数值上等于工作液体压力和(　　)的乘积,它反映了油压机的主要工作能力。

(A)工作柱塞总工作面积　(B)油缸直径

(C)工作台面　(D)工件投影面积

49. 最大净空距是指活动横梁停在上限位置时,从工作台(　　)到活动横梁下表面的距离。

(A)下表面　(B)上表面　(C)工件上平面　(D)工件下平面

50. 冲床的最大行程指活动横梁位于上限位置时,活动横梁的立柱导套下平面到立柱限程套上平面的距离,即活动横梁能够移动的(　　)。

(A)最小距离　(B)水平距离　(C)中间距离　(D)最大距离

51. 油压机工作台尺寸是指工作台面上可以利用的(　　)尺寸。

(A)上台面　(B)净面积　(C)有效　(D)下台面

52. 冲片加工作业前首先要将工作台面上平面和滑块下平面清理干净,以保证支承面接触良好,安装模具时,尽可能使模具(　　)与工作台中心一致。

(A)几何中心　(B)受力中心　(C)漏料孔中心　(D)脱料板中心

53. 选择冲床时,必须使冲床的额定吨位(　　)工件的冲裁力。

(A)大于　(B)小于　(C)等于　(D)不小于

54. 冲模设计和冲模在冲床上安装时都必须考虑这一(　　)重要因素。

(A)闭合高度　(B)最大行程　(C)最小行程　(D)模具质量

55. 液压机动作失灵有可能是电气接线不牢,其排除方法按照(　　)检查线路。

(A)电气图　(B)工作原理图　(C)油缸工作原理图　(D)油缸图

56. 压力表指针摆动厉害的原因之一是压力表油路内存有空气,其排除方法是上压时(　　)接头放气。

(A)拧紧　(B)拧松　(C)调节　(D)更换

57. 复冲模是具有(　　)以上的闭合刃口,在冲床的一次冲程内可完成工件的全部或大部分几何尺寸的冲模。

(A)三个　(B)一个　(C)两个　(D)四个

58. (　　)是只有一个独立的闭合刃口,在冲床的一次冲程内冲出一个孔或落下一个工件的冲模。

(A)单冲模　(B)单工序模　(C)复冲模　(D)冷冲模

59. 冲片的堆放管理,要做到(　　)防尘防潮。

(A)上盖　(B)上盖下垫　(C)下垫　(D)真空保存

60. 铁芯片涂漆不仅可以减少铁芯涡流损耗和边缘泄漏电流引起的附加损耗,而且可使铁芯片表面与空气中的氧气及腐蚀粒子隔绝,可避免金属表面(　　)而影响铁芯的电磁性能。

(A)氧化　(B)腐蚀　(C)氧化或腐蚀　(D)生锈

61. 冲制冲片的棱角、尖角应有足够的圆角半径;孔与孔之间、孔与冲片边缘之间的距离应(　　)冲片的厚度。

(A)小于　(B)不小于　(C)等于　(D)不大于

62. 铁芯片毛刺直接影响变压器性能,在涂漆之前须进行(　　)处理。

(A)机械加工毛刺　(B)压毛　(C)修锉　(D)刮研

63. 测量铁芯长度 L 的位置通常选择在铁芯(　　)或铁芯外圆靠近扣片处。

(A)槽口部位　(B)轴孔部位　(C)通风孔　(D)槽底

64. 定子铁芯的扣片紧固时不得(　　)铁芯外圆。

(A)小于　(B)低于　(C)高出　(D)槽底

65. 电机铁芯槽形应光洁整齐,槽形尺寸允许比单张冲片槽形尺寸(　　)0.2 mm。

(A)小于　(B)大于　(C)不大于　(D)等于

66. 电机铁芯两端采用端板的目的是为了保护铁芯两端的冲片,在压装后减少(　　)张的现象。

(A)向内　(B)向外　(C)径向　(D)槽底

67. 磁极铁芯铆接方式主要用于铁芯长度在(　　)以下的磁极。

(A)100 mm　(B)500 mm　(C)200 mm　(D)1 000 mm

68. 磁极铁芯螺杆紧固方式主要用于铁芯长度在(　　)以上的磁极。

(A)100 mm　(B)500 mm　(C)200 mm　(D)1 000 mm

69. 高强度螺栓一般(　　)重复使用。

(A)不可以　(B)可以　(C)可以 2 次　(D)可以多次

70. 定量压装就是按设计要求称好每台铁芯冲片的质量,然后加压,将铁芯压到规定尺寸,这种压装方法以控制(　　)为主,压力大小可以变动。

(A)质量　(B)长度尺寸　(C)不齐度　(D)槽形尺寸

71. 定压压装就是在压装时保持压力不变,调整冲片质量片数使铁芯压到规定尺寸。这种压装方法是以控制(　　)为主,而质量大小可以变动。

(A)质量　(B)长度尺寸　(C)压力　(D)槽形尺寸

72. 内压装是将定子冲片对准记号槽,一片一片地放在机座中后进行压装,压装的基准面是(　　)。

(A)铁芯槽形　(B)定子铁芯内圆　(C)定子冲片外圆　(D)记号槽

73. 扇形片结构的定子铁芯叠片时,相邻层的扇形冲片要交叉叠装,逐层叠装,相邻层之间的接缝应(　　)。

(A)对齐　(B)错开　(C)一致　(D)随机

74. 铁芯扇形冲片交叉叠装时,每一扇形冲片上的定位棒不应少于(　　),以保持槽形的整齐。

(A)两根　(B)一根　(C)三根　(D)四根

75. 叠压系数是指在规定压力下,净铁芯长度和铁芯长度的比值,或者等于(　　)和相当于铁芯长度的同体积的硅钢片质量的比值。

(A)铁芯质量最大值　(B)铁芯净重

(C)铁芯质量最小值　　(D)铁芯质量平均值

76. 检查铁芯槽形尺寸时，使用专用量具(　　)进行检查。

(A)槽样棒　　(B)通槽棒　　(C)定位棒　　(D)定位销

77. 当铁芯外圆不齐时，封闭式电机定子铁芯外圆与机座的内圆接触不好，将影响热的传导，电机温升(　　)。

(A)高　　(B)低　　(C)不受影响　　(D)不变

78. 定子铁芯内圆不齐时，有可能产生定转子铁芯相擦，如果磨内圆，会使铁耗(　　)。

(A)增大　　(B)降低　　(C)不受影响　　(D)不变

79. 铁芯槽壁不齐，如果不锉槽，下线困难，而且容易破坏槽绝缘；如果锉槽，容易形成连片，铁损耗(　　)。

(A)增大　　(B)降低　　(C)不受影响　　(D)不变

80. 定子铁芯齿部弹开大于允许值，主要是因为定子冲片毛刺(　　)所致。

(A)过大　　(B)过小　　(C)不均匀　　(D)方向不同

81. 铁芯的紧密度要适宜，在受到机械振动和温升作用下，不致出现(　　)。

(A)松动　　(B)松动或变形　　(C)变形　　(D)长度变化

82. 铁芯叠片时，为了避免发生片间短路，冲片周边上的剩余毛刺应(　　)。

(A)相对　　(B)朝不同方向　　(C)朝同一方向　　(D)相背

83. 电枢铁芯一般采用(　　)装配在电机转轴或电枢支架上，用键传递力矩。

(A)动配合　　(B)静配合　　(C)间隙配合　　(D)热套

84. 铁芯端板的作用是防止铁芯端部的冲片(　　)。

(A)齿胀　　(B)边缘松散　　(C)磨损　　(D)防尘

85. 发电机是一种将(　　)转换成电能的设备。

(A)动能　　(B)机械能　　(C)电磁能　　(D)风能

86. 铁芯在叠压时，为了保证(　　)的准确性，通常用槽样棒来保证。

(A)槽形尺寸　　(B)铁芯长度　　(C)叠压力　　(D)叠压系数

87. 铁芯修理的目的是(　　)破坏的区域，同时使铁芯硅钢的变形最小。

(A)去除　　(B)减少　　(C)减少或消除　　(D)消除

88. 液压压力机的代号是(　　)。

(A)D　　(B)Q　　(C)J　　(D)Y

89. 剪切机的代号是(　　)。

(A)D　　(B)Q　　(C)J　　(D)Y

90. 锻压机械类别代号中机械压力机的代号是(　　)。

(A)D　　(B)Q　　(C)J　　(D)Y

91. 尺寸界限、尺寸线、尺寸数字是(　　)的三要素。

(A)标注尺寸　　(B)实际尺寸　　(C)图样尺寸　　(D)设计尺寸

92. 标注水平尺寸时，尺寸数字的字头方向应向(　　)。

(A)上　　(B)下　　(C)左　　(D)右

93. 15 号钢其数字表示含碳量为(　　)。

(A)1.5%　　(B)0.15%　　(C)15%　　(D)0.015%

94. 零件有长、宽、高三个方向的尺寸，主视图和左视图(　　)。

(A)等高　(B)等宽　(C)等长　(D)相同

95. 零件有长、宽、高三个方向的尺寸，主视图能反映零件的(　　)。

(A)长和高　(B)长和宽　(C)高和宽　(D)宽

96. 剖面图用来表达零件(　　)形状。

(A)内部　(B)外部　(C)表面　(D)内部和外部

97. 基本视图有(　　)个。

(A)3　(B)4　(C)5　(D)6

98. 基本视图包括(　　)。

(A)主视图、左视图和俯视图　(B)主视图、俯视图和仰视图

(C)主视图、前视图和俯视图　(D)主视图、俯视图和后视图

99. 内、外螺纹在规定画法中小径通常画成大径的(　　)倍。

(A)0.75　(B)0.80　(C)0.85　(D)0.90

100. 左视图所在的投影面称为(　　)。

(A)正面　(B)水平投影面　(C)斜投影面　(D)侧投影面

101. 不是装配图的特殊画法是(　　)。

(A)假象画法　(B)展开画法　(C)局部视图画法　(D)简化画法

102. 以正弦函数原理进行间接测量或加工精密工件角度用的量具成(　　)。

(A)正弦规　(B)圆锥量规　(C)万能角度尺　(D)分度头

103. 金属加热矫正的加热温度一般在(　　)。

(A)400～500 ℃　(B)550～800 ℃　(C)750～900 ℃　(D)850～1 000 ℃

104. 局部起伏成型的极限变形程度主要受材料的(　　)大小影响。

(A)抗拉强度　(B)屈服强度　(C)延伸率　(D)冲击韧性

105. 下列热处理方法中(　　)能够稳定钢件淬火后的组织，减小存放或使用期间的变形，减轻淬火以及磨削加工后的内应力，稳定形状和尺寸。

(A)失效　(B)正火　(C)退火　(D)表面淬火

106. 下列热处理方法中(　　)能够提高钢件表面硬度、耐磨性及疲劳强度，心部仍然保持韧性状态。

(A)退火　(B)正火　(C)渗碳　(D)表面淬火

107. 表达装配结构的图样称为(　　)。

(A)装配图　(B)零件图　(C)组焊图　(D)部件图

108. 装配图中如相邻两零件不接触，如间隙小，应(　　)。

(A)用一条线　(B)夸大　(C)涂黑　(D)用文字说明

109. 表达零件结构形状、大小和技术要求的图样是(　　)。

(A)零件图　(B)装配图　(C)组焊图　(D)展开图

110. 对于导磁零件，切削应力过大时，导磁性能(　　)。

(A)增大　(B)下降　(C)不变　(D)无关

111. 直流电动机的额定功率是指(　　)。

(A)输入功率　(B)输出的机械功率

(C)电磁功率 (D)全部损耗功率

112. 使用游标卡尺测量外径时，两量爪跨距应(　　)工件直径，然后移动游标轻轻接触工件表面，测量时轻微摆动量爪，以找出最小尺寸数值。

(A)稍大于 (B)稍小于 (C)大于等于 (D)小于等于

113. 制造电机和变压器的硅钢片，属(　　)。

(A)软磁材料 (B)硬磁材料 (C)矩磁材料 (D)非铁磁材料

114. H级绝缘材料最高允许温度为(　　)。

(A)90℃ (B)120℃ (C)130℃ (D)180℃

115. 绝缘材料按耐热等级可分为(　　)类。

(A)5 (B)6 (C)7 (D)8

116. 直流电机定子装配换向极是为了(　　)。

(A)增加气隙磁场 (B)减小气隙磁场

(C)将交流电变换成直流电 (D)改善换向

117. 加速绝缘材料老化的主要原因是(　　)。

(A)电压过高 (B)电流过大 (C)温度过高 (D)使用不当

118. 气动扳手气动前在进气口注入少量润滑油(　　)运转几秒钟后，再频繁起动。

(A)高气压 (B)低气压 (C)中气压 (D)手动

119. 尺寸的合格条件是(　　)。

(A)实际尺寸等于基本尺寸 (B)实际偏差在公差范围内

(C)实际偏差在上、下偏差之间 (D)实际尺寸在公差范围内

120. 工艺定额和材料消耗定额是根据(　　)。

(A)工艺过程 (B)工艺规程 (C)工艺顺序 (D)操作要求

121. 冲压加工中(　　)产品不能用电磁手用工具。

(A)Q235 (B)08号钢 (C)45号钢 (D)H62

122. 冲压设备的型号是按照有关标准规定，用(　　)和数字表示。

(A)汉语拼音字母 (B)英语字母 (C)汉字 (D)数字

123. 机械压力机的变型设计代号用(　　)。

(A)数字 (B)字母 (C)汉字 (D)其他计量单位

124. 机械压力机型号"—"后面数字表示主要参数，其单位是(　　)。

(A)公斤 (B)吨 (C)千牛 (D)兆帕

125. 当机床空气压力阀超过规定值时应调整(　　)。

(A)空气分配阀 (B)压力继电器 (C)减压阀 (D)安全阀

126. 冲床工作特点是(　　)经常启动和停止。

(A)电动机 (B)高度部分 (C)中速部分 (D)中间传动

127. 冲床各自润滑点供油不均是因为(　　)。

(A)管路堵塞 (B)润滑油耗尽

(C)油泵损坏 (D)分油器调节器不当

128. 一个物体可以有(　　)基本投影方向。

(A)1个 (B)3个 (C)4个 (D)6个

129. 长对正、高平齐、宽相等是表达了(　　)关系。

(A)投影　(B)三视图　(C)轴测图　(D)制图要求

130. 截交线是截平面与形体表面的(　　)。

(A)相交线　(B)共有线　(C)独立线　(D)分界线

131. 用剖切平面完全的剖开零件,所得的剖视图称为(　　)。

(A)剖面　(B)全剖视　(C)半剖视　(D)局部剖视

132. 设计绘定的尺寸称为(　　)尺寸。

(A)实际　(B)基本　(C)设计　(D)工艺

133. 某一尺寸减其基本尺寸,所得的代数差称为(　　)。

(A)公差　(B)上偏差　(C)下偏差　(D)尺寸偏差

134. 具有间隙(包括最小间隙等于零)的配合叫(　　)。

(A)配合公差　(B)间隙配合　(C)过盈配合　(D)过渡配合

135. 表面结构代号中的单位是(　　)。

(A)dm　(B)cm　(C)mm　(D)微米

136. 构成零件几何特征的点、线、面称为(　　)。

(A)基准　(B)要素　(C)标准　(D)代号

137. 金属材料抵抗在冲击载荷作用下而不破坏的性能称为(　　)。

(A)强度　(B)塑性　(C)韧性　(D)硬度

138. 金属材料淬火硬度的标识方法为(　　)。

(A)HRC　(B)HB　(C)HV　(D)HRA

139. 碳素钢按用途可分为碳素结构钢和(　　)。

(A)合金钢　(B)碳素工具钢　(C)合金工具钢　(D)优质碳素钢

140. 1cr18NiTi 属于(　　)。

(A)高速钢　(B)热作模具钢　(C)不锈耐酸钢　(D)基体钢

141. 为了消除铸铁模板的内应力所造的精度变化,需要在加工前作(　　)处理。

(A)淬火　(B)回火　(C)失效　(D)渗碳

142. 淬火的目的是使钢得到(　　)组织,从而提高钢的硬度和耐磨性。

(A)奥氏体　(B)渗碳体　(C)屈氏体　(D)马氏体

143. 大锤、手锤常用(　　)钢制造。

(A)Q235　(B)T8　(C)Cr12MoV　(D)ZG230-450

144. 将零件的表面摊在一个平面的过程,称为(　　)。

(A)展开　(B)放样　(C)展开放样　(D)号料

145. 绝缘漆按(　　)分类:漆包线绝缘漆、浸渍绝缘漆、覆盖绝缘漆、硅钢片绝缘漆、黏合绝缘漆、电子元件绝缘漆。

(A)用途　(B)涂层　(C)耐热等级　(D)涂漆方法

146. 16Mn 钢属于(　　)钢。

(A)普通碳素结构　(B)优质碳素结构　(C)低合金结构　(D)合金结构

147. 09CuPTi 钢的抗拉强度要比 Q235 钢的抗拉强度(　　)。

(A)一样　(B)稍低　(C)稍高　(D)较低

148. 曲柄压力机在最末一级齿轮上铸有偏心轴，这种曲柄机构是(　　)。

(A)曲拐轴式　(B)曲轴式　(C)偏心齿轮式　(D)偏心轴式

149. 180°等于(　　)弧度。

(A)π/900　(B)π　(C)2π　(D)π/360

150. 千分尺是一种(　　)量具。

(A)简单　(B)中等　(C)精密复杂　(D)精密

151. 千分尺的分度值为(　　)。

(A)0.001 mm　(B)0.01～0.1 mm　(C)0.1 mm　(D)0.01 mm

152. 千分尺上(触感)轮的作用是(　　)。

(A)按一定数值调整表　(B)限制测量力

(C)标正千分尺　(D)补偿热膨胀

153. 千分尺的范围分为(　　)等。

(A)0～25 mm,25～50 mm　(B)0～50 mm,50～100 mm

(C)0～10 mm,10～ 20mm　(D)测量范围可任意调

154. 百分表的作用是(　　)。

(A)调整测量时间　(B)测量转数　(C)进行比较测量　(D)测量切削速度

155. 量规的作用是(　　)。

(A)确定零件合格与否　(B)检验零件的实际尺寸

(C)确定零件形状误差　(D)检验零件是否达到基本尺寸

156. 卡规的止规用来控制轴的(　　)。

(A)最大极限尺寸　(B)公差　(C)最小极限尺寸　(D)实际尺寸

157. 气动装置中的油雾器起(　　)作用。

(A)润滑　(B)清洁　(C)调节压力　(D)稳压

158. 液压传动中的(　　)把机械能转换成液体的压力能。

(A)液压控制阀　(B)液压泵　(C)液压执行元件　(D)液压辅件

159. 电荷正向移动形成了(　　)。

(A)电流　(B)电压　(C)功率　(D)电阻

160. 下列中(　　)的实际方向是从高电位指向低电位。

(A)电流　(B)电压　(C)功率　(D)电阻

161. 下列中(　　)实际方向由电源负极指向正极。

(A)电流　(B)电压　(C)功率　(D)电动势

162. 感应电动势大小与穿过回路中的(　　)变化率成正比。

(A)磁通量　(B)电流　(C)电压　(D)电阻

163. 磁极间相互作用的规律是(　　)。

(A)同名磁极相互排斥　(B)异名磁极相互吸引

(C)同名磁极相互排斥、异名磁极相互吸引　(D)同名磁极相互吸引

164. 电磁铁是一个带有(　　)的螺线管，它由线圈和铁芯两部分组成。

(A)线圈　(B)电流　(C)电压　(D)铁芯

165. 最简单的电话装置由话筒、电池和听筒所组成，这三者(　　)在电路里。

(A)串联　(B)并联　(C)先串联后并联　(D)先并联后串联

166. 下列说法不正确的是(　　)。

(A)感应电流的方向与磁场方向和导体运动方向有关

(B)在电磁感应现象里,电能转化为机械能

(C)电动机是把电能转化为机械能的机器

(D)方向不变的电流叫做直流电,用直流电源供电的电动机叫做直流电动机

167. 硅钢片退火流程的目的是(　　)。

(A)去应力　(B)增强韧性　(C)增强硬度　(D)减小硬度

168. 变压器的功能主要有(　　)。

(A)电压变换、电流变换、阻抗变换、隔离、稳压

(B)电压变换、隔离、稳压

(C)电流变换、阻抗变换

(D)电压变换、电流变换

169. 铁芯叠压过程要对冲片的相关信息包括(　　)进行转移,记录在PC表中。

(A)材料编号、材料型号、生产厂家　(B)材料编号、材料型号

(C)材料编号　(D)生产厂家

170. 材料型号50TW470中50、470分别表示(　　)。

(A)材料厚度为0.05 mm、铁损值470　(B)材料厚度为0.5 mm、铁损值470

(C)材料厚度为0.5 mm、磁损值470　(D)材料宽度为0.5 mm、铁损值470

171. 优质碳素结构钢是含碳量小于(　　)的碳素钢,这种钢中所含的硫、磷及非金属夹杂物比碳素结构钢少,机械性能较为优良。

(A)10%　(B)11%　(C)7%　(D)8%

172. 20号钢表示平均含碳量为(　　)的优质碳素钢。

(A)0.1%　(B)0.21%　(C)0.20%　(D)0.32%

173. 下列指允许尺寸的变动量的是(　　)。

(A)尺寸公差　(B)尺寸偏差　(C)基本偏差　(D)下偏差

174. 通过测量获得的尺寸是(　　)。

(A)基本尺寸　(B)实际尺寸　(C)极限尺寸　(D)作用尺寸

175. 机械和仪器制造业中的互换性,通常包括(　　)和机械性能的互换。

(A)基本尺寸　(B)几何参数　(C)外形尺寸　(D)尺寸参数

三、多项选择题

1. 直流电机转子部分主要由(　　)和轴承等组成。

(A)转子铁芯　(B)线圈　(C)换向器　(D)转轴

2. 电机工作时铁芯要受到(　　)的综合作用。

(A)机械振动　(B)机械力　(C)电场　(D)磁通

3. 按装配方式可将转子铁芯分为(　　)。

(A)磁极冲片　(B)对轴装　(C)对假轴装　(D)主极冲片

4. 槽形尺寸不对时会影响下线质量,增加(　　)。

(A)电流 (B)涡流损失 (C)磁通损失 (D)铿槽工时

5. 变压器铁芯是由(　　)等组成。

(A)夹紧件 (B)铁芯本体 (C)绝缘件 (D)接地片

6. 常用的叠压设备有(　　)。

(A)浸漆罐 (B)烘箱 (C)加工中心 (D)油压机

7. 铁芯叠压的要求有(　　)。

(A)铁芯的绝缘 (B)铁芯叠压的紧密度

(C)铁芯叠压的准确度 (D)铁芯的材料

8. 冲裁冲片的冲剪刀应具有高(　　)。

(A)耐磨性 (B)硬度 (C)强度 (D)耐热性

9. 铁芯在整形过程使用的工装一般有(　　)。

(A)整形棒 (B)通槽棒 (C)定位棒 (D)定位销

10. 冲裁变形过程得到的制件并不是光滑垂直的,断面分为(　　)区域。

(A)圆角带 (B)光亮带 (C)粗糙带 (D)断裂带

11. 硅钢片按轧制方法可分为(　　)。

(A)热轧 (B)滚压 (C)冷轧 (D)锻铸

12. 铁芯片间压力不够,会造成的(　　)的缺点。

(A)铁芯质量不够 (B)铁芯密实度不够

(C)造成振动大 (D)铁损耗增大

13. 铁芯片间压力过大,会造成的(　　)的缺点。

(A)损伤绝缘 (B)铁芯发热 (C)造成振动大 (D)铁损耗增大

14. 铁芯压装的主要工艺参数是(　　)。

(A)压力 (B)铁芯长度 (C)铁芯质量 (D)冲片尺寸

15. 铁芯压装时,通常(　　)均在给定的范围之内。

(A)压力 (B)质量 (C)数量 (D)冲片尺寸

16. 变压器铁芯通常分为(　　)两种。

(A)心式 (B)筒式 (C)壳式 (D)方体式

17. 铁芯压装时,在槽中插入2~4根(　　),以保证尺寸精度,槽壁整齐。

(A)通槽棒 (B)短定位棒 (C)长定位棒 (D)定位销

18. 铁芯长度不对时会影响(　　)。

(A)磁通量 (B)磁密大小 (C)励磁电流 (D)电磁力

19. 铁芯扇张的影响因素有(　　)。

(A)冲片毛刺 (B)叠压配合 (C)压圈刚性不足 (D)端板刚性不足

20. 电机运行中扇张现象在振动力作用下会产生(　　)问题。

(A)损坏线圈 (B)发生噪声 (C)损坏定位筋 (D)损坏端板

21. 由几张1 mm厚的钢板点焊而成的端板,点焊时焊接电流要调节合适,不能有(　　)现象。

(A)焊穿 (B)焊瘤 (C)松散 (D)熔焊

22. 冲片的两种绝缘处理方法为(　　)。

(A)涂绝缘漆绝缘 (B)真空压力浸漆 (C)氧化膜绝缘 (D)包扎绝缘材料

23. 在一定的铁芯长度下,压力越大,硅钢片所占比例就越多,电机工作时( ),功率因数与效率高。

(A)磁通密度低 (B)励磁电流小 (C)铁芯损耗小 (D)温升低

24. 铁芯槽形尺寸不对时会造成( )现象。

(A)影响下线质量 (B)增加锉槽工时 (C)铁芯损耗小 (D)引起涡流损失

25. 电机铁芯叠片图应提供( )及铁芯槽不齐度等。

(A)铁芯损耗 (B)铁芯的长度 (C)叠压系数 (D)铁芯密实度

26. 变压器铁芯叠片图就是反映铁芯中每层叠片的分布和排列方式的图,在叠片图中,规定了叠片的( )。

(A)接缝结构 (B)形状 (C)尺寸 (D)数量

27. 按照冲片构成铁芯的方式有( )。

(A)叠装式 (B)卷叠式 (C)卷绕式 (D)粘接式

28. 根据冲片叠压连接与固定方式不同,叠装式有( )和自动扣铆等多种。

(A)压装 (B)铆接 (C)焊接 (D)粘接

29. 三相异步电动机定子的主要由( )和接线盒等组成。

(A)机座 (B)定子铁芯 (C)定子绕组 (D)端盖

30. 异步电动机的转子由( )风扇等组成。

(A)转子绕组 (B)转子铁芯 (C)机座 (D)转轴

31. 铁芯密实度增大,电机工作时铁芯中( )。

(A)磁通密度低 (B)激磁电流小

(C)铁芯损耗小 (D)电动机的功率因数和效率高

32. 在异步电机中,定子铁芯产生的铁芯损耗包括( )。

(A)磁滞损耗 (B)涡流 (C)磁通损耗 (D)温度损耗

33. 铁芯冲片冲制过程中严禁( )。

(A)冲双次 (B)双片冲 (C)局部冲 (D)整体冲

34. 定子铁芯不齐的原因主要有( )。

(A)冲片毛刺大于允许值 (B)冲片未按顺序顺向压装

(C)定位棒尺寸超差 (D)叠压工装不合理或定位超差

35. 电机铁芯冲片按形状分为( )。

(A)圆形冲片 (B)扇形冲片 (C)山形冲片 (D)磁极冲片

36. 铁芯毛刺过大会引起铁芯的( )现象。

(A)片间短路 (B)增大铁耗 (C)温升 (D)磁通量变大

37. 铁芯中冲片毛刺的存在,会使( ),引起激磁电流增加和效率降低。

(A)引起齿部外胀 (B)冲片数目减少 (C)叠压系数变大 (D)磁通量变大

38. 转子铁芯轴孔处毛刺过大时,可能引起( ),致使铁芯在轴上的压装产生困难。

(A)孔尺寸变大 (B)孔尺寸缩小 (C)椭圆度 (D)轴变小

39. 冷冲硅钢片时,( )都会使冲片毛刺变大或超差。

(A)冲模间隙过大 (B)冲模安装不正确

(C)冲模刃口磨钝 (D)冲模间隙过小

40. 叠装冲片有( )时，会使叠压系数降低。

(A)波纹 (B)锈 (C)油污 (D)通风孔

41. 低损耗变压器与一般变压器的不同点是( )。

(A)铁芯结构 (B)铁芯长度 (C)铁芯材料 (D)通风结构

42. 变压器的空载损耗与( )有关。

(A)温升 (B)频率 (C)磁通密度幅值 (D)通风结构

43. 交流电机转子铁芯叠装的工艺过程一般包括工艺准备、( )、整形等。

(A)加工冲片 (B)叠片 (C)加压测量调整 (D)固定

44. 铁芯压装的任务就是将一定数量的冲片理齐、压紧、固定成一个( )的整体。

(A)尺寸准确 (B)外形整齐 (C)无残余压力 (D)紧密适宜

45. 铁芯片涂漆的方法有( )，分别用于喷涂硅钢片刃口及整张片子的表面涂漆。

(A)刷涂法 (B)喷涂法 (C)滚涂法 (D)真空压力浸漆法

46. 铁芯冲片冲裁是在冲床上通过冲裁模实现的，根据所用冲裁模的不同，相应有( )级进式冲裁等。

(A)单式冲裁 (B)复式冲裁

(C)多工序组合冲裁 (D)单冲槽

47. 冲片表面上的绝缘层应有( )良好的介电强度。

(A)薄而均匀 (B)防雷电 (C)耐油 (D)防潮性能

48. 冲片的( )等可以从硅钢片、冲模、冲制方案及冲床等几方面来保证。

(A)尺寸精度 (B)同轴度

(C)槽位置的准确度 (D)价格

49. 装冲片的定位心轴磨损，尺寸变小，将引起( )，对转子冲片还会引起机械上的不平衡。

(A)槽位置的径向偏移 (B)槽形不整齐

(C)槽位置的准确度 (D)铁芯槽形变大

50. 合理套裁包括( )。

(A)相同直径冲片的错位套裁 (B)四角余料套裁

(C)不同直径冲片的混合套裁 (D)多孔冲裁

51. 铁芯线圈浸漆处理包括( )等主要工序。

(A)预烘 (B)浸漆 (C)烘干 (D)连线

52. 电机产品的三种防护，称为“三防电机”，三防指的是( )。

(A)防水 (B)防尘 (C)防湿 (D)防盐雾

53. 电机铁芯内外圆要求( )；冲片外圆的记号槽要对齐。

(A)无凸片 (B)光洁 (C)整齐 (D)冲片无毛刺

54. 按照长短不同，磁极铁芯的紧固方式有( )等基本方法。

(A)铆接 (B)拉杆紧固 (C)螺杆紧固 (D)焊接

55. 叠压压力增大，会使铁芯( )，但压力过大会破坏冲片的绝缘，使铁芯损耗反而增加。

(A)密实度增加 (B)损耗减小 (C)磁通量增加 (D)磁通密度增加

56. 叠压压力过小,铁芯压不紧,使电机(　　)增加,甚至在运行中会发生冲片松动。

(A)磁通密度 (B)铁芯损耗 (C)密实度 (D)激磁电流

57. 在铁芯长度一定的情况下,压力越大,会使电机(　　),质量越大。

(A)压装的冲片数越多 (B)磁通量越大

(C)铁芯越紧 (D)密实度越高

58. 铁芯压装通常采用的方式有(　　)。

(A)定量压装 (B)定槽压装 (C)定压压装 (D)定心压装

59. 铁芯扇形冲片交叉叠装的优点是(　　)。

(A)减小铁芯的磁阻 (B)提高铁芯的机械强度

(C)提高叠装效率 (D)密实度越高

60. 对于扇形片定子铁芯叠装时,叠压基准分别可以以(　　)为定位基准。

(A)外圆 (B)内圆 (C)槽孔 (D)记号槽

61. 电机铁芯材料的要求:具有较高的导磁性能,(　　),厚度公差小。

(A)较低的铁芯损失 (B)磁性陈老现象小

(C)有一定的机械强度 (D)表面要求光洁平整

62. 换向器与转轴的装配方式按照过盈量的大小可分为(　　)。

(A)间隙装配 (B)热套 (C)粘接 (D)冷压

63. 直流电机的换向过程会受到(　　)等各种匀速的影响,其中电磁原因是产生火花的重要因素。

(A)电磁 (B)电热 (C)电化学 (D)机械

64. 电动机主要由(　　)组成。

(A)机座 (B)定子 (C)转子 (D)转轴

65. 直流电机换向不良时,就会在(　　)产生火花。

(A)电刷 (B)滑环 (C)轴承 (D)换向器表面

66. 电枢铁芯是牵引电动机磁路的一个组成部分,也是(　　)的部件。

(A)输出电流 (B)安装电枢绕组 (C)承受电磁作用力 (D)输出电压

67. 冷冲模的工作零件有(　　)和刃口镶块。

(A)凸模 (B)凹模 (C)凸凹模 (D)脱料板

68. 凹模的类型按刃口形状分为(　　)两种。

(A)平刃 (B)台阶刃 (C)侧刃 (D)斜刃

69. 影响冷冲模寿命的因素有(　　)和冲制中的保养。

(A)冲床质量 (B)冲模安装质量 (C)冲裁力 (D)合理的修磨

70. 铁芯的绝缘可分为(　　)的绝缘。

(A)拉板 (B)片间 (C)拉杆 (D)叠片与结构件间

71. 直流牵引电机转子部分主要由转子铁芯、(　　)和风扇等组成。

(A)线圈 (B)轴承 (C)拉杆 (D)换向器

72. 铁芯叠装用定位棒一般有(　　)等形式。

(A)矩形 (B)梯形 (C)圆棒形 (D)三角形

73. 铁芯叠装用通槽棒一般有(　　)等形式。

(A)矩形　(B)梯形　(C)圆棒形　(D)三角形

74. 铁芯修理的方法主要有(　　)等方法。

(A)敲击　(B)剥片　(C)研磨　(D)加工

75. 换向器由(　　)三部分组成。

(A)导电　(B)绝缘　(C)套筒　(D)支撑紧固

76. 交流电机有(　　)两种主要类型。

(A)永磁电动机　(B)异步电动机　(C)同步电动机　(D)风力发动机

77. 铁芯按通风系统分为(　　)、没有通风道。

(A)轴向通风　(B)径向通风

(C)轴向径向混合通风　(D)强迫通风

78. 铁芯叠装过程中,主要由工艺准备、(　　)、紧固等主要工序。

(A)预压　(B)加压调整　(C)叠片　(D)嵌线

79. 槽形尺寸不对时会影响下线质量,会(　　)。

(A)减小叠压系数　(B)增加锉槽工时　(C)引起涡流损失　(D)使线圈松动

80. 按铁芯槽方向可分为(　　)。

(A)梯形槽　(B)直槽　(C)三角形槽　(D)斜槽

81. 对于热套转子铁芯叠装时,主要工艺内容有(　　)

(A)转轴保压　(B)预压加压调整　(C)叠片　(D)热套

82. 铁芯叠装后的质量检查主要有(　　)及铁耗试验等几个方面。

(A)铁芯质量　(B)尺寸精度　(C)整齐度　(D)紧密度

83. 磁极铁芯叠装后,必须(　　),不应进行补充加工。

(A)铁芯质量一致　(B)槽形整齐准确　(C)无焊缝　(D)紧密度良好

84. 尺寸要素包括(　　)。

(A)尺寸界线　(B)尺寸线　(C)尺寸数字　(D)单位

85. 俯视图中能反映零件的(　　)方位。

(A)前　(B)后　(C)左　(D)右

86. 主视图上能反映零件的(　　)。

(A)长　(B)高　(C)宽　(D)左

87. 平面图中的线段可分为(　　)。

(A)已知线段　(B)中间线段　(C)连接线段　(D)长线段

88. 基本视图包括(　　)。

(A)主视图　(B)左视图　(C)后视图　(D)俯视图

89. 按剖切范围的大小来分,剖视图可分为(　　)。

(A)全剖视图　(B)半剖视图　(C)组合剖视图　(D)局部剖视图

90. 下列是剖视图的剖切方法的是(　　)。

(A)全剖　(B)半剖　(C)局部剖　(D)阶梯剖

91. 螺纹的(　　)符合国家标准的称为标准螺纹。

(A)牙型　(B)直径　(C)线数　(D)螺距

92. 常见的螺纹连接形式有(　　)。
(A)螺栓连接　(B)双头螺柱连接　(C)铆钉连接　(D)螺钉连接
93. 圆柱齿轮按齿轮的方向可分为(　　)。
(A)直齿　(B)斜齿　(C)人字齿　(D)角齿
94. 一张完整的视图应包括以下内容(　　)。
(A)一组视图　(B)必要尺寸
(C)技术要求　(D)零件序号和明细栏
95. 标注尺寸的基本要求有(　　)。
(A)正确　(B)合理　(C)完全　(D)清晰
96. 非主要尺寸指(　　)。
(A)非配合的直径　(B)非配合长度　(C)非配合外轮廓　(D)配合尺寸
97. 三个投影面体系包括(　　)。
(A)正投影面体系　(B)水平投影面体系
(C)垂直投影面体系　(D)侧立投影面体系
98. 下列属于位置公差的是(　　)。
(A)直线度　(B)平面度　(C)同轴度　(D)平行度
99. 下列(　　)是表面是去除材料获得的表面结构。
(A)车　(B)磨　(C)冲制　(D)刨
100. 测量技术包括(　　)。
(A)测量　(B)检查　(C)检验　(D)核对
101. 碳素钢按化学成分可分为(　　)。
(A)低碳钢　(B)碳素工具钢　(C)中碳钢　(D)高碳钢
102. 下列对碳素结构钢描述正确的是(　　)。
(A)焊接性能好　(B)直接使用
(C)必须热处理后使用　(D)塑形差
103. 跳动可分为(　　)。
(A)圆跳动　(B)径向跳动　(C)全跳动　(D)轴向跳动
104. 电动机按所使用的电源可分为(　　)。
(A)直流电动机　(B)交流电动机　(C)单向电动机　(D)三向电动机
105. 一般随硅含量提高,(　　)。
(A)铁损降低　(B)铁损提高　(C)硬度降低　(D)硬度增高
106. 绝缘漆按其基料树脂的分类主要有(　　)。
(A)聚酯漆　(B)聚氨酯漆　(C)聚酰胺亚胺漆　(D)青漆
107. 绝缘漆的优点有(　　)。
(A)耐高温,耐腐蚀　(B)抗氧化　(C)抗腐蚀　(D)高强度
108. 非晶合金的稳定性包括(　　)。
(A)温度稳定性　(B)时效稳定性　(C)机械稳定性　(D)参数稳定性
109. 中频变压器的命名方法的组成部分包括(　　)。
(A)主称　(B)外形尺寸　(C)序号　(D)额定容量

110. 低频变压器的命名方法的组成部分包括(　　)。

(A)主称　(B)功率　(C)序号　(D)额定容量

111. 关于能源装置说法正确的是(　　)。

(A)机械能转化成液体压力能　(B)液体压力能转化成机械能

(C)常见的是液体压力泵　(D)又称执行元件

112. 带传动的特点是(　　)。

(A)结构简单,安装和维护方便　(B)传动效率较高

(C)不易拉长和磨损　(D)易打滑

113. 传动的种类有(　　)。

(A)机械传动　(B)带传动　(C)液压传动　(D)气动传动

114. 在气压传动系统中控制元件按功能和用途可分为(　　)三大类。

(A)方向控制阀　(B)压力控制阀　(C)流量控制阀　(D)流速控制阀

115. 某些合金淬火形成过饱和固溶体后,将其置于室温或稍高的适当温度下保持较长时间,以提高合金的(　　)等,这样的热处理工艺称为时效处理。

(A)硬度　(B)强度　(C)韧性　(D)电性磁性

116. 退火的主要目的是(　　)。

(A)降低金属材料的硬度　(B)提高塑性,以利切削加工或压力加工

(C)增强金属材料的硬度　(D)减少残余应力

117. 与材料塑形相关的是(　　)。

(A)外力作用下发生永久变形　(B)不被破坏其完整性

(C)退火的目的是为了提高塑性　(D)临时变形

118. 用直流电源供电的电动机叫做直流电动机,直流电动机由(　　)和电刷构成。

(A)直流电源　(B)磁铁　(C)线圈　(D)换向器

119. 使用摇表测量绝缘电阻时应注意(　　)。

(A)测量前先将摇表进行一次开路和短路试验,检查摇表是否良好

(B)摇表的两根线不能用双股绝缘线或绞线

(C)摇表每分钟摇速为 120 r/min

(D)被测体在不带电的情况下进行测量,测完后应对地放电

120. 千分尺的测量范围分(　　)。

(A)0～25 mm　(B)25～50 mm　(C)50～75 mm　(D)75～100 mm

121. 武汉钢铁厂 50WW470 表示(　　)。

(A)50 代表硅钢的厚度是 0.5 mm　(B)470 代表硅钢片的最大铁损值

(C)第 2 个 W 代表无取向　(D)第 1 个 W 代表制造厂商

122. 无取向硅钢片和有取向硅钢片的关系是(　　)。

(A)二者都是冷轧硅钢片　(B)生产工艺机性能不同

(C)含硅量不同　(D)无取向用于变压器制造

123. 根据工作机构不同,冲压设备分(　　)。

(A)曲柄压力机　(B)螺旋压力机　(C)液压压力机　(D)普通压力机

124. 轴测图一般有(　　)。

(A)正等轴测图 (B)正二等轴测图 (C)斜二等轴测图 (D)斜等轴测图

125. 选择零件视图应注意( )。

(A)形状特征原则 (B)测量位置原则 (C)工作位置原则 (D)加工位置原则

126. 现代炼钢的方法有( )。

(A)转炉炼钢 (B)平炉炼钢 (C)电炉炼钢 (D)综合炼钢

127. 曲柄压力机按连杆数目可分( )。

(A)三点压力机 (B)双点压力机 (C)四点压力机 (D)单点压力机

128. 气动控制的优点有( )。

(A)动作迅速 (B)维护简单 (C)使用安全 (D)效率高

129. 液压控制阀可分为( )。

(A)方向控制阀 (B)压力控制阀 (C)流速控制阀 (D)流量控制阀

130. 硅钢片加入硅的好处有( )。

(A)提高电阻率 (B)提高最大磁导率

(C)提高矫顽力 (D)降低铁芯损耗和磁时效

131. 优质碳素结构钢中( )等牌号属于低碳钢,其塑性好,易于拉拔、冲压、挤压、锻造和焊接。

(A)20 号 (B)15 号 (C)30 号 (D)25 号

132. 20 号钢用途广泛,常用来制造( ),有时也用于制造渗碳件。

(A)键 (B)小轴 (C)焊接件 (D)螺钉、螺母、垫圈

133. 下列属于调质处理的相关应用的是( )。

(A)适用于淬透性较高的合金结构钢、合金工具钢和高速钢

(B)重要结构的最后热处理

(C)紧密零件,如丝杠等的预先热处理,以减小变形

(D)适用于经淬火后的各钢种

134. 下列形位公差中属于定向的是( )。

(A)同轴度 (B)平行度 (C)垂直度 (D)倾斜度

135. 形位公差的代号包括( )。

(A)项目符号 (B)框格和指引线 (C)数值 (D)基准代号

136. 优先采用基孔制的原因是( )。

(A)减少定值刀具数量 (B)减少定值量具数量

(C)方便生产 (D)国标要求

137. 配合代号 ϕ35H7/g6 表示( )。

(A)基本尺寸为 35 mm (B)基孔制间隙配合

(C)基轴制 (D)孔的标准公差 7 级别

138. 线性尺寸数字可以注写在( )。

(A)尺寸线的上方 (B)尺寸线的中断处 (C)尺寸线的下方 (D)三种均可

139. 未注公差表示的相关内容有( )。

(A)并非要求绝对准确的尺寸 (B)尺寸精度低

(C)可以不受限制的任意变动 (D)不必严格的限制极限偏差

140. 表面结构对零件的影响有(　　)。
(A)越粗糙磨损越快　　(B)越粗糙接触刚度越低
(C)越粗糙应力容易集中　　(D)越粗糙磨损越慢
141. 表面结构的见主要评定参数有(　　)。
(A)轮廓算数的平均偏差 Ra　　(B)微观不平度十点高度 Rz
(C)轮廓最大高度 Ry　　(D)微观不平度八点高度 Rz
142. 根据互换性的内容可分为(　　)。
(A)几何要素互换　(B)完全互换　(C)功能互换　(D)不完全互换
143. 尺寸公差带的基本要素包括(　　)。
(A)公差带的大小　(B)公差带的位置　(C)基本偏差　(D)极限尺寸
144. 极限偏差分为(　　)。
(A)上偏差　(B)最大极限偏差　(C)下偏差　(D)最小极限偏差
145. 下列关于上、下偏差描述正确的是(　　)。
(A)可能为正值、或均为负值　　(B)必然是代数值
(C)上偏差大于下偏差　　(D)不能为零
146. 下列关于公差的正确说法有(　　)。
(A)不是代数值　　(B)不是绝对值
(C)不等于零　　(D)前面不带"+"、"—"号
147. 电路的三种状态有(　　)。
(A)回路　(B)通路　(C)短路　(D)断路
148. 以下(　　)属于铁磁材料的相关性质。
(A)涡流　(B)剩磁性　(C)剩磁比　(D)铁损
149. 尺寸基准按其来源、重要性和几何形状可分为(　　)。
(A)设计基准　(B)主要基准　(C)辅助基准　(D)工艺基准
150. 影响硅钢片性能的主要因素有(　　)。
(A)含硅量和杂质　(B)厚度　(C)应力　(D)晶粒取向
151. 选择零件图视图的位置应考虑(　　)。
(A)形状特征原则　(B)加工位置原则　(C)工件位置原则　(D)加工方法
152. 下列描述(　　)与摩擦传动有关。
(A)容易实现无级变速
(B)过载打滑还能起到缓冲和保护传动装置的作用
(C)能够用于大功率的场合
(D)不能保证准确的传动比
153. 下列描述(　　)与啮合传动有关。
(A)包括齿轮传动、链传动　　(B)包括带传动
(C)能够用于大功率的场合　　(D)不能保证准确的传动比
154. 碳素结构钢按钢材屈服强度分有(　　)。
(A)Q195　(B)Q215　(C)Q235　(D)Q255
155. 在液压传动中(　　)是最重要的两个参数。

(A)压力 P　(B)负载　(C)流速　(D)流量 q

156. 以下(　　)属于红外测温仪组成部分。

(A)光学系统　(B)光学探测器　(C)信号放大器　(D)显示输出

157. 高度游标卡尺的用途包括(　　)。

(A)测量零件的高度　(B)精密划线

(C)测量长度　(D)测量垂直度

158. 变压器按电源相数分为(　　)。

(A)中频变压器　(B)单相变压器　(C)三相变压器　(D)多相变压器

159. 变压器的主要构件有(　　)。

(A)初级线圈　(B)冲片　(C)次级线圈　(D)铁芯

160. 浸渍漆分为(　　)。

(A)防电晕漆　(B)有溶剂漆　(C)无溶剂漆　(D)硅钢片漆

161. 测量要素包括(　　)。

(A)被测对象　(B)计量单位　(C)测量方法　(D)测量误差

162. 非晶合金应用于(　　)。

(A)钓鱼竿　(B)高尔夫球拍　(C)微型齿轮　(D)螺母

163. 变压器内部主要绝缘材料有(　　)。

(A)变压器油　(B)绝缘纸板　(C)电缆纸　(D)皱纹纸

164. 选择零件视图的位置应考虑(　　)。

(A)形状特征原则　(B)加工位置原则　(C)工件位置原则　(D)大小原则

165. 形状公差包括(　　)。

(A)直线度　(B)平面度　(C)跳动　(D)圆柱度

四、判 断 题

1. 壳式变压器铁芯一般是水平放置的，铁芯截面为矩形，每柱有两旁轭，铁芯包围了绕组。(　　)

2. 交流电机转子主要由转子铁芯、线圈和转轴、端盖、风扇等组成。(　　)

3. 心式变压器铁芯一般是水平放置的，铁芯截面为分级圆柱，绕组包围心柱。(　　)

4. 变压器铁芯的叠片形式是按心柱和铁轭的接缝是否在一个平面内而分类，各个接合处的接缝在同一垂直平面内的成为搭接。(　　)

5. 外压装铁芯结构的特点是以冲片的外圆定位，利用叠压用心胎，将单张或数张冲片，以一定的记号孔定位后叠压而成。(　　)

6. 降低冲裁力一般采用斜刃冲裁、阶梯凸模冲裁、加热冲裁三种方法。(　　)

7. 冲裁变形过程得到的制件并不是光滑垂直的，断面分为三个区域：圆角带、光亮带与撕裂带。(　　)

8. 圆形冲片内外圆的椭圆度偏差，应在图纸上相应直径尺寸公差带的范围内。(　　)

9. 横剪就是在相对冷轧钢带的轧制方向成某一角度的方向上把一定宽度的材料剖成所需的各种宽度的条料。(　　)

10. 扇形冲片的每张冲片的槽数最好采用奇数槽，尽量避免偶数槽。(　　)

11. 在封闭式电机中铁芯与机座采用间隙配合能方便套装，对散热性能影响不大。(   )

12. 铁芯中的磁场发生变化时，在其中会产生感生电流，成为涡流，它引起的损耗称为涡流损耗。(   )

13. 铁芯在一定的压力下按照一定的尺寸标准来压装时，叫定量装配。(   )

14. 铁芯压装后，残余内应力应该达到 1～1.5 MPa。(   )

15. 铁芯冲片净重等于叠压系数与冲片净面积、铁芯铁长及冲片比重的乘积。(   )

16. 异步电动机为了保证气隙均匀，常需要加工表面，最好只加工定子表面，而不加工转子表面，尤其不希望加工转子外圆。(   )

17. 冲片轭部残缺高度不允许超过其磁轭高度的 10%。(   )

18. 由几张 1mm 厚的钢板点焊而成的端板，点焊时焊接电流要调节合适，不能有焊穿、焊瘤或松散现象。(   )

19. 在保证图纸要求的铁芯长度下，压力越大，硅钢片所占比例就越多，电机工作时励磁电流越大。(   )

20. 干式变压器型号 SCB10-1 000 kV·A/10 kV/0.4 kV 中 C 的意思表示此变压器的绕组为树脂浇注成形固体。(   )

21. 干式变压器型号 SCB10-1 000 kV·A/10 kV/0.4 kV 中 10 kV 表示此变压器的二次额定电压。(   )

22. 根据冲片叠压连接与固定方式不同，叠装式有压装、铆接、焊接、粘接、自动扣铆等多种。(   )

23. 电机铁芯叠压压力过大会破坏冲片的绝缘，使铁芯损耗增加。(   )

24. 在异步电机中定子铁芯产生的铁芯损耗只有涡流损耗。(   )

25. 硅钢片是一种含碳极低的硅铁软磁合金，加入硅可提高铁的电阻率和最大磁导率，提高矫顽力。(   )

26. 四柱液压机主机结构形式主要采用三梁四柱的形式，主缸和顶出缸为执行元件。(   )

27. 设备保养四会是指会使用、会保养、会检查、会排出故障。(   )

28. 液压传动装置由动力元件、执行元件、控制元件三部分组成，其中动力元件和执行元件为能量转换装置。(   )

29. 转子铁芯轴孔处毛刺过大时，可能引起孔尺寸的缩小或椭圆度，致使铁芯在轴上的压装产生困难。(   )

30. 当冲片有波纹、锈蚀、油污、尘土等时，会使叠压系数升高。(   )

31. 铁芯压装时要控制长度，减片太多会使铁芯质量不够，磁路截面减小，激磁电流增大。(   )

32. 叠压后的冲片不可避免的会有参差不齐的现象，叠压后的槽形尺寸比冲片的尺寸要小。(   )

33. 低损耗变压器与一般变压器的不同点是铁芯结构和铁芯材料。(   )

34. 变压器的空载损耗与频率和磁通密度幅值有关。(   )

35. 叠片式铁芯的工艺过程一般包括理片、称重或定片数、定位叠压固紧、固定、表面处理

等。(　　)

36. 铁芯质量要符合规定,铁芯质量不足将使磁感应强度降低,导致电机铁耗减少,效率降低。(　　)

37. 油压机最大净空距是指活动横梁停在下限位置时,从工作台上表面到活动横梁下表面的距离。(　　)

38. 冲床的最大行程指活动横梁位于上限位置时,活动横梁的立柱导套下平面到立柱限程套上平面的距离,即活动横梁能够移动的最大距离。(　　)

39. 油压机允许最大偏心距是指工件变形阻力接近公称压力时所能允许的最大偏心值。(　　)

40. 滚剪床是利用一对滚动的圆形刀刃来剪裁板料,当板料插入滚刀间时,刀口与材料间的摩擦力将把材料拉入进行剪切。(　　)

41. 冲制作业前首先要将工作台板上平面和滑块下平面清理干净,以保证支承面接触良好,安装模具时,尽可能使模具受力中心与工作台中心一致。(　　)

42. 液压机动作失灵有可能是电气接线不牢,其排除方法按照电气图检查线路。(　　)

43. 液压机保压时压力降得太快原因之一是参与密封的各阀口密封不严或管路漏油。(　　)

44. 油压机压力表指针摆动厉害的原因之一是压力表油路内存有空气。(　　)

45. 单冲模是具有两个以上的闭合刃口,在冲床的一次冲程内可完成工件的全部或大部分几何尺寸的冲模。(　　)

46. 级进冲模是按照一定的距离把两副以上的复冲模或单冲模组装起来,在每次冲程下,各闭合刃口依次冲裁,在连续冲程下,能使工件逐级经过模具的各工位进行冲裁的冲模。(　　)

47. 减小毛刺的基本措施是在冲模制造时,严格控制凸凹模的间隙。(　　)

48. 冲裁过程中,要保持冲模工作正常,要经常检查冲片毛刺的大小。(　　)

49. 磁极冲片的极尖应有足够的圆角半径。(　　)

50. 孔与孔之间、孔与冲片边缘之间的距离应不大于冲片的厚度。(　　)

51. 冲片的尺寸精度、同轴度、槽位置的准确度等可以从硅钢片、冲模、冲制方案及冲床等几方面来保证。(　　)

52. 装冲片的定位心轴磨损,尺寸变小,将引起槽位置的径向偏移。(　　)

53. 铁芯片压毛试车时,可先用塞尺检查上下锟于接触是否均匀,然后用毛刺高度超过0.03 mm的硅钢片试压,并对毛刺高度进行测定。(　　)

54. 压毛检验可抽取有孔且毛刺较大的片子,用千分尺测量刃口处厚度,每片测五点,每点均不得超过近旁边厚0.02 mm。(　　)

55. 永磁材料的最常用的有铁氧体永磁材料和稀土永磁材料两种。(　　)

56. 永磁材料的主要技术参数有剩磁强度和矫顽力两项。(　　)

57. 铁芯的斜槽要求应尽量安排在定子上,以便叠压和绕组嵌线,也有少数转子铁芯斜槽的。(　　)

58. 中小型异步电动机技术文件规定,在采用复冲时叠压后槽形尺寸可较冲片槽形尺寸小0.20 mm。(　　)

59. 高强度螺栓终拧完成 1 h 后,48 h 内应进行终拧扭矩检查。(　　)

60. 定量压装就是在压装时,先按设计要求称好每台铁芯冲片的质量,然后加压,将铁芯压到规定尺寸。(　　)

61. 定压压装就是在压装时保持压力不变,调整冲片质量使铁芯压到规定尺寸。(　　)

62. 通常铁芯压装是以压力为主控制尺寸,而质量允许在一定范围内变动。(　　)

63. 扇形片叠压基准分别可以以外圆、内圆、槽孔为定位基准。(　　)

64. 扇形冲片的最大弦长或其整倍数若略小于硅钢片的宽度不利于合理套裁。(　　)

65. 从冲制、运输、保管和压装工艺上看来,扇形冲片的两侧最好为半齿。(　　)

66. 定子铁芯长度大于允许值,相当于气隙有效长度减少,使激磁电流减少,同时使定子铜耗增大。(　　)

67. 铁芯的有效长度增大,则漏抗系数增大,电机的漏抗增大。(　　)

68. 定子铁芯质量不够将使定子铁芯净长减小,定子齿和定子轭的截面减小,磁通密度减小。(　　)

69. 铁芯槽壁不齐,如果不锉槽,下线困难,而且容易破坏槽绝缘;如果锉槽,铁损耗大。(　　)

70. 缺边的定子冲片掺用太多,它使定子轭部的磁通密度减少。(　　)

71. 由扇形冲片组成的铁芯,必须使冲片按规定交叉叠放,片间无搭接现象。(　　)

72. 主极极身各相邻面的垂直度偏差不应大于 0.5∶100。(　　)

73. 铁芯磁滞损失同材料成分无关。(　　)

74. 铁芯涡流损失同材料本身的电阻系数及材料薄厚有关。(　　)

75. 铁芯材料中电阻系数越大厚度越小,涡流损失越大。(　　)

76. 换向器的绝缘包括换向片片间绝缘和换向片组对地绝缘。(　　)

77. 硅钢片表面覆盖漆的特点有涂层薄、附着力强、坚硬、光滑、厚度均匀,并具有良好的耐油性、耐潮性和电气性能。(　　)

78. 换向器与转轴的装配方式按照过盈量的大小可分为热套和冷压。(　　)

79. 直流电机的换向就是指旋转着的电枢绕组元件,从一条支路经过进入另一条支路时元件中的电流从一个方向变换为另一个方向的过程。(　　)

80. 直流电机的换向过程会受到电磁、电热、电化学等各种匀速的影响,其中电化学原因是产生火花的重要因素。(　　)

81. 直流电机换向不良时,就会在电刷和换向器表面产生火花。(　　)

82. 电枢铁芯是牵引电动机磁路的一个组成部分,也是安装电枢绕组和承受电磁作用力的部件。(　　)

83. 电枢铁芯一般采用静配合装配在电机转轴或电枢支架上,用键传递力矩。(　　)

84. 冷冲模基本结构零件可分为工艺类零件和辅助类零件。(　　)

85. 影响冷冲模寿命的因素有冲床质量、冲模安装质量、冲制中的保养和合理的修磨,与冲模材料无关。(　　)

86. 千分尺检测尺寸时以第一响为准。(　　)

87. 铁芯的绝缘可分为片间绝缘和叠片与结构件间的绝缘。(　　)

88. 硅钢片牌号 50TW360 中,50 代表厚度。(　　)

89. 压毛的压力大小由弹簧压紧装置上的顶丝调节,上下锟必须平行但沿压锟表面不需要均匀接触。(　　)

90. 任何硅钢片铁芯,不管其尺寸和设计如何,均可用作环形变压器的铁芯,一旦被激励到一个选定的背铁磁通密度,铁芯钢的功率损耗可被测量。(　　)

91. 完成一个铁芯损耗测试后,被破坏的铁芯硅钢区域被识别,则必须进行修理。(　　)

92. 敲击是最常用的减少瓦特每公斤损耗和清除热点区域的修理方法之一,应当在尝试任何其他修理方法之后做。(　　)

93. 用专用刀片等工具将硅钢片剥开分离可以清除敲击操作之后铁芯存留的热点区域。(　　)

94. 当铁芯去除热点区域后,铁芯硅钢片不需要重新做绝缘来防止故障区域的复发。(　　)

95. 铁芯修理的目的是减少或消除破坏的区域,同时使铁芯硅钢的变形最小。(　　)

96. 铸铝转子铁芯经压装后,其心部片间的存油是转子产生气孔的一个主要原因。(　　)

97. 对于噪声等级要求比较严格的电机,转子端环的外径及平面都应车削加工,以免产生不必要的振动。(　　)

98. 换向器的作用是将电枢绕组中感应的交变电势经电刷变为直流电势,或把由电刷引入的外部直流电压变为交流电压,加到电枢绕组上。(　　)

99. 冷冲裁冲孔的尺寸决定于凹模,落料的尺寸决定于凸模。(　　)

100. 冲片对冲床的要求是:冲床滑块不能有摆动现象;滑块底面和冲床工作台面的不平行度一般不大于 0.05∶300。(　　)

101. 零件有长、宽、高三个方向的尺寸,主视图和左视图等高。(　　)

102. 单线螺纹的导程等于螺距。(　　)

103. 标注线性尺寸时尺寸线必须与所标注的线段平行。(　　)

104. 尺寸标注必须考虑测量、加工顺序。(　　)

105. 基本尺寸相同,相互结合的孔与轴公差之间的关系,称为配合。所以配合的前提必须是基本尺寸相同,二者公差带之间的关系确定了孔、轴装配后的配合性质。(　　)

106. 磁性表座使用中,待调整好后,应锁紧各关节,以确保测量精度。(　　)

107. 常用图线的种类有粗实线、细实线、虚线、点画线、双点画线、波浪线、双折线、粗点画线八种。(　　)

108. 符号"∠1∶10"表示锥度是 1∶10。(　　)

109. 一个投影不能确定物体的形状,通常在工程上多采用四个视图。(　　)

110. 断面图用来表达零件的切断面形状,剖面可分为移出断面图和重合断面图两种。(　　)

111. 外螺纹的规定画法是:大径用细线表示,小径用粗实线表示,终止线用粗实线表示。(　　)

112. 一螺纹的标注为 M24×1.5,表示该螺纹是普通细牙螺纹,其大径为 24,螺距为 1.5,旋向为左。(　　)

113. 主应变状态一共有 9 种可能的形式。(　　)

114. 材料的成形质量好，其成形性能一定好。(　　)

115. 热处理退火可以消除加工硬化(冷作硬化)。(　　)

116. 屈强比越小，则金属的成形性能越好。(　　)

117. 拉深属于分离工序。(　　)

118. 离合器的作用是实现工作机构与传动系统的接合与分离；制动器的作用是在离合器断开时使滑块迅速停止在所需要的位置上。(　　)

119. 连杆调至最短时的装模高度称为最小装模高度。(　　)

120. 滑块每分钟行程次数反映了生产率的高低。(　　)

121. 落料件比冲孔件精度高一级。(　　)

122. 在其他条件相同的情况下，H62 比 08 钢的搭边值小一些。(　　)

123. 直对排比斜对排的材料利用率高。(　　)

124. 一般弯曲 U 形件时比 V 形件的回弹角大。(　　)

125. 足够的塑性和较小的屈强比能保证弯曲时不开裂。(　　)

126. 弯曲件的精度受坯料定位、偏移、回弹、翘曲等因素影响。(　　)

127. 弯曲坯料的展开长度等于各直边部分于圆弧部分中性层长度之差。(　　)

128. 弯曲力是设计弯曲模和选择压力机的重要依据之一。(　　)

129. 45 号钢其数字表示含碳量是千分之四十五。(　　)

130. 起皱是一种受压失稳现象。(　　)

131. Q235-AF 是低合金钢结构的一种。(　　)

132. 高碳钢是含碳量大于 2.11%的铁碳合金。(　　)

133. 制成的拉深件口部一般较整齐。(　　)

134. 压缩类曲面的主要问题是变形区的失稳起皱。(　　)

135. 液压传动能实现无级调速。(　　)

136. 冷挤压坯料的截面应尽量与挤压轮廓形状相同。(　　)

137. 整形工序一般安排在拉伸弯曲或其他工序之前。(　　)

138. 轮廓算数平均偏差 Ra 为最常用的评定参数。(　　)

139. 轴侧图的线性尺寸应沿轴侧方向标出。(　　)

140. 拉深筋的设置、分布和数量要根据制件的结构和尺寸决定。(　　)

141. 图样是由三个表面表达出来的，这三个表面表达的每个面形状称为视图。(　　)

142. 基本尺寸是通过测量获得的尺寸；实际尺寸是设计给定的尺寸。(　　)

143. 游标卡尺是中等精度的检测工具；高度游标卡尺能测量工件高度，还可以进行画线。(　　)

144. 硅钢片表面光滑、平整和厚度均匀，可以提高铁芯的叠压系数。(　　)

145. 机床导轨是机床各运动部件做相对运动的导向面，是保证工装和工件相对运动精度的关键。(　　)

146. 齿轮传动优点：传动比和动力传送比较稳定。缺点：传动效率低，且传动距离比较短。(　　)

147. 深度游标卡尺只能测量孔、槽的深度，不能测量轴台高度。(　　)

148. 模具在使用过程中受到很多因数的影响，而首要外因是模具的材料选择是否正

确。(　　)

149. 冲压模具的材料主要是指工作零件的材料。(　　)

150. 检测时只需将测量面擦拭干净即可。(　　)

151. 硬质合金比模具钢抗弯强度高。(　　)

152. 模具的间隙对模具的使用寿命没有很大的影响。(　　)

153. 校正弯曲可以减少回弹。(　　)

154. 冲裁间隙越小,冲裁件精度越高,所以冲裁时间隙越小越好。(　　)

155. 在生产实际中,倒装式复合模比正装式复合模应用更多一些。(　　)

156. 液压泵的工作原理是工作容积由小变大而进油,工作容积由大变小而压油。(　　)

157. 拉深凸模上开通气孔的目的是为了减轻模具的质量。(　　)

158. 模具装配后,卸料弹簧的预压力应大于卸料力。(　　)

159. 变压器的型号由变压器绕组数+相数+冷却方式+是否强迫油循环+有载或无载调压+设计序号+"—"+容量+高压侧额定电压组成。(　　)

160. 单工序模、级进模、复合模中,操作安全性最高的是复合模。(　　)

161. 弯曲线的方向与板料的轧制方向垂直有利于减少回弹。(　　)

162. 失稳起皱是压缩类变形存在的质量问题,压料装置可以防止起皱,其力越大,效果越好。(　　)

163. 物体的塑性仅仅决定于物体的种类,与变形方式和变形种类无关。(　　)

164. 材料的塑性是物质一种不变的性质。(　　)

165. 物体受三向等拉应力时,坯料不会产生任何塑性变形。(　　)

166. 物体的塑性仅仅取决于物体的种类,与变形方式和变形条件无关。(　　)

167. 冲裁间隙过大时,断面将出现二次光亮带。(　　)

168. 冲裁件的塑性差,则断面上毛面和塌角的比例大。(　　)

169. 金属的柔软性好,则表示其塑性好。(　　)

170. 模具的压力中心就是冲压件的重心。(　　)

171. 冲裁规则形状的冲件时,模具的压力中心就是冲裁件的几何中心。(　　)

172. 在级进模中,落料或切断工步一般安排在最后工位上。(　　)

173. 压力机的闭合高度是指模具工作行程终了时,上模座的上平面至下模座的下平面之间的距离。(　　)

174. 曲柄压力机的润滑分为集中润滑和分散润滑两种。(　　)

175. 冲压弯曲件时,弯曲半径越小,则外层纤维的拉伸越大。(　　)

176. 标准规定的基轴制是上偏差为零,基孔制是下偏差为零。(　　)

177. 选择尺寸基准,可以不考虑零件在机器中的位置功用,应按便于测量而定。(　　)

178. 由于胀形时坯料处于双向受拉的应力状态,所以变形区的材料不会产生破裂。(　　)

179. 假如零件总的拉深系数小于极限拉深系数,则可以一次拉深成型。(　　)

180. 塞尺是用来测量间隙的。(　　)

五、简 答 题

1. 热套的基本原理是什么?
2. 液压机的最大闭合高度的定义是什么?
3. 铁芯修理的目的是什么?
4. 安装冷冲模的程序是什么?
5. 换向器与转轴的装配方式按照过盈量的大小可分为哪两种?
6. 硅钢片漆的作用是什么?
7. 换向器的绝缘包括哪两个方面?
8. 扇形片叠压基准一般有哪些?
9. 按照长短不同,磁极铁芯的紧固方式有哪三种基本方法?
10. 铁芯片涂漆方式有哪些?
11. 复冲模的定义是什么?
12. 铁芯压装的任务是什么?
13. 叠片式铁芯的工艺过程一般包括哪些?
14. 铁芯片毛刺对铁芯的影响是什么?
15. 物料存放的三定指的是什么?
16. 液压机通常的三种工作方式是什么?
17. 干式变压器型号 SCB10-1 000 kV·A/10 kV/0.4 kV 的 S、C、B 的含义分别是什么?
18. 点焊端板的一般技术要求有哪些?
19. 冲片的两种绝缘处理方法有哪两种?
20. 简述三相异步电动机的转子的组成。
21. 铁芯扇张的影响因素有哪些?
22. 什么叫铁芯的定量装配?
23. 简述铁芯片间压力不够对电机的影响。
24. 简述横剪的定义。
25. 钢片冲制毛刺大小的影响因素主要有哪些?
26. 冲裁变形过程得到的制件断面分为哪三个区域?
27. 圆形冲片内外圆的椭圆度偏差要求是什么?
28. 简述内压装铁芯结构的特点。
29. 简述心式变压器铁芯的特点。
30. 简述主发电机转子主要部件的作用。
31. 简述铁芯两端采用端板的目的。
32. 电机铁芯按通风系统分哪几类?
33. 简述毛刺过大对铁芯的影响。
34. 对冲片的技术要求包括哪两个方面?
35. 简述有取向冷轧硅钢片的特点。
36. 什么叫硬磁材料?
37. 鼠笼转子制造工艺包括哪两个部分?

38. 绝缘材料性能包括哪些?
39. 简述铸铝转子铁芯气孔与缩孔对电机的影响。
40. 简述封闭式电机铁芯外圆不齐对电机的影响。
41. 铁芯质量不够的原因是哪些?
42. 怎样评定铁芯叠压系数?
43. 简述铁芯长度及两端面的平行度控制措施。
44. 铁芯内外圆的准确度取决于哪两个因素?
45. 冲片产生毛刺的主要原因有哪些?
46. 电枢铁芯轴摆的解决办法有哪两种?
47. 铁芯叠压准确度指的是哪些方面?
48. 简述定位棒的作用。
49. 简述通槽棒的作用和检查标准。
50. 简述铁芯叠压力过大的危害。
51. 焊接成一整体的磁极铁芯的焊接要求一般有哪些?
52. 铆杆联接压成一整体的磁极铁芯一般工艺流程是什么?
53. 简述外压装铁芯结构的特点。
54. 什么叫内装压铁芯结构?
55. 简述铁芯叠压在机械方面的要求。
56. 简述铁芯叠压在电磁方面的要求。
57. 简述剪切件及冲裁件的省料原则。
58. 简述影响冲片质量的主要因素。
59. 冲压模具的验证有哪些?
60. 牵引电机铁芯冲片按照形状不同可分为哪几种?
61. 简述铁芯与机座热套采用过盈配合的优点。
62. 直流牵引电动机磁极铁芯主要由哪几部分组成?
63. 在电机运行过程中铁芯主要受哪些力的作用?
64. 铁芯在电机中的作用有哪些?
65. 电机的运行性能主要由哪些因素决定?
66. 烘箱温度长时间上不到设定温度,如何简单检查故障点?
67. 使用万用表欧姆挡时,若正负表棒短接指针调不到零位,可能有哪几种原因?
68. 电机定子铁芯的槽形结构有哪几种?
69. 磁阻的大小与哪些因素有关?
70. 绝缘材料的耐热性可分为几级?它们最高允许温度是多少?

六、综 合 题

1. 简述 200 t 油压机的维护保养方法。
2. 什么是互换性?实现互换性的基本条件是什么?
3. 阐述同步发电机转子的作用。
4. 简述定子铁芯不齐的原因。

5. 简述铸铝转子的特点。

6. 为什么一些铁芯在压装过程中要采用热套的工艺,其优缺点如何?

7. 简述润滑剂在冲裁使用中的注意事项。

8. 什么是冲裁间隙?

9. 阐述铁芯叠压中剪片的方法。

10. 阐述主发电机定子铁芯内压装铁芯结构的特点及优点。

11. 为什么可以把变压器的空载损耗看作是变压器的铁耗,短路损耗看作是额定负载时的铜耗?

12. 扭矩的计算公式是什么?如果高强度螺栓 M36,$K=0.11$,$F=515$ kN,请计算扭矩值 T。

13. 阐述提高定子铁芯质量的办法。

14. 与一般机械制造工艺比较,电机制造工艺具有什么特征?

15. 简述冷轧硅钢片的分类与作用。

16. 简述硅钢片型号 50WW(540~1300)T4 的含义。

17. 简述硅钢片的性能及特点。

18. 简述铁芯对冲片电磁性能方面的技术要求。

19. 简述冲片的典型质量问题及对电机的影响。

20. 简述消除铁芯两端不平行,端面与轴线不垂直的措施。

21. 简述定子铁芯不齐对电机性能的影响。

22. 硅钢片冲裁生产中发生的事故一般有哪些?

23. 简述转子铁芯热套配合的选取原理。

24. 简述干式变压器型号 SCB10-1000 kV·A/10 kV/0.4 kV 的含义。

25. 什么叫液压机的最大净空距?由哪些因素决定?

26. 简述压力机的最大、最小闭合高度。

27. 简述外压装结构的特点及优点。

28. 铁芯中的磁滞损耗和涡流损耗是怎样产生的?与哪些因素有关?

29. 阐述冲片冲制的方法。

30. 简述冲裁力的定义。

31. 简述减小冲片毛刺的方法。

32. 阐述直流电枢铁芯的装压过程。

33. 铁芯叠压的精工细作应做到哪几方面?

34. 铁芯叠压的质量至上主要表现在哪些方面?

35. 铁芯叠压的物流畅通主要表现在哪些方面?

铁芯叠装工(中级工)答案

一、填空题

1. 图样　2. 平行　3. 定子　4. 定子铁芯
5. 转子铁芯　6. 铁芯冲片　7. 减少　8. 涡流
9. 内压装　10. 对轴装　11. 铁芯本体　12. 对接
13. 铁芯叠压的紧密度　14. 耐磨性　15. 冲击　16. Cr12
17. 铁损耗　18. 塑性变形　19. 正反　20. 无取向
21. 纵剪　22. 磁通密度值　23. 外圆　24. 涡流
25. 电机温升　26. 温度太高　27. 铁损耗　28. 1～1.5 MPa
29. 多次压装　30. 定位棒　31. 外圆　32. 磁密
33. 叠压配合　34. 噪声　35. 氧化膜绝缘　36. 0.5 mm
37. 三相变压器　38. 容量　39. 接缝结构　40. 锯齿
41. 开路　42. 定压　43. 负载　44. 增加
45. 0.05 mm　46. 通槽棒　47. 16 h　48. 铁耗
49. 松动　50. 工作液体压力　51. 高度　52. 超限
53. 闭合高度　54. 油标位　55. 密封圈　56. 10%～15%
57. 氧化或腐蚀　58. 间隙　59. 分度不准　60. 错位套裁
61. 压缩弹簧　62. 扇形冲片　63. 叠压系数　64. 0.2 mm
65. 向外　66. 螺杆紧固　67. 不可以　68. 绝缘
69. 松动　70. 密实度　71. 交叉叠装　72. 分段
73. 叠压系数　74. 叠压系数　75. 高　76. 增大
77. 片间绝缘性能　78. 导磁性能　79. 励磁电流　80. 降低
81. 涡流损耗　82. 换向器对中规　83. 电枢铁芯　84. 平刃
85. 底座　86. 冲击力　87. 换向器　88. 槽形尺寸
89. 大　90. 小　91. 质量　92. 圆棒形
93. 增加　94. 0.5%～4.5%　95. 质量　96. 压力
97. 换向　98. 垫块　99. 最小　100. 最大
101. 立式　102. 异步电动机　103. 仰视图　104. 实物尺寸
105. 实际　106. 等宽　107. 全剖视图　108. 直径
109. *D*　110. 螺钉连接　111. 普通平键　112. 装配尺寸
113. 垂直度　114. 大　115. 粗实线　116. 完全
117. 平行　118. 硬度　119. 气体　120. 回火
121. 氧化膜　122. 被测轴线偏离基准轴线
123. 不去除材料的方法　124. 上偏差　125. 分数

126. 基孔制 127. 测量面 128. 高 129. 0.5%～4.5%
130. 电阻率 131. 发电机 132. 靠近 133. A0
134. 右 135. 实际尺寸 136. 左 137. 断开图线
138. 一致 139. 直径差 140. 最清晰 141. 零偏差
142. 同名投影 143. 主视图 144. 剖视图 145. 半剖
146. 三角形 147. Tr20×4(P2)—7e 148. 花键 149. 轮齿的方向
150. 向心轴承 151. 不完全互换 152. 右上角 153. 铁芯
154. 基孔制 155. 100 156. 强度 157. 中温回火
158. 疲劳强度 159. 油 160. 耐磨性 161. 表面淬火
162. 0.45% 163. 变形 164. 退火 165. 增压器
166. 控制系统 167. 液体压力 168. 换向阀 169. 帕斯卡
170. 相对 171. 四副曲柄连杆机构 172. 床身 173. 上死点到下死点
174. 滑块和导轨 175. 双面

二、单项选择题

1. C 2. C 3. C 4. D 5. B 6. B 7. B 8. A 9. C
10. B 11. C 12. A 13. C 14. D 15. A 16. B 17. B 18. B
19. A 20. B 21. C 22. B 23. B 24. A 25. A 26. B 27. C
28. C 29. B 30. B 31. B 32. B 33. B 34. B 35. B 36. C
37. B 38. B 39. B 40. B 41. B 42. B 43. B 44. B 45. C
46. B 47. B 48. A 49. B 50. D 51. C 52. B 53. B 54. A
55. A 56. B 57. C 58. A 59. B 60. C 61. B 62. B 63. D
64. C 65. C 66. B 67. B 68. B 69. A 70. A 71. C 72. C
73. B 74. A 75. B 76. B 77. A 78. A 79. A 80. A 81. B
82. C 83. B 84. B 85. B 86. A 87. C 88. D 89. B 90. A
91. A 92. A 93. B 94. A 95. A 96. A 97. A 98. A 99. C
100. D 101. C 102. A 103. C 104. C 105. A 106. C 107. A 108. B
109. A 110. B 111. B 112. C 113. A 114. D 115. D 116. D 117. C
118. A 119. C 120. B 121. D 122. A 123. B 124. C 125. C 126. C
127. D 128. D 129. B 130. B 131. B 132. B 133. D 134. B 135. D
136. B 137. C 138. A 139. B 140. C 141. C 142. D 143. B 144. A
145. A 146. C 147. C 148. C 149. B 150. C 151. D 152. B 153. A
154. C 155. A 156. A 157. A 158. B 159. A 160. B 161. D 162. A
163. C 164. D 165. A 166. B 167. A 168. A 169. A 170. B 171. D
172. D 173. A 174. B 175. B

三、多项选择题

1. ABCD 2. ACD 3. BC 4. BD 5. ABCD 6. BD 7. ABC
8. ABCD 9. AB 10. ABD 11. AC 12. ABCD 13. ABD 14. ABC

15. AB　16. AC　17. BC　18. BC　19. ABCD　20. ABC　21. ABC
22. AC　23. ABCD　24. ABD　25. BC　26. ABCD　27. ABC　28. ABCD
29. ABCD　30. ABD　31. ABCD　32. AB　33. ABC　34. ABCD　35. ABD
36. ABC　37. AB　38. BC　39. ABC　40. ABC　41. AC　42. BC
43. BCD　44. ABD　45. BC　46. ABC　47. ACD　48. ABC　49. AB
50. BCD　51. ABC　52. ABC　53. ABC　54. ACD　55. AB　56. CD
57. ACD　58. AC　59. ABC　60. ABC　61. ABCD　62. BD　63. ABC
64. BC　65. AD　66. BC　67. ABC　68. AD　69. ABD　70. BD
71. ABD　72. ABC　73. ABC　74. ABC　75. ABD　76. BC　77. ABC
78. ABC　79. AD　80. BD　81. ABCD　82. ABCD　83. BD　84. ABC
85. ABCD　86. AB　87. ABC　88. ABD　89. ABD　90. ABCD　91. ABD
92. ABD　93. ABC　94. ABCD　95. ABCD　96. ABC　97. ABD　98. CD
99. ABD　100. AC　101. ACD　102. AB　103. AC　104. CD　105. AD
106. ABC　107. ABCD　108. ABC　109. ABC　110. ABC　111. ABC　112. ABD
113. ACD　114. ABC　115. ABD　116. ABD　117. ABC　118. ABCD　119. ABCD
120. ABCD　121. ABCD　122. ABC　123. ABC　124. ABC　125. ACD　126. ABC
127. BCD　128. ABC　129. ABD　130. ABD　131. ABD　132. BCD　133. ABC
134. BCD　135. ABCD　136. ABC　137. ABD　138. AB　139. ABD　140. ABC
141. ABC　142. AC　143. AB　144. AC　145. ABC　146. ACD　147. BCD
148. ABCD　149. AD　150. ABCD　151. ABC　152. ABD　153. ACD　154. ABCD
155. AD　156. ABCD　157. AB　158. BCD　159. ACD　160. BC　161. ABCD
162. ABC　163. ABCD　164. ABC　165. ABD

四、判断题

1. √　2. ×　3. ×　4. ×　5. ×　6. √　7. √　8. √　9. √
10. ×　11. ×　12. √　13. ×　14. √　15. ×　16. ×　17. ×　18. √
19. ×　20. √　21. ×　22. √　23. √　24. ×　25. ×　26. √　27. √
28. ×　29. √　30. ×　31. √　32. √　33. √　34. √　35. √　36. ×
37. ×　38. √　39. √　40. √　41. √　42. √　43. √　44. √　45. ×
46. ×　47. √　48. √　49. √　50. ×　51. √　52. √　53. √　54. √
55. √　56. √　57. ×　58. √　59. √　60. √　61. √　62. ×　63. √
64. ×　65. ×　66. ×　67. √　68. ×　69. √　70. ×　71. √　72. √
73. ×　74. √　75. ×　76. √　77. √　78. √　79. √　80. ×　81. √
82. √　83. √　84. √　85. ×　86. ×　87. √　88. √　89. ×　90. √
91. √　92. ×　93. √　94. ×　95. √　96. √　97. √　98. √　99. ×
100. √　101. √　102. √　103. √　104. √　105. √　106. √　107. √　108. ×
109. ×　110. √　111. ×　112. ×　113. ×　114. ×　115. √　116. √　117. ×
118. √　119. ×　120. √　121. ×　122. ×　123. ×　124. ×　125. √　126. √
127. ×　128. √　129. ×　130. √　131. ×　132. ×　133. ×　134. √　135. √

136. √	137. ×	138. √	139. √	140. √	141. √	142. ×	143. √	144. √
145. √	146. √	147. ×	148. ×	149. √	150. ×	151. ×	152. ×	153. √
154. ×	155. √	156. √	157. ×	158. √	159. √	160. ×	161. ×	162. ×
163. ×	164. ×	165. √	166. ×	167. ×	168. ×	169. ×	170. ×	171. ×
172. √	173. ×	174. √	175. √	176. √	177. ×	178. ×	179. ×	180. √

五、简 答 题

1. 答:热胀冷缩(5 分)。

2. 答:当压力机在最小行程及最小连杆长度时(2.5 分),由压力机工作台上平面到滑块的底平面之间的距离(2.5 分)。

3. 答:减少或消除破坏的区域(2.5 分),同时使铁芯硅钢的变形最小(2.5 分)。

4. 答:先把上座固定在冲床滑块上(2.5 分),然后再安装底座(2.5 分)。

5. 答:热套(2.5 分)和冷压(2.5 分)。

6. 答:用于覆盖硅钢片,以降低铁芯的涡流损耗(2 分),增强防锈(1.5 分)和耐腐蚀的能力(1.5 分)。

7. 答:换向片片间绝缘(2.5 分)和换向片组对地绝缘(2.5 分)。

8. 答:外圆(2 分)、内圆(2 分)、槽孔(1 分)。

9. 答:铆接(1.5 分)、螺杆紧固(1.5 分)及焊接(2 分)。

10. 答:喷涂法(2.5 分)和滚涂法两种(2.5 分)。

11. 答:具有两个以上的闭合刃口(2 分),在冲床的一次冲程内可完成工件的全部或大部分几何尺寸的冲模(3 分)。

12. 答:将一定数量的冲片理齐(1 分)、压紧(1 分)、固定成一个尺寸准确(1 分)、外形整齐紧密适宜的整体(2 分)。

13. 答:理片(1 分)、称重或定片数(1 分)、定位叠压固紧(1 分)、固定(1 分)、表面处理等(1 分)。

14. 答:引起铁芯的片间短路(2 分)、大铁耗(1.5 分)和温升(1.5 分)。

15. 答:定点(1.5 分)、定置(2 分)、定量(1.5 分)。

16. 答:调整(1.5 分)、手动(1.5 分)、半自动三种工作方式(2 分)。

17. 答:S 表示此变压器为三相变压器(2 分),C 表示此变压器的绕组为树脂浇注成形固体(1.5 分),B 表示是箔式绕组(1.5 分)。

18. 答:点焊时焊接电流要调节合适(1.5 分),不能有焊穿(1.5 分)、焊瘤或松散现象(2 分)。

19. 答:涂绝缘漆绝缘(2.5 分)和氧化膜绝缘(2.5 分)。

20. 答:转子铁芯(1.5 分)、转子绕组(1.5 分)、风扇(1 分)、转轴等(1 分)。

21. 答:冲片毛刺(1.5 分)、叠压配合(1.5 分)、压圈(1 分)、端板刚性不足(1 分)。

22. 答:铁芯以一定的质量下(2.5 分)按照一定的尺寸标准来压装(2.5 分)。

23. 答:使铁芯质量(1.5 分)及其密实度不够(1.5 分),会造成振动大(1 分)、铁损耗大(1 分)。

24. 答:在相对冷轧钢带的轧制方向成某一角度的方向上(2.5 分)把一定宽度的材料剖成

所需的各种宽度的条料(2.5 分)。

25. 答:冲模间隙(1.5 分)、冲模刃口是否锐利(1.5 分)及对模是否正确(2 分)。

26. 答:圆角带(1.5 分)、光亮带(2 分)与断裂带(1.5 分)。

27. 答:应在图纸上(2.5 分)相应直径尺寸公差带的范围内(2.5 分)。

28. 答:以冲片的外圆定位(1.5 分),依次将单张或数张冲片(1.5 分),以一定的记号孔定位,叠放入机座内(2 分)。

29. 答:一般是垂直放置(1.5 分),铁芯截面为分级圆柱(1.5 分),绕组包围心柱(2 分)。

30. 答:(1)磁极铁芯——导磁和固定线圈(1 分)。

(2)磁极线圈——用来给磁极铁芯进行励磁(1 分)。

(3)磁轭支架——安放磁极,是磁路的一部分(1 分)。

(4)滑环——滑环与刷架装置联合作用将转动的励磁绕组与外部励磁设备连接起来(2 分)。

31. 答:为了保护铁芯两端的冲片(2 分),在装压后减少向外扩张的现象(3 分)。

32. 答:轴向(1.5 分)、径向(1.5 分)、轴向径向混合通风(1 分)和没有通风道(1 分)。

33. 答:在叠装后容易形成片间短路(1.5 分),使铁损增加(1.5 分),叠压系数下降(2 分)。

34. 答:电磁性能方面(2.5 分)和机械方面(2.5 分)。

35. 答:材料在轧制时,材料内部的晶格取向是比较一致的(2 分),当沿着轧制方向交变磁化时,磁导性能好(1 分),铁损少(1 分),适合于制作变压器和大型电机(1 分)。

36. 答:用含碳量高的或某些特种合金钢制成(2.5 分),这些材料一旦被磁化以后,其磁性能很难消失(2.5 分)。

37. 答:转子铁芯的叠压(2.5 分),转子压铸(2.5 分)。

38. 答:电气强度(1.5 分)、绝缘电阻(1.5 分)、介电常数(1 分)、介质损耗等(1 分)。

39. 答:使转子电阻增大(1.5 分),效率降低(1.5 分),温升变高(1 分),转差率大(1 分)。

40. 答:对于封闭式电机,定子铁芯外圆与机座的内圆接触不好(2 分),影响热的传导(1.5 分),电机温升高(1.5 分)。

41. 答:(1)定子冲片毛刺过大(1.5 分);(2)硅钢片薄厚不匀(1.5 分);(3)冲片有锈或沾有污物(1 分);(4)压装时由于油压漏油或其他原因压力不够(1 分)。

42. 答:在规定压力下(1.5 分),净铁芯长度和铁芯长度的比值(1.5 分),或者等于铁芯净重和相当于铁芯长度的同体积的硅钢片质量的比值(2 分)。

43. 答:(1)压装时压力要在铁芯的中心,压床工作台面与压头平面要平行(1.5 分)。

(2)铁芯两端要有强有力的压板(1.5 分)。

(3)提高冲剪及落料片的质量(2 分)。

44. 答:一方面取决于冲片的尺寸精度和同轴度(2.5 分);另一方面取决于铁芯压装的工艺和工装(2.5 分)。

45. 答:冲模间隙过大(2 分)、冲模安装不正确(1.5 分)或冲模刃口磨钝(1.5 分)。

46. 答:发现轴摆后进行矫正(2.5 分)和事前控制两种(2.5 分)。

47. 答:铁芯叠压后的几何尺寸精度(1 分)和形位度(1 分)。尤其是槽形的几何尺寸(1.5 分)及其精度准确性(1.5 分)。

48. 答:定位棒是铁芯叠压时为保证铁芯槽形整齐而制作的一种定位工具(2 分)。整张冲片叠压定位棒一般用四件(1.5 分),扇形片每张扇形片部位一般用两件(1.5 分)。

49. 答:通槽棒是检查铁芯槽形用的(2.5 分)。叠压后的铁芯槽形,通槽棒能顺利通过即为合格(2.5 分)。

50. 答:破坏片间的绝缘(2.5 分),使铁芯损耗反而增加(2.5 分)。

51. 答:焊接时应保护好铁芯(1 分),焊波填满焊接槽即可(1 分),焊波不得高于极身平面(1.5 分),也不能有飞溅(1.5 分)。

52. 答:通过立装专用工装模具把冲片叠好(1.5 分),穿入两端带铆孔的铆杆(1.5 分),然后借铆头的力量把铆孔挤开,使铁芯成一整体(2 分)。

53. 答:特点是以冲片内圆定位(1.5 分),利用外压装的胎具,将冲片在压力机上压紧后,采用热套的办法放入机座(2 分);或用扣片将其紧固,在经过嵌线、浸漆等工序后,与机座以过盈配合压入(1.5 分)。

54. 答:特点是以冲片外圆定位(1 分),依次将单张冲片以一定的次序或记号放入机座内(1.5 分),借以机座内的台阶和压圈(1 分),采用拉螺杆或弧形键紧固(1.5 分)。

55. 答:整体性要好(0.5 分)、尺寸准确(0.5 分)、表面及槽形整齐无毛刺(0.5 分)。铁芯叠压应保证在后道工序的操作和传递中不松动(1.5 分)、不变形(1 分),不影响电机的可靠性(1 分)。

56. 答:要有较高而且稳定的磁导性能(2.5 分)和较低的铁损(2.5 分)。

57. 答:通过零件研制与模具设计的密切合作可以大大降低材料的浪费(2.5 分)。工件应设计的尽可能小,根据形状应选择能在条料上并靠紧排列或交错排列(2.5 分)。

58. 答:(1)冲片的正确设计(1 分)。

(2)冲模的正确设计、制造、维修质量(1.5 分)。

(3)冲床的精度(1 分)。

(4)原材料质量(1.5 分)。

59. 答:冲压模具的验证主要包括下料尺寸(1 分)、排样形式(1 分)、冲压工序安排(1 分)、模具和选定的设备匹配(1 分)及冲压工艺参数是否合理(0.5 分),冲压模具的验证应有详细的记录(0.5 分)。

60. 答:铁芯冲片分为圆形冲片(2 分)、扇形冲片(1.5 分)和磁极冲片(1.5 分)。

61. 答:增加接触面积(2 分),加强散热效果(1.5 分),降低电机温升(1.5 分)。

62. 答:直流牵引电动机磁极铁芯主要由前、后端板(1.5 分)、铁芯冲片(2 分)及心杆组成(1.5 分)。

63. 答:在电机运行过程中要承受机械振动(1.5 分)与电磁力(2 分)、热力的综合作用(1.5 分)。

64. 答:是电机磁场磁路的主要组成部分(2.5 分),它肩负着磁路的导通(0.5 分)和线圈的放置(1 分)以及转矩的传递等作用(1 分)。

65. 答:主要由电机的磁场特性决定(5 分)。

66. 答:(1)检查电热管是否损坏(1.5 分)。

(2)检查烘箱门密封情况(1.5 分)。

(3)检查仪表是否失灵(2 分)。

67. 答:电池容量不足(2 分),串联电阻变大(1.5 分),转换开关接触电阻增大(1.5 分)。

68. 答:开口槽(2 分)、半闭口槽(1.5 分)、半开口槽(1.5 分)。

69. 答:磁路的长度(1.5 分)、磁路的截面积(2 分)、磁路材料的磁导率(1.5 分)。

70. 答:分为 7 个级别(1 分)绝缘等级:Y、A、E、B、F、H、C(1.5 分)。

最高允许温度:90℃、105℃、120℃、130℃、155℃、180℃、>180℃(2.5 分)

六、综 合 题

1. 答:开工前(0.5 分):(1)清理工作台面,保持工作台面的整洁(1 分)。

(2)检查润滑油压机的丝杆(1 分)。

工作时(0.5 分):(1)不要随意调整液压元件(1 分)。

(2)上压板升起时要有专人看管,严禁超过限位(1 分)。

(3)发现有故障时应立即停车,通知维修人员检查修理(1 分)。

(4)严禁用上横梁加压(1 分)。

(5)严禁偏压(1 分)。

(6)退换轴时使用专用工装,防止轴退出时将油管砸坏(1 分)。

(7)退压工件时如有焊点应将其去除,防止压力的突然变化降低油压机的精度(1 分)。

2. 答:所谓互换性是指同一规格的零件(1.5 分),不需要任何挑选(1.5 分)、调整(1.5 分)、修配(1.5 分),就能装到机器上去并完全符合规定的技术性能要求(1.5 分)。实现互换性的基本条件是对同一规格的零件按统一的精度标准制造(2.5 分)。

3. 答:同步发电机转子是发电机的重要部分(1 分),它的作用就是在励磁绕组中通入励磁电流(1.5 分),产生一个主磁场(1.5 分),通过转子的旋转(1.5 分),产生旋转磁场(1.5 分),切割定子绕组(1.5 分),使定子绕组中产生感应电势(1.5 分)。

4. 答:冲片没有按顺序顺向压装(2 分);冲片大小齿过多(1.5 分),毛刺过大(1.5 分);槽样棒因制造不良或磨损而小于公差(1.5 分),叠压工具外圆因磨损而不能将定子铁芯内圆胀紧(2 分);定子冲片槽不整齐等(1.5 分)。

5. 答:(1)笼条(1 分)、端环一次性铸出(1 分),结构简单、紧凑,工艺上也较方便(2 分)。

(2)转子槽形尺寸(1 分)和端环尺寸设计比较随便(1 分),可根据电气性能要求在一定范围内变化(2 分)。

(3)节省铜材(2 分)。

6. 答:热套是利用热胀冷缩的原理(1 分),把要套装的工件在烘箱或其他加热器中加热到一定的温度(1 分),趁热套装在另一个工件上(1 分),再加以适当的压力,冷却到一定的温度时再卸压,从而完成套装的工序(1.5 分)。

优点:套装后配合牢固,不会产生回弹和松动(1.5 分),在电枢制造过程中不需要转轴上的键和冲片的键槽,节约制造成本(1 分)。

缺点:需要配备专门的加热设备,将工件加热(1 分)。由于在热态下操作,员工劳动条件相对较差(1 分),为了防止回弹需要保压冷却,延长生产周期(1 分)。

7. 答:(1)冲裁时,润滑剂涂在冲模刃口上,用刷子均匀涂一薄层(2 分)。

(2)拉伸成型或弯曲件,应涂在相对滑动大的工作部位(2 分),不在凸模接触的毛坯上涂润滑剂(2 分),更不能涂在凸模上(2 分)。

(3)涂润滑剂时应注意清除毛坯上的污物(1 分)。

(4)润滑剂应用专用容器保存,并定期清理以保持干净(1分)。

8. 答:冲裁工作时,凸模与凹模之间存在着一周很小的间隙(2.5分),凸模与凹模之间每侧的间隙称为单边间隙(2.5分),两侧间隙之和称为双边间隙(2.5分),而冲裁间隙一般指双边间隙(2.5分)。

9. 答:铁芯压装时发生一边松一边紧时(2分),可采用剪片的方法来解决(2分),将松的一边加厚使之达到平行(2分)。剪片留下的部分应保留键槽和二分之一以上的轴孔,使能够定位(2分),在离心力作用下不会飞出(2分)。

10. 答:主发电机定子铁芯内压装特点是以冲片外圆定位(2分),依次将单张冲片以一定的次序或记号放入机座内(2分),借以机座内的台阶和压圈(1.5分),采用拉螺杆或弧形键紧固(1.5分)。

其结构的优点:(1)可减少胀胎等工艺装备(1.5分);(2)铁芯在机座内固定后,不再受其他工序的影响而使铁芯变形(1.5分)。

11. 答:变压器空载时没有输出功率(1.5分),此时输入功率主要包括一次绕组铜损和铁芯的损耗(1.5分),由于空载电流很小,一次绕组电阻比铁芯电阻小,则空载损耗等于铁耗(2分)。

短路试验时,外加电压很低(1.5分),铁芯中主磁通小,铁耗可忽略不计(1.5分),认为短路损耗等于铜耗(2分)。

12. 解:$T=F\times k\times d$(5分)将上述数值代入公式:

$T=F\times k\times d=515\ 000$(2分)$\times\ 0.11\times 0.036$(2分)$=\ 2\ 039.4\ \text{N}\cdot\text{m}$(1分)

答:扭矩值 T 为 2 039.4 N·m。

13. 答:提高冲模制造精度(2分);单冲时严格控制大小齿的产生(2分);实现单机自动化,使冲片顺序顺向叠放,顺序顺向压装(2分);保证定子铁芯压装时所用的胎具(2分)、槽样棒等工艺装备应有的精度(1分);加强在冲剪与压装过程中各道工序的质量检查(1分)。

14. 答:(1)电机产品种类繁多,每一品种又按照不同的容量、电压、转速、安装方式、防护等级、冷却方式及配用负载等,分为许多不同的形式和规格(2分)。

(2)电机各零部件之间除了有机械方面的联系外,还有磁、电、热等方面的相互作用,零部件制造质量要求严格(2分)。

(3)电机制造工艺内容比较复杂,除了一般机械制造中的机械加工工艺外,还有铁芯、绕组等零部件制造所特有的工艺,其中手工劳动量的比重相当大,工件质量也较难稳定(2分)。

(4)电机制造所用的原材料,除一般金属结构材料外,还有导磁材料、导电材料、绝缘材料,材料的品种规格多(2分)。

(5)电机制造中,使用非标准设备、非标准工艺装备的数量相当多(2分)。

15. 答:冷轧硅钢片:分为有取向(1分)和无取向硅钢片(1分)。

(1)有取向冷轧硅钢片:材料在轧制时,材料内部的晶格取向是比较一致的(2分),当沿着轧制方向交变磁化时,磁导性能好,铁损少,适合于制作变压器和大型电机(2分)。

(2)无取向冷轧硅钢片:材料在轧制时,材料内部的晶格取向是不一致的(2分),其磁性能比有取向的差。顺轧制方向或垂直方向交变磁化时,其磁导性能差不多,是适合于制作中小型电机铁芯的良好材料(2分)。

16. 答:50表示材料厚度的100倍(2分)。

W(第一个)表示武汉钢铁集团公司(2 分)。

W(第二个)表示无取向硅钢片(2 分)。

540～1300 表示铁损的 100 倍数字范围(2 分)。

T4 表示武钢无取向硅钢产品的绝缘涂层为铬酸盐——有机乳液和有褐色光泽的半有机涂层,通常称为 T4 涂层(2 分)。

17. 答:(1)硅钢片含硅量越高,电阻系数越大(1 分),使材料变脆,硬度增加(1 分),给冲裁和剪切常带来困难(1 分),Si 含量很大时,则无法进行轧制加工,通常含硅量≤5%(1 分)。

(2)硅钢片越薄,铁芯损耗越小(1 分),冲片的机械强度减弱,铁芯制造工时增加(1 分),过薄的硅钢片在电机制造工艺中也是不宜采用的,一般采用 0.5 mm 的硅钢片(1 分)。

(3)不同牌号和规格的硅钢片,机械性能是不同的(0.5 分),含碳量低的硅钢片韧性较好,适于冷加工(0.5 分),随着含碳量的增加,硅钢片的硬度也增加,使其脆性增加,易使冲模刃口磨钝(1 分),使工件的冲断面不光滑,甚至在冲剪处产生裂纹(1 分)。

18. 答:现有软磁铁芯材料沿轧制方向的导磁率比垂直方向大,铁芯的叠压应考虑其方向性(3 分)。

其次应考虑材料在外力(冲裁、碰撞、冲击等)作用后,将改变晶格的排列方向,使电磁性能改变(2 分)。冲压、叠装、切削加工产生的冷作硬化现象主要分布在距剪切轮廓的边缘 0.5～3 mm 范围内,易使磁性能恶化(2 分)。

在交变的磁场中工作的铁芯会产生涡流现象,使铁损增加,并产生不希望的附加力矩(3 分)。

19. 答:(1)冲片大小齿超差,导致定、转子齿磁密不均匀(1 分),结果使激磁电流增大,铁耗增大,效率低,功率因数低(1 分)。

(2)冲片尺寸的准确性(1 分)。冲片的尺寸精度、同轴度、槽位置的准确度等可以从硅钢片、冲模、冲制方案及冲床等几方面来保证(1 分)。从冲模方面来看,合理的间隙及冲模制造精度是保证冲片尺寸准确性的必要条件(1 分)。

(3)毛刺。毛刺会引起铁芯的片间短路,增大铁耗和温升(1 分)。由于毛刺的存在,会使冲片数目减少,引起激磁电流增加和效率降低(1 分)。槽内的毛刺会刺伤绕组绝缘,还会引起齿部外胀(1 分)。

(4)冲片不平整、不清洁。当冲片有波纹,有锈,有油污、尘土等时,会使压装系数降低(1 分)。压装时要控制长度,减片太多会使铁芯质量不够,磁路截面减小,激磁电流增大(1 分)。

20. 答:(1)压装时压力要在铁芯的中心(2 分)。

(2)铁芯两端要有强有力的压板(2 分)。

(3)使用合格的端板及压圈(2 分)。

(4)提高冲剪及落料片的质量(1 分),冲剪及冲片落料时,要采用掉模、翻片等工艺来消除冲片的同板差(1 分)。

(5)较大型电机铁芯压装以后要进行铁耗试验(2 分)。

21. 答:(1)外圆不齐(1 分):对于封闭式电机,定子铁芯外圆与机座的内圆接触不好,影响热的传导,电机温度升高(1.5 分)。

(2)内圆不齐(1 分):如果不磨内圆,有可能产生定转子铁芯相擦;如果磨内圆,既增加工时又会使铁耗增大(1.5 分)。

(3)槽壁不齐(1 分):如果不锉槽,下线困难,而且容易破坏槽绝缘;如果锉槽,铁损耗增大(1.5 分)。

(4)槽口不齐(1 分):如果不锉槽口,则下线困难;如果锉槽口,则定子卡式系数增大,空气障有效长度增加,使激磁电流增大,旋转铁耗增大(1.5 分)。

22. 答:(1)在凸模与凹模之间(作业点)发生的事故(2.5 分)。

(2)在冲压机械的传动部分或送料装置部分发生的事故(2.5 分)。

(3)在安装和调整模具和装备时发生的事故(2.5 分)。

(4)在材料、模具、装备的保管运输中发生的事故(2.5 分)。

23. 答:(1)配合的过盈量应保证转子能有效地传递规定的扭矩(5 分)。

(2)过盈量过大,会导致接触面的径向压力加大,使套在轴上的转子出现偏歪(5 分)。

24. 答:S 表示此变压器为三相变压器(2.5 分),C 表示此变压器的绕组为树脂浇注成形固体(2.5 分)。B 表示箔式绕组(2 分)。1 000 kV·A 表示此变压器的额定容量,10 kV 表示此变压器的一次额定电压,0.4 kV 表示此变压器的二次额定电压(3 分)。

25. 答:最大净空距是指活动横梁停在上限位置时(2 分),从工作台上表面到活动横梁下表面的距离(2 分)。

最大净空距反映了油压机在高度方向上工作空间的大小(2 分),它应根据模具及相应垫板的高度(2 分)、工作行程大小以及放人坯料、取出工件所需空间大小等工艺因素来确定(2 分)。

26. 答:压力机的最大闭合高度是指当压力机在最小行程及最小连杆长度时(2.5 分),由压力机工作台上平面到滑块的底平面之间的距离(2.5 分)。压力机的最小闭合高度是指当压力机在最大行程及最大连杆长度时(2.5 分),由压力机工作台上平面到滑块的底平面之间的距离(2.5 分)。

27. 答:外压装结构的特点是以冲片内圆定位(2 分),利用外压装的胎具,将冲片在压力机上压紧后(2 分),采用热套的办法放入机座(1.5 分);或用扣片将其紧固,在经过嵌线、浸漆等工序后,与机座以过盈配合压入(1.5 分)。

其结构的优点是降低弧形键加工难度,电机嵌线方便(3 分)。

28. 答:铁磁材料置于交变电场中,材料被反复的交变磁化,磁畴之间相互不断地反复摩擦、翻转,消耗能量,并以热量的形式表现,这种损耗被称为磁滞损耗(4 分)。由于铁芯是导体,铁芯中磁通随着时间发生交变,根据电磁感应定律,在铁芯中垂直与磁场方向产生感应电动势并形成涡流,此涡流在铁芯中引起的损耗也以热量的形式表现,称之为涡流损耗(4 分)。这两种损耗合在一起叫做铁芯损耗,铁芯损耗的大小与磁场变化的频率 f、磁通密度 B 以及铁芯的质量 m 有关(2 分)。

29. 答:冲片冲制的方法有单冲、复冲和连续冲。冲片批量大时,用连续模在高速精密压力机上生产,定转子片直径可达 600 mm,而直径达 1 300 mm 的电机冲片则是用复合模在双柱压力机上加工。单槽冲槽机用于小批量生产。磁极冲片、换向极冲片、定子铁芯扇形片一般采用全复冲。

30. 答:冲裁力是冲裁时板料阻止凸模向下运动的阻力,也就是阻止凸模切入板料的阻力(5 分)。在冲压生产中所说的冲裁力,实际就是最大冲裁力(2 分)。冲裁时,板料对凸模切入所形成的阻力,应该等于凸模端面与板料接触上压力的合力,或者等于冲裁变形区内切向应力的合力(3 分)。

31. 答:(1)冲模应及时检查刃磨(2 分)。

(2)上下模应有正确的间隙(2 分)。

(3)冲模无裂纹、崩角(2 分)。

(4)正确安装模具(2 分)。

(5)保证机床精度(1 分)。

(6)不冲制重叠和不完整的材料(1 分)。

32. 答:当转轴上采用键传动和定位时(2 分),转轴在压入后支架后,进行铁芯的叠装(1.5 分),压入换向器,加压后旋紧螺母(1.5 分)。当转轴与铁芯作热压配合时(2 分),铁芯的叠装必须在专用工装上进行压紧后在烘箱中加热规定温度(1.5 分),放入转轴,在将换向加热后使用对槽工装将换向器压入转轴(1.5 分)。

33. 答:(1)该清洗的配件部位,绝对认真清洗,保证干净(2.5 分)。

(2)该防锈处理的配件部位,涂漆均匀美观(2.5 分)。

(3)棱边棱角,毛刺清除干净(2.5 分)。

(4)工地现场保持清洁(2.5 分)。

34. 答:(1)严格按照工艺参数执行(4 分)。

(2)认真作好原始记录(3 分)。

(3)分析对比,作好总结(3 分)。

35. 答:(1)生产工地各种配件、设备摆放的很满,但其流转非常顺畅,工地配置有长度不等的多条流转线,需要流水作业的部件置于流转线上(5 分)。

(2)配置有多种流转车,对配件及部分小部件进行流转交接(5 分)。

铁芯叠装工(高级工)习题

一、填 空 题

1. 电机结构按通风系统分为轴向通风、径向通风、(　　)和没有通风道四种铁芯。

2. 直流电机定子部分主要由(　　)、机座、线圈和端盖、刷架等组成。

3. 直流电机转子部分主要由(　　)、线圈、轴承、风扇和换向器、转轴等组成。

4. 电机工作时铁芯要受到机械振动、温度、电场、(　　)的综合作用。

5. 为了减少涡流损耗电机铁芯通常不能做成整块的,而由彼此(　　)的冲片沿轴向叠压起来以阻碍涡流的流通。

6. 定子铁芯叠装方式分为(　　)和内压装。

7. 转子铁芯叠装方式分为对轴装和(　　)。

8. 电机斜槽铁芯主要是为了改善电机的(　　)和减低噪声。

9. 铁芯中涡流损耗与硅钢片厚度有关,硅钢片愈(　　),涡流损耗愈小。

10. 壳式变压器铁芯一般是水平放置的,铁芯截面为(　　),每柱有两旁轭,铁芯包围了绕组。

11. 心式变压器铁芯一般是垂直放置的,铁芯截面为(　　),绕组包围心柱。

12. 变压器铁芯的叠片形式是按心柱和铁轭的接缝是否在一个平面内而分类,各个接合处的接缝在同一垂直平面内的成为对接,接缝在两个或多个垂直平面内的成为(　　)。

13. 内压装铁芯结构的特点是以冲片的(　　)定位,依次将单张或数张冲片,以一定的记号孔定位叠放入机座内。

14. 外压装铁芯结构的特点是以冲片的(　　)定位,利用叠压用心胎,将单张或数张冲片以一定的记号孔定位后叠压而成。

15. 降低冲裁力一般采用(　　)冲裁、阶梯凸模冲裁、加热冲裁三种方法。

16. 槽样棒是根据槽形按一定公差来制造,一般比冲片的槽形每边小(　　)。

17. 冲裁变形过程得到的制件并不是光滑垂直的,断面分为三个区域:圆角带、(　　)与断裂带。

18. 圆形冲片内外圆的椭圆度偏差应在图纸上相应(　　)公差带的范围内,其内圆与外圆的偏摆应在外圆直径尺寸公差带内。

19. 横剪就是在相对冷轧钢带的轧制方向成(　　)的方向上把一定宽度的材料剖成所需的各种宽度的条料。

20. 国内钢片冲裁质量规定铁芯件毛刺允许高度为(　　),国际钢片冲裁质量规定铁芯件毛刺允许高度为 0.02 mm。

21. 扇形冲片的每张冲片的槽数最好采用(　　)槽,尽量避免奇数槽。

22. 在封闭式电机中铁芯与机座采用过盈配合,可以增加(　　),加强散热效果,降低电机温升。

23. 铁芯中的磁场发生变化时,在其中会产生感生电流,成为(　　),它引起的损耗称为涡流损耗。

24. 铁芯在一定的压力下按照一定的尺寸标准来压装叫(　　)装配。

25. 铁芯以质量为标准进行压装时叫(　　)装配。

26. 中小型电机铁芯片间压力一般采用 10～12 kg/cm^2,大型电机一般采用(　　)。

27. 铁芯冲片净重等于叠压系数与冲片净面积、(　　)及冲片比重的乘积。

28. 铁芯压装后,残余内应力应该达到(　　)。

29. 对于异步电动机为了保证气隙均匀,常需要加工表面,最好只加工转子表面,而不加工定子表面,尤其不希望加工(　　)。

30. 冲片轭部残缺高度不允许超过其磁轭高度的(　　),缺失质量不得超过净重的 2%。

31. 由几张 1 mm 厚的钢板点焊而成的端板,点焊时焊接电流要调节合适,不能有焊穿、焊瘤或(　　)现象。

32. 冲片的两种绝缘处理方法为(　　)和氧化膜绝缘。

33. 在保证图纸要求的铁芯长度下,压力越大,硅钢片所占比例就越多,电机工作时磁通密度低,励磁电流小,铁芯损耗(　　),功率因数与效率高,温升低。

34. 电机按照所接电源种类的不同分为(　　)电机和交流电机两大类。

35. 交流电机定转子铁芯一般是由冲制的圆形或(　　)硅钢片,经绝缘处理后装压而成。

36. 根据冲片叠压连接与固定方式不同,叠装方式有(　　)、铆接、焊接、粘接、自动扣铆等。

37. 电机铁芯密实度增大,电机工作时铁芯中磁通密度低,(　　)小,铁芯损耗小,电动机的功率因数和效率高,温升低。

38. 在异步电机中,定子铁芯产生的铁芯损耗包括(　　)和涡流损耗。

39. 硅钢片是一种含碳极低的硅铁软磁合金,一般含硅量为 0.5%～4.5%,加入硅可提高铁的(　　)和最大磁导率,降低矫顽力、铁芯损耗和磁时效。

40. 四柱液压机主机结构形式采用(　　)的形式,主缸和顶出缸为执行元件。

41. 铁芯两端采用端板的目的是为了保护铁芯两端的冲片在装压后减少向外(　　)的现象。

42. 液压传动装置由动力元件、执行元件、控制元件和辅助元件四部分组成,其中(　　)和执行元件为能量转换装置。

43. 转子铁芯轴孔处毛刺过大时,可能引起轴孔尺寸的(　　)或椭圆度,致使铁芯在轴上的压装产生困难。

44. 当冲片有波纹,有锈,有油污、尘土等时,会使(　　)降低,压装时要控制长度,减片太多会使铁芯质量不够,磁路截面减小,激磁电流增大。

45. 叠压后的冲片不可避免的会有参差不齐的现象,叠压后的槽形尺寸比冲片的尺寸要小,中小型电机技术条件规定叠压后的槽形尺寸可比冲片的尺寸小(　　)。

46. 低损耗变压器与一般变压器的不同点是(　　)和铁芯材料。

47. 变压器的空载损耗与频率和(　　)有关。

48. 叠片式铁芯的工艺过程一般包括理片、称重或定片数、定位、(　　)、固定、表面处理等。

49. 铁芯质量要符合图纸要求，铁芯质量不足将使磁感应强度(　　)，导致电机铁耗增加，效率降低。

50. 冲裁设备的最大净空距是指活动横梁停在上限位置时，从工作台(　　)到活动横梁下表面的距离。

51. 冲裁设备的最大行程指活动横梁位于上限位置时，活动横梁的立柱导套下平面到立柱限程套上平面的距离，即活动横梁能够移动的(　　)。

52. 冲裁作业前首先要将工作台板上平面和滑块下平面清理干净，以保证支承面接触良好，安装模具时，尽可能使模具(　　)与工作台中心一致。

53. 液压机动作失灵有可能是电气接线不牢，其排除方法按照(　　)检查线路。

54. 液压机保压时压力降得太快原因之一是参与密封的各阀口密封不严或管路漏油。其排除方法是检查相应阀的(　　)是否损坏，若损坏则更换，修焊渗漏的管路，并加压调试是否正常。

55. 液压机压力表指针摆动厉害的原因之一是压力表油路内存有空气，其排除方法是上压时(　　)接头放气。

56. 复冲模是具有(　　)以上的闭合刃口，在冲床的一次冲程内可完成工件的全部或大部分几何尺寸的冲模。

57. 级进冲模是按照一定的距离把(　　)以上的复冲模或单冲模组装起来，在每次冲程下，各闭合刃口同时冲裁，在连续冲程下，能使工件逐级经过模具的各工位进行冲裁的冲模。

58. 减小毛刺的基本措施是在冲模制造时严格控制凸凹模的(　　)，而且要保证冲裁时有均匀的间隙；冲裁过程中要保持冲模工作正常，经常检查毛刺的大小。

59. 磁极冲片的极尖应有足够的圆角半径；孔与孔之间、孔与冲片边缘之间的距离应(　　)冲片的厚度。

60. 冲片的尺寸精度、同轴度、槽位置的准确度等可以从硅钢片、(　　)、冲制方案及冲床等几方面来保证。

61. 装冲片的定位心轴磨损，尺寸变小，将引起槽位置的径向偏移，使叠压铁芯时槽形(　　)，对转子冲片还会引起机械上的不平衡。

62. 铁芯片压毛试车时，可先用(　　)检查上下锟于接触是否均匀，然后用毛刺高度超过0.03 mm的硅钢片试压，并对毛刺高度进行测定，如果毛刺高度经压毛后小于0.02 mm，片子又无瓢曲、过碾等现象，则视为试车完毕。

63. 压毛检验可抽取有孔且毛刺较大的片子三片，用千分尺测量(　　)处厚度，每片测五点，每点均不得超过近旁边厚0.02 mm，如果孔处毛刺大，可以从孔处切开测量孔处毛刺。

64. 最常用的永磁材料有(　　)和稀土永磁材料两种。

65. 永磁材料的主要技术参数有(　　)和矫顽力两项。

66. 铁芯的斜槽要求应尽量安排在转子上，以便叠压和绕组嵌线，也有少数定子铁芯斜槽的，斜槽角度一般(　　)一个定子齿，偏差一般不超过±30′。

67. 中小型异步电动机技术文件规定，在采用复冲时叠压后槽形尺寸可较冲片槽形尺寸小(　　)。

68. 高强度螺栓终拧完成1 h后，48 h内应进行终拧(　　)。

69. 定量压装就是在压装时先按设计要求称好每台铁芯冲片的质量,然后加压,将铁芯压到规定尺寸。这种压装方法以(　　)为主,压力大小可以变动。

70. 定压压装就是在压装时保持压力不变,调整冲片质量片数使铁芯压到规定尺寸。这种压装方法是以(　　)为主,而质量大小可以变动。

71. 通常铁芯压装是结合两种方法进行的,即以(　　)为主控制因素,而压力允许在一定范围内变动。如压力超过允许范围,可适当增减冲片数,这样既能保证质量,又能保证铁芯紧密度。

72. 扇形片叠压基准分别可以以外圆、(　　)、槽孔为定位基准。

73. 扇形冲片的最大弦长或其整倍数应略(　　)硅钢片的宽度,以利于合理套裁。

74. 从冲制、运输、保管和压装工艺上看来,扇形冲片的两侧最好为(　　),而不是齿或半齿。因为齿或半齿的机械强度较低,易被弯折。

75. 铁芯片间压力的大小通常用特制的检查刀片测定。测定时,用力将刀片插进铁轭,当弹簧力为 100～200 N 时,刀片伸入铁轭不超过(　　),否则说明片间压力不够。

76. 定子铁芯长度大于允许值,相当于气隙有效长度增大,使激磁电流(　　),同时使定子铜耗增大,此外,铁芯的有效长度增大,使漏抗系数增大。

77. 铁芯的有效长度增大,则漏抗系数增大。电机的漏抗(　　)。

78. 定子铁芯质量不够将使定子铁芯净长减小,定子齿和定子轭的截面减小,磁通密度(　　)。

79. 缺边的定子冲片掺用太多,它使定子轭部的磁通密度增大。缺边的定子冲片可以适当掺用,但不宜超过(　　)。

80. 由扇形冲片组成的铁芯,必须使冲片按规定(　　),片间无搭接现象。

81. 主极极身各相邻面的垂直度偏差不应大于(　　)。

82. 铁芯磁滞损失与(　　)有关。

83. 铁芯涡流损失同材料本身的电阻系数及(　　)有关。

84. 铁芯材料中电阻系数越大厚度越小,涡流损失越(　　)。

85. 换向器按其和电枢压圈的联接形式分为两个结构:一种是换向器套筒和电枢铁芯前压圈(　　),一种是分开。

86. 换向器与转轴的装配方式按照过盈量的大小可分为(　　)和冷压。

87. 直流电机的换向就是指旋转着的(　　)元件,从一条支路经过进入另一条支路时元件中的电流从一个方向变换为另一个方向的过程。

88. 直流电机的换向过程会受到电磁、电热、电化学等各种匀速的影响,其中(　　)原因是产生火花的重要因素。

89. 电枢铁芯是牵引电动机磁路的一个组成部分,也是安装(　　)和承受电磁作用力的部件。

90. 转子铁芯中,(　　)一般采用静配合装配在电机转轴或电枢支架上,用键传递力矩。

91. 冷冲模基本结构零件可分为(　　)零件和辅助类零件。

92. 影响冷冲模寿命的因素有冲床质量、(　　)质量、冲制中的保养和合理的修磨。

93. 铁芯的绝缘可分为片间绝缘和(　　)的绝缘。

94. 发电机是一种将(　　)转换成电能的设备。

95. 冲模在工作中承受(　　)载荷,冲模工作零件有足够的强度和韧性,还须有较高的硬度和耐磨性。

96. 铁芯槽方向分为直槽和(　　)。

97. 压毛的压力大小由弹簧压紧装置上的(　　)调节,上下锟必须平行且沿压锟表面均匀接触。

98. 通槽棒是检查槽形尺寸的量具,通槽棒(　　)即为合格。

99. 按剪切刃与冷轧钢带的轧制方向的相对位置,剪切方式可分为(　　)、90°横剪和45°横剪。

100. 完成一个铁芯损耗测试后,被破坏的铁芯硅钢区域被识别,则必须进行修理,铁芯必须被重新(　　),或铁芯必须被更换。

101. 最常用的减少瓦特每公斤损耗和清除热点区域的修理方法之一是(　　),应当在尝试任何其他修理方法之前做。

102. 除敲击方法外,(　　)操作还可以有效降低瓦特每公斤损耗。

103. 当铁芯去除热点区域后,铁芯硅钢片必须重新做(　　)以防止故障区域的复发,重绕之前铁芯应恢复到其原来的形状。

104. 过薄的硅钢片在电机制造工艺中也是不宜采用的,一般采用(　　)的硅钢片。

105. 对于噪声等级要求比较严格的电机,转子端环的外径及平面都应(　　)加工,以免产生不必要的振动,从而增大噪声。

106. 换向器由导电、(　　)和支撑紧固三部分组成。

107. 换向器的作用是将(　　)中感应的交变电势经电刷变为直流电势,或把由电刷引入的外部直流电压变为交流电压,加到电枢绕组上。

108. 换向器装配时要保证换向片与套筒上(　　)的相对位置符合设计要求。

109. 铁芯在整形过程使用的工装一般有(　　)和通槽棒。

110. 异步电动机转子的转速经常与气隙磁场的转速有(　　)。

111. 同步电机也可作(　　)使用。

112. 冲片对冲床的要求是:冲床滑块不能有摆动现象;滑块底面和冲床工作台面的(　　)一般不大于0.05∶300;滑块的轴线和冲床工作台面的不垂直度不超过0.04 mm。

113. 冷冲裁冲孔的尺寸决定于(　　),落料的尺寸决定于凹模。

114. 纵剪就是沿着冷轧钢带的(　　)方向,把一定宽度的材料剖成所需的各种宽度的条料。

115. 铸铝转子铁芯经压装后,其心部片间的(　　)是转子产生气孔的一个主要原因。

116. 铁芯修理的目的是(　　)破坏的区域,同时使铁芯硅钢的变形最小。

117. 转子斜槽的目的是为了改善启动性能和降低噪声,转子斜槽度一般为(　　)个槽距。

118. 铁芯修理的方法主要有(　　)、剥片、研磨等方法。

119. 千分尺检测尺寸时以(　　)为准。

120. 直流电机换向不良时,会在电刷和换向器表面产生(　　)。

121. 用专用刀片等工具将硅钢片(　　)可以清除敲击操作之后铁芯存留的热点区域。

122. 冲制就是指在冲床上利用模具对钢片进行落料、冲孔、(　　)等工作。

123. 转子铁芯叠装中,工艺轴(或假轴)与冲片轴孔应该采用(　　)配合。

124. 转子铁芯热套转轴后要对转轴进行保压,当转轴与铁芯温度差(　　)80 ℃时才可以卸压。

125. 硅钢片表面覆盖漆的特点:涂层薄、(　　)、坚硬、光滑、厚度均匀,并具有良好的耐油性、耐潮性和电气性能。

126. 换向器的绝缘包括换向片、(　　)绝缘和换向片组对地绝缘。

127. 铁芯槽壁不齐时,如果不锉槽,(　　)困难,而且容易破坏槽绝缘;如果锉槽,铁损耗大。

128. 铁芯冲片冲裁是在冲床上通过冲裁模实现的,根据所用冲裁模的不同,相应有单式冲裁、(　　)多工序组合冲裁、级进式冲裁等。

129. 锻压机械类别代号中机械压力机的代号是 J、液压压力机的代号是(　　)、剪切机的代号是 Q。

130. 硅钢片越薄,叠压后由于冲片绝缘厚度所占比例增加,因而使磁路的有效截面积(　　)。

131. 图样中的尺寸是零件的(　　)尺寸,尺寸以毫米为单位时不需要标注单位和名称。

132. 剖面图用来表达零件(　　)形状,剖面可分为实体部分和空心部分。

133. 剖视图的剖切方法可分为全剖、半剖、局部剖、阶梯剖、(　　)五种。

134. 零件有上、下、左、右、前、后六个方位,在主视图中只能反映零件的(　　)、下、左、右方位。

135. 图样中的图形只能表达零件的(　　),零件的真实大小应以图样上标注的尺寸为依据。

136. 省略一切标注的剖视图,说明它的剖切平面通过基件的(　　)剖切后画出的。

137. 标注尺寸的(　　)称为尺寸基础,机器零件长、宽、高三个方向上,每个方向至少有一个尺寸基准。

138. 只有当内、外螺纹的(　　)、直径、螺距、导程、线数、旋向一致时,它们才能互相旋合。

139. 外螺纹的规定画法是大径用 d 表示,小径用 d_1 表示,终止线用(　　)表示。

140. 圆柱齿轮按齿轮的方向可分为(　　)、斜齿和人字齿。

141. 当零件所有表面具有相同的表面结构时,可在(　　)。

142. 同轴度可分为点的同心度和(　　)。

143. 表面结构对配合性质的影响:间隙配合,磨损后间隙增(　　),过盈配合压入后过盈量不足。

144. 在热处理方法中,(　　)可以使中碳钢得到足够的韧性和强度。

145. 使钢表面形成氧化膜的方法叫“发黑、发蓝”,可用来提高(　　)和使表面美观。

146. 淬火后必须回火,用来消除脆性和(　　)。

147. 已知某轴 ϕ50f7,查表计算其上、下偏差及极限尺寸从表查得:标准公差 IT7 为 0.03,上偏差 es 为 -0.03,则下偏差 $ei=$(　　)。

148. 硅钢片一般随硅含量提高,铁损和磁感(　　),硬度增高。

149. 工作频率愈高,涡流损耗愈大,选用的硅钢片应当愈(　　)。

150. 冷轧取向薄硅钢带是将 0.30 mm 或 0.35 mm 厚的取向硅钢带，再经酸洗、冷轧和(　　)制成。

151. 钢片的不平度取向钢不大于 1.5%，无取向钢不大于 2.0%。钢带的镰刀弯，每 2 000 mm 不大于(　　)。

152. 硅钢片的厚度常用的有(　　)、0.5 mm、0.65 mm 三种。

153. 在尺寸链中被间接控制的、当其他尺寸出现后自然形成的尺寸，称为封闭环或(　　)环。

154. 尺寸标注中的符号：Sϕ 表示(　　)。

155. 图样中书写的汉字应用长仿宋体书写，字号指字体的(　　)。

156. 凡将物体置于(　　)内，以[视点(观察者)]→[物体]→[投影面]关系而投影视图的画法，即称为第一角法，亦称第一象限法。

157. 尺寸标注中的符号：ϕ 表示(　　)。

158. 当投射线互相平行，并与投影面垂直时，物体在投影面上的投影叫(　　)；按正投影原理画出的图形叫视图。

159. 已知点的两个投影，可利用点的(　　)特性求其第三个投影。

160. 当直线平行于投影面时，其投影反映(　　)；当直线垂直于投影面时，其投影积聚为点；当直线倾斜于投影面时，其投影缩短。

161. 与一个投影面垂直的直线，一定与其他两个投影面平行，这样的直线称为投影面的(　　)，具体又可分为正垂线、铅垂线、侧垂线。

162. 主视图是由(　　)投射所得的视图；俯视图是由上向下投射所得的视图；左视图是由左向右投射所得的视图。

163. 省略一切标注的剖视图，说明它的剖切平面通过机件的(　　)平面。

164. 剖视图的标注包括三部分内容：(　　)、投影方向、剖视图位置标注。

165. 粗牙普通螺纹，大径 24，螺距 3，中径公差带代号为 6g，左旋，中等旋合长度，其螺纹代号为(　　)，该螺纹为外螺纹。

166. 销用作零件间的定位、连接、安全保护、防松和作为铰链，常用销的种类有(　　)、圆锥销、开口销。

167. 实际被测要素对理想被测要素的变动称为(　　)误差。

168. 轴承代号 30205 是圆锥滚子轴承，其尺寸系列代号为(　　)。

169. 表面结构是评定零件表面状态的一项技术指标，常用参数是轮廓算术平均偏差(　　)，其值越小，表面越光滑；其值越大，表面越粗糙。

170. 对于一定的基本尺寸，公差等级愈高，标准公差值愈大，尺寸的精确程度愈(　　)。

171. 工程中常用的特殊性能钢有(　　)、耐热钢、耐磨钢。

172. 钢在一定条件下淬火后，获得一定深度的淬透层的能力，称为钢的淬透性。淬透层通常以工件(　　)到半马氏体层的深度来表示。

173. 位置误差包括定向误差、(　　)和跳动三种。

174. 铸铁中碳以石墨形式析出的过程称为石墨化，影响石墨化的主要因素有(　　)和化学成分。

175. 一般的金属材料在冷塑变形时会引起材料性能的变化，随着变形程度的增加，所有的强度、硬度都提高,同时塑性指标降低,这种现象称为(　　)。

176. 冷冲压的优点有生产率高、操作简便,尺寸稳定、(　　),材料利用率高。

177. 冷冲压是利用安装在压力机上的(　　)对材料施加压力,使其产生分离或塑性变形,从而获得所需零件的一种加工方法。

178. 淬火时常会产生氧化与脱碳、过热和过烧、(　　)、硬度不足与节软点等缺陷。

179. 硬质合金的性能特点主要有(　　)、红硬性高、耐磨性好和抗拉强度比高碳钢高。

180. 液压传动的工作原理是以(　　)作为工作介质,依靠液体的压力能来传递运动,依靠液体的动能来传递动力。

181. 油液的两个最基本特征是黏性、(　　),油液流动时的两个基本参数是动力黏度、运动黏度。

182. 液压泵是靠(　　)来实现吸油和压油的,所以称为客积泵。

183. 柱塞泵是靠柱塞在柱塞孔内作往复运动,使密封容积变化而吸油和压油的,柱塞泵可分为(　　)和径向两类。

184. 油压机的(　　)可用来实现卸载、减压、顺序、保压等功能,满足执行元件在力或转矩上的要求。

185. 塞规在测量工件的孔或内表面尺寸时能通过尺寸(　　)的一端。

186. 用框式水平仪可以测量构件在垂直平面内的直线度误差和相关配件的(　　)度误差。

187. 卡钳是一种(　　)读数量具。

188. 数显的千分尺有齿轮结构和(　　)两种。

189. 内卡钳是测量内径(　　)等使用。

190. 测量表面结构的仪器形式各种各样,从测量原理上来看有(　　)光切法、光干涉法和针描法等。

191. 碳素工具钢的特点是回火抗力低,淬透性低,硬化层浅,但加工性能好,价格(　　),原材料来源方便。

192. 压力机的精度一般是在(　　)态条件下测得的,压力机的精度较低时,如滑块导轨与床身的间隙较大,就会导致冲模上下模同心度降低,从而使冲模刃口啃坏。

193. 在额定功率时,变压器的输出功率和输入功率的(　　),叫做变压器的效率。

194. 精冲时凸模的刃口磨损、变顿会使冲片(　　)变大;精冲件靠凸模一侧有毛边,主要是由于凸、凹模的间隙太小。

195. 某一尺寸减去其基本尺寸,所得的代数差称为(　　)。

196. Q235 是(　　)钢。

197. 铸铁中碳大部以片状石墨形式存在的是(　　)铸铁。

198. 铸铁中石墨呈团絮状存在的是(　　)铸铁。

199. 压力机在使用前应根据使用说明书中所叙述的各个机构的(　　)和调整方法进行调整。

200. 钻小孔时为了增加钻头的强度,防止钻头折断,故钻孔时转速应(　　)。

二、单项选择题

1. 不论直流电机还是交流电机，主要由定子和( )两大部分组成。

(A)定子铁芯 (B)转子 (C)换向器 (D)转子铁芯

2. 直流电机转子部分主要由( )、线圈、换向器和轴承等组成。

(A)机座 (B)端盖 (C)编码器 (D)转子铁芯

3. 当电机线圈中通过交流电流时，铁芯中将感应出( )，使铁芯中损耗增大，引起铁芯发热。

(A)电流 (B)电压 (C)线圈 (D)涡流

4. 为了减少涡流损耗，电机铁芯通常不能做成整块的，而由彼此绝缘的钢片沿轴向叠压起来，以阻碍( )的流通。

(A)电流 (B)电压 (C)气体 (D)涡流

5. 按槽方向可将铁芯分为直槽和( )。

(A)梯形槽 (B)燕尾槽 (C)三角形槽 (D)斜槽

6. 铁芯中涡流损耗与硅钢片( )有关，硅钢片愈薄，涡流损耗愈小。

(A)槽形 (B)厚度 (C)宽度 (D)尺寸

7. 变压器铁芯是由( )、夹紧件、绝缘件和接地片等组成。

(A)铁芯 (B)铁芯本体 (C)磁极 (D)主极

8. 心式变压器铁芯一般是垂直放置的，铁芯截面为( )，绕组包围心柱。

(A)分级圆柱 (B)圆形 (C)矩形 (D)异形

9. 变压器铁芯的叠片形式是按心柱和铁轭的( )是否在一个平面内而分类。

(A)接缝 (B)平行 (C)垂直 (D)异形

10. 接缝在两个或多个垂直平面内的变压器铁芯的叠片形式称为( )。

(A)压力叠 (B)对接 (C)搭接 (D)叠放

11. 内压装铁芯结构的特点是以冲片的( )定位，依次将单张或数张冲片，以一定的记号孔定位，叠放入机座内。

(A)内圆 (B)外圆 (C)槽形 (D)记号槽

12. 外压装铁芯结构的特点是以冲片的( )定位，利用叠压用心胎，将单张或数张冲片，以一定的记号槽定位后叠压而成。

(A)内圆 (B)外圆 (C)槽形 (D)记号槽

13. 影响绝缘电阻率的因素有( )。

(A)电流、电压、杂质、温度 (B)温度、湿度、杂质、电场强度

(C)杂质、电流、电压、湿度 (D)温度、湿度、电压、杂质

14. 电机温升是指冷却温度为( )时电机各部分的允许温升值。

(A)40 ℃ (B)25 ℃ (C)10 ℃ (D)0 ℃

15. 硅钢属于( )物质。

(A)顺磁 (B)反磁 (C)铁磁 (D)以上几种都不是

16. 常用的叠压设备有( )。

(A)浸漆罐 (B)烘箱 (C)加工中心 (D)油压机

17. 硅钢片涂覆涂层的作用是(　　)。

(A)防止硅钢片之间短路　(B)提高硅钢片对地电阻

(C)提高散热效果　(D)降低铁芯的涡流损耗

18. 铁芯在整形过程使用的工装是(　　)。

(A)定位棒　(B)整形棒　(C)通槽棒　(D)定位销

19. 检查铁芯槽形尺寸的量具是(　　),顺利通过即为合格。

(A)定位棒　(B)通槽棒　(C)整形棒　(D)槽样棒

20. 冲裁工艺冲制的产品冲裁后形成大小端,冲孔件应测量(　　)。

(A)大端　(B)小端　(C)中端　(D)取平均值

21. 冲片槽或齿不正的偏差检查可用(　　)冲片相叠合起来,用眼睛观察,沿对径方向的一对槽或齿应做到上下两片基本对正,检查时要多看几个方向。

(A)两件　(B)正反　(C)多件　(D)前后件

22. 对于扇形片装配的中小型电机,外圆与机座之间无间隙,因此,应以(　　)为基准进行定子装配。

(A)内圆　(B)外圆　(C)内外圆　(D)燕尾槽

23. 采用剪片办法调整铁芯长度差时,留下的部分应保留键槽和二分之一以上的(　　),使能够定位,在离心力作用下不会飞出。

(A)外圆　(B)轴孔　(C)通风孔　(D)槽形

24. 铁芯叠装过程中,一般采用(　　)的方法来解决一边松一边紧的问题。

(A)加大压力　(B)减小压力　(C)剪片　(D)去除冲片

25. 叠压系数是判断(　　)的一个指标。

(A)叠压质量　(B)铁芯长度　(C)铁芯质量　(D)铁芯槽形

26. 过长的铁芯在装配时应采用(　　)的装配方法。

(A)外压装　(B)多次压装　(C)内压装　(D)热套

27. 铁芯在叠压时,通常用(　　)来保证槽形尺寸的准确性。

(A)定位销　(B)槽样棒　(C)通槽棒　(D)铁长检查规

28. 通风道尺寸不对,会影响(　　)。

(A)电磁力　(B)磁通量　(C)通风效果　(D)磁通密度

29. 铁芯必须有很好的(　　),才能够减少铁芯中的涡流和漏磁损失。

(A)磁通量　(B)绝缘　(C)通风效果　(D)磁通密度

30. 电动机是一种将(　　)转换成机械能的设备。

(A)电量　(B)电能　(C)转速　(D)速度

31. 硅钢片有(　　)的现象,冲剪时应避免使它有规则地反映到冲片中来。

(A)边厚中薄　(B)边薄中厚　(C)薄厚不规律　(D)波浪形

32. 电力变压器型号 SFP-90000/220 中,F 表示此变压器为(　　),P 表示强迫油循环。

(A)油浸水冷　(B)油浸风冷　(C)风冷　(D)水冷

33. 干式变压器型号 SCB10-1000 kV·A/10 kV/0.4 kV 中,C 的意思表示此变压器的绕组为(　　)。

(A)铸铝浇注成形固体　(B)树脂浇注成形固体

(C)氟硅胶成形固体　　(D)包扎成形固体

34. 电力变压器型号 SFP-90000/220 中 S 表示此变压器为(　　)。

(A)二相变压器　　(B)三相变压器　　(C)六相变压器　　(D)直流变压器

35. 铁芯叠压压力过大会破坏冲片的绝缘，使(　　)反而增加。

(A)磁通量　　(B)铁芯损耗　　(C)磁密度　　(D)铁芯长度

36. 转子铁芯斜槽线应平直，无明显曲折，(　　)，其斜槽尺寸应符合产品图样规定。

(A)与转轴中心线垂直　　(B)无锯齿波纹

(C)无斜度　　(D)与转轴中心线平行

37. 大型电机铁芯压装的设备一般为(　　)。

(A)四柱油压机　　(B)铁芯压装机　　(C)油压机　　(D)冲床

38. 四柱液压机主机结构形式采用(　　)的形式，主缸和顶出缸为执行元件。

(A)四梁四柱　　(B)二梁四柱　　(C)三梁四柱　　(D)多梁四柱

39. 液压系统中的压力取决于(　　)。

(A)下台面　　(B)上台面　　(C)负载　　(D)工件

40. 液压系统中的执行元件的运动速度取决于(　　)。

(A)压力　　(B)流量　　(C)工件　　(D)行程

41. 使用扭矩设备前一定要正确了解力矩扳手的最大量程，选择扳手的条件最好以工作值在被选用扳手的量限值(　　)之间为宜。

(A)0～100％　　(B)20％～80％　　(C)5％～95％　　(D)10％～90％

42. 力矩扳手用作安装紧固件时测量其安装力矩使用，不许任意(　　)。

(A)拆卸　　(B)拆卸与调整　　(C)调整　　(D)测量

43. 铁芯压装时要控制长度，减片太多会使铁芯质量不够，(　　)减小，激磁电流增大。

(A)磁通量　　(B)磁路截面　　(C)铁损　　(D)叠压系数

44. 铁芯压装时，一般在槽中放置(　　)根定位棒来定位，以保证尺寸精度和槽壁整齐。

(A)1　　(B)2～4　　(C)2　　(D)1～2

45. 叠压后的冲片不可避免的会有参差不齐的现象，叠压后的槽形尺寸比冲片的尺寸要小，可小(　　)。

(A)1 mm　　(B)0.2 mm　　(C)0.1 mm　　(D)0.02 mm

46. 铁芯压装后，通常用(　　)来检查，通槽棒尺寸一般比槽形尺寸小 0.2 mm。

(A)定位棒　　(B)通槽棒　　(C)槽样棒　　(D)定位销

47. 铁芯内外圆的准确度一方面取决于冲片的尺寸精度和(　　)，另一方面取决于铁芯压装的工艺和工装。

(A)通槽棒　　(B)同轴度　　(C)操作工　　(D)设备

48. 变压器铁芯采用很薄且涂有绝缘漆硅钢片叠装而成，目的是(　　)。

(A)增加磁通量　　(B)增加磁通密度　　(C)减少涡流　　(D)减小压力

49. 变压器铁芯被吊出暴露在空气中的时间，规定为小于(　　)。

(A)8 h　　(B)16 h　　(C)24 h　　(D)4 h

50. 电力变压器的空载损耗是指变压器的(　　)。

(A)转矩损耗　　(B)电压损耗　　(C)铁耗　　(D)磁通损耗

51. 在定子冲片外圆上冲有记号槽,其作用是保证叠压时按(　　)叠片,使毛刺方向一致,并保证将同号槽叠在一起,使槽形整齐。

(A)90°方向　(B)冲制方向　(C)180°方向　(D)45°方向

52. 公称压力是指油压机名义上能产生的最大力量,在数值上等于(　　)和工作柱塞总工作面积的乘积,它反映了油压机的主要工作能力。

(A)工作液体压力　(B)油缸压力　(C)工作台面压力　(D)工件投影面积

53. 最大净空距是指活动横梁停在上限位置时,从工作台(　　)上表面到活动横梁的距离。

(A)上表面　(B)下表面　(C)工件上平面　(D)工件下平面

54. 大净空距反映了油压机在(　　)方向上工作空间的大小,它应根据模具及相应垫板的高度、工作行程大小以及放入坯料、取出工件所需空间大小等工艺因素来确定。

(A)高度　(B)水平　(C)厂房　(D)工装

55. 冲床的最大行程指活动横梁位于上限位置时,活动横梁的立柱导套下平面到立柱限程套上平面的距离,即活动横梁能够移动的(　　)。

(A)最小距离　(B)水平距离　(C)中间距离　(D)最大距离

56. 作业前检查压力表压力指针偏转情况,如发现来回摆动或不动,应停车检查设备(　　),使用时不得超限。

(A)额定压力　(B)实际压力　(C)额定行程　(D)额定压强

57. 安装模具前首先要将工作台面上平面和滑块下平面清理干净,以保证支承面接触良好,安装模具时,尽可能使模具(　　)与工作台中心一致。

(A)几何中心　(B)受力中心　(C)漏料孔中心　(D)脱料板中心

58. 冲模设计和冲模在冲床上安装时都必须考虑的重要因素是(　　)。

(A)闭合高度　(B)最大行程　(C)最小行程　(D)模具质量

59. 液压机动作失灵有可能是油箱注油不足,其排除方法按照加油至(　　)。

(A)电气图　(B)工作原理图

(C)油缸工作原理图　(D)油标位

60. 液压机保压时压力降得太快原因之一是(　　),其排除方法是更换密封圈。

(A)主缸内密封圈损坏　(B)工作缸

(C)油缸　(D)压力不足

61. 硅钢片的厚度对冲模的结构有很大影响,通常凸凹模刃口之间的间隙为硅钢片厚度的(　　)。

(A)5%～10%　(B)10%～15%　(C)15%～20%　(D)0%～10%

62. 在冲床的一次冲程内可完成工件的全部或大部分几何尺寸的冲模是(　　),其具有两个以上的闭合刃口。

(A)单冲模　(B)单工序模　(C)复冲模　(D)冷冲模

63. 单冲时槽位不准的原因有分度盘分度不准、冲槽机的旋转机构不能正常工作、装冲片的定位心轴(　　)和毛刺等。

(A)变大　(B)磨损　(C)刃磨　(D)粗糙

64. 装冲片的定位心轴磨损,尺寸变小,将引起槽位置的径向偏移,使叠压铁芯时槽形

(　　),对转子冲片还会引起机械上的不平衡。

(A)变大　　(B)不整齐　　(C)不变　　(D)槽深变大

65. 铁芯片毛刺直接影响变压器性能,因此规定毛刺高度大于 0.03 mm 的铁芯片,在涂漆之前须进行(　　)处理。

(A)机械加工毛刺　　(B)压毛　　(C)修锉　　(D)刮研

66. 铁芯的(　　)要求应尽量安排在转子上,以便叠压和绕组嵌线,也有少数定子铁芯斜槽的。

(A)记号槽　　(B)直槽　　(C)斜槽　　(D)拉杆槽

67. 叠压后的铁芯的质量应符合图纸要求,并以此作为衡量铁芯(　　)的方法之一。

(A)不齐度　　(B)槽形尺寸　　(C)长度　　(D)叠压系数

68. 测量铁芯长度 L 的位置通常选择在铁芯(　　)或铁芯外圆靠近扣片处。

(A)槽口部位　　(B)轴孔部位　　(C)通风孔　　(D)槽底

69. 电机铁芯槽形应光洁整齐,槽形尺寸允许比单张冲片槽形尺寸(　　)0.2 mm。

(A)小于　　(B)大于　　(C)不大于　　(D)等于

70. 电机铁芯两端采用端板的目的是为了保护铁芯两端的冲片,在压装后减少(　　)张的现象。

(A)向内　　(B)向外　　(C)径向　　(D)槽底

71. 磁极铁芯长度在(　　)以下时,主要采用铆接方式联接。

(A)100 mm　　(B)500 mm　　(C)200 mm　　(D)1 000 mm

72. 磁极铁芯长度在(　　)以上时,主要采用螺杆紧固方式联接。

(A)100 mm　　(B)500 mm　　(C)200 mm　　(D)1 000 mm

73. 高强度螺栓一般(　　)重复使用。

(A)不可以　　(B)可以　　(C)可以 2 次　　(D)可以多次

74. 定量压装就是按设计要求称好每台铁芯冲片的质量,然后加压,将铁芯压到(　　),这种压装方法以控制质量为主,压力大小可以变动。

(A)规定质量　　(B)规定尺寸　　(C)最小尺寸　　(D)槽形尺寸

75. 定压压装就是在压装时保持压力不变,调整冲片质量片数使铁芯压到规定尺寸。这种压装方法是以控制(　　)为主,而质量大小可以变动。

(A)质量　　(B)长度尺寸　　(C)压力　　(D)槽形尺寸

76. 扇形片结构的定子铁芯叠片时,相邻层的扇形冲片要交叉叠装,逐层叠装,相邻层之间的接缝应(　　)。

(A)对齐　　(B)错开　　(C)一致　　(D)随机

77. 铁芯扇形冲片交叉叠装时,每一扇形冲片上的定位棒不应少于(　　),以保持槽形的整齐。

(A)两根　　(B)一根　　(C)三根　　(D)四根

78. 铁芯压装过程中,对于长铁芯一般要采取(　　)加压。

(A)分段　　(B)一次　　(C)三次　　(D)两次

79. 扇形冲片的最大弦长或其整倍数应(　　)硅钢片的宽度以利于合理套裁。

(A)等于　　(B)大于　　(C)小于　　(D)等分于

80. 从机械强度、冲制、运输、保管和压装工艺上看来，扇形冲片的两侧最好为(　　)。

(A)齿　(B)半齿　(C)槽　(D)半槽

81. 表测电阻时，每个电阻挡都要调零，如调零不能调到欧姆挡的零位，说明(　　)。

(A)电量不足　(B)电源电压不足　(C)指针错误　(D)读数表格错误

82. 叠压系数是指在规定压力下，(　　)和铁芯长度的比值，或者等于铁芯净重和相当于铁芯长度的同体积的硅钢片质量的比值。

(A)铁芯长度最大值　(B)净铁芯长度

(C)铁芯长度最小值　(D)铁芯长度平均值

83. 叠压力一定的情况下，如果冲片厚度不匀，冲裁质量差，毛刺大，则(　　)降低。

(A)叠压系数　(B)铁芯质量　(C)不齐度　(D)铁芯长度

84. 使用同样的冲片进行叠装时，如果压的不紧，片间压力不够，则(　　)降低。

(A)叠压系数　(B)铁芯质量　(C)不齐度　(D)铁芯长度

85. 检查铁芯槽形尺寸时，使用专用量具(　　)进行检查。

(A)槽样棒　(B)通槽棒　(C)定位棒　(D)定位销

86. 铁芯的(　　)，则漏抗系数增大，电机的漏抗增大。

(A)有效长度增大　(B)有效长度变小　(C)槽形增大　(D)密实度越高

87. 定子铁芯质量不够将使定子铁芯净长减小，定子齿和定子轭的截面减小，磁通密度(　　)。

(A)不变　(B)增大　(C)减小　(D)不受影响

88. 当铁芯外圆不齐时，封闭式电机定子铁芯外圆与机座的内圆接触不好，将影响热的传导，电机温升(　　)。

(A)高　(B)低　(C)不受影响　(D)不变

89. 定子铁芯内圆不齐时，需增加磨内圆工序，会使铁耗(　　)。

(A)增大　(B)降低　(C)不受影响　(D)不变

90. 铁芯槽壁不齐时，如果不锉槽，下线困难，而且容易破坏槽绝缘；如果锉槽，容易形成连片，会造成(　　)。

(A)铁损耗增大　(B)铁损耗降低　(C)磁通量降低　(D)磁密度增大

91. 缺边的定子冲片掺用太多，它使定子轭部的(　　)。

(A)铁损耗增大　(B)铁损耗降低　(C)磁通量增大　(D)磁通密度增大

92. 电机铁芯要求在受到机械振动和温升作用下，不致出现(　　)。

(A)松动　(B)松动或变形　(C)变形　(D)长度变化

93. 铁芯冲片周边上的剩余毛刺应(　　)，以免发生片间短路。

(A)相对　(B)朝不同方向　(C)朝同一方向　(D)相背

94. 装配换向器时一般使用(　　)来检查铁芯槽形中心线与换向器槽形中心线的偏移量。

(A)通槽棒　(B)换向器对中规　(C)定位棒　(D)铁长检查规

95. 电枢铁芯一般采用(　　)装配在电机转轴或电枢支架上，用键传递力矩。

(A)动配合　(B)静配合　(C)间隙配合　(D)热套

96. 铁芯端板的作用是防止铁芯端部的冲片(　　)。

(A)齿胀 (B)边缘松散 (C)磨损 (D)防尘

97. 安装冷冲模的程序是先把上座固定在冲床滑块上，然后再(　　)。

(A)安装脱料板 (B)对间隙 (C)安装底座 (D)安装压料板

98. 冲模刃口变钝，毛刺超差时，冲模则需要(　　)。

(A)重新对间隙 (B)压料力调小 (C)脱料力调大 (D)刃磨

99. 冲片在(　　)后才可以进行冲制。

(A)试叠 (B)首件检验合格 (C)热处理 (D)下料

100. 铁芯整形通常运用(　　)的原理利用整形棒整理槽型。

(A)冷挤压 (B)扩大冲片尺寸 (C)减小毛刺 (D)修锉

101. 发电机是一种将(　　)转换成电能的设备。

(A)动能 (B)机械能 (C)电磁能 (D)风能

102. 铁芯在叠压时，为了保证(　　)的准确性，通常用槽样棒来保证。

(A)槽形尺寸 (B)铁芯长度 (C)叠压力 (D)叠压系数

103. 硅钢片牌号 50TW360 中，50 代表(　　)。

(A)铁损耗 (B)无取向 (C)厚度 (D)叠压系数

104. 使用专用刀片等工具将硅钢片剥开分离，可以清除敲击操作之后铁芯表面存留的(　　)。

(A)铁损耗 (B)热点区域 (C)高点 (D)毛刺

105. 当铁芯去除热点区域后，铁芯硅钢片必须重新做(　　)以防止故障区域的复发，重绕之前铁芯应恢复到其原来的形状。

(A)铁损耗 (B)绝缘 (C)叠压 (D)槽形检查

106. 铁芯修理的目的是(　　)破坏的区域，同时使铁芯硅钢的变形最小。

(A)去除 (B)减少 (C)减少或消除 (D)消除

107. 过薄的硅钢片在电机制造工艺中也是不宜采用的，一般采用(　　)的硅钢片。

(A)0.65 mm (B)0.35 mm (C)0.5 mm (D)0.55 mm

108. 硅钢片越薄，叠压后由于冲片绝缘厚度所占比例增加，因而使磁路的有效截面积(　　)。

(A)变大 (B)增加 (C)减少 (D)不变

109. 转子斜槽的目的是为了改善启动性能和降低噪声，转子斜槽度一般为(　　)个槽距。

(A)0.8～1.2 (B)1.5 (C)2 (D)0.5

110. 铸铝转子铁芯经压装后，其心部片间的(　　)是转子产生气孔的一个主要原因。

(A)存气 (B)存油 (C)残渣 (D)高温

111. 对于噪声等级要求比较严格的电机，转子端环的外径及平面都应(　　)，以免产生不必要的振动，从而增大噪声。

(A)磨削加工 (B)胀紧 (C)焊接牢固 (D)车削加工

112. 良好的(　　)是直流电机正常工作的必要条件。

(A)电流 (B)换向 (C)电压 (D)铁芯

113. 弹压卸料板不仅起卸料作用，还起(　　)作用。

(A)脱料　(B)压料　(C)定位　(D)固定

114. 剪切机的代号是(　　)。

(A)D　(B)Q　(C)J　(D)Y

115. 锻压机械类别代号中机械压力机的代号是(　　)。

(A)D　(B)Q　(C)J　(D)Y

116. 工件表面的微观不平度称为(　　)。

(A)不平行度　(B)不平度

(C)表面结构　(D)宏观形状误差

117. 零件有长、宽、高三个方向的尺寸,主视图和俯视图(　　)。

(A)等高　(B)等宽　(C)等长　(D)相同

118. 零件有上、下、左、右、前、后六个方位,在主视图中只能反映零件的(　　)方位。

(A)上、下、左、右　(B)前、后、左、右

(C)上、下、前、后　(D)上、下

119. 重合剖面是指画在(　　)。

(A)视图轮廓里面的剖面　(B)视图轮廓外的剖面

(C)对称剖面上的剖面　(D)与图形重合的剖面

120. 图样中的图形只能表达零件的(　　)。

(A)真实大小　(B)结构形状　(C)实际尺寸　(D)结构

121. 牙型不符合国家标准的螺纹称为(　　)。

(A)表准螺纹　(B)非标准螺纹　(C)特殊螺纹　(D)普通螺纹

122. 内螺纹的规定画法是大径用(　　)表示。

(A)D　(B)D_1　(C)d　(D)d_1

123. 内、外螺纹(　　)所在的轮廓线画成粗实线。

(A)牙底　(B)牙顶　(C)大径　(D)小径

124. 齿轮部分的规定画法是齿顶圆用(　　)绘制。

(A)粗实线　(B)细实线　(C)细点画线　(D)虚线

125. 完整的装配图应具有(　　)。

(A)一组视图、必要尺寸

(B)技术要求

(C)零件序号和明细栏

(D)一组视图、必要尺寸、技术要求和零件序号和明细栏

126. 单位时间电路消耗的能量称为(　　)。

(A)电流　(B)电压　(C)电功率　(D)电阻

127. 判断元件是吸收还是发出功率,和其电压、电流的(　　)有关。

(A)方向　(B)大小　(C)正负　(D)参数

128. 电阻的倒数称为电导,电导也是表征电阻元件导电能力强弱的电路参数,用(　　)表示。

(A)G　(B)R　(C)D　(D)A

129. 对于均匀截面的金属导体,其电阻与(　　)成正比,与截面积成反比。

(A)长度 (B)宽 (C)体积 (D)电流

130. 麦克斯韦最后总结出电磁运动的基本规律是(　　)。

(A)麦克斯韦方程 (B)楞次定律

(C)法拉第电磁感应定律 (D)电磁感应定律

131. 下列说法中符合实际的是(　　)。

(A)受地磁场的作用,静止的小磁针的S极总是指向地球的北方

(B)高层建筑物顶端装有避雷针

(C)行驶的汽车刹车时,乘客会向后倾倒

(D)阳光下人们用近视眼镜取火

132. 能量转换中用(　　)处理问题,只要弄清能量的转化途径。

(A)法拉第电磁感应定律 (B)楞次定律

(C)能量守恒定律 (D)牛顿定律

133. 下列说法不正确的是(　　)。

(A)感应电流的方向与磁场方向和导体运动方向有关

(B)在电磁感应现象里,机械能转化为电能

(C)电动机是把电能转化为机械能的机器

(D)方向不变的电流叫做直流电,用直流电源供电的电动机叫做直流电动机

134. 热轧低硅硅钢片、热轧高硅硅钢片含硅量分别为(　　)。

(A)1%～2%、3.0%～4.5% (B)1.5%～2%、3.0%～4.5%

(C)1%～2%、3.5%～4.5% (D)1%～2%、3.0%～5%

135. 冷轧取向薄硅钢带是将 0.30 mm 或 0.35 mm 厚的取向硅钢带,再经酸洗、冷轧和(　　)制成。

(A)正火 (B)退火 (C)调质 (D)热处理

136. 优质碳素结构钢的硫磷含量低于(　　),主要用来制造较为重要的机件,在工程中一般用于生产预应力混凝土用钢丝、钢绞线、锚具,以及高强度螺栓、重要结构的钢铸件等。

(A)0.1% (B)0.2% (C)0.035% (D)1%

137. 优质碳素结构钢的牌号用两位数字表示,即是钢中平均含碳量的(　　)分位数。

(A)百 (B)千 (C)万 (D)十

138. 30、35、40、45、50、55 等牌号属于中碳钢,因钢中珠光体含量增多,其强度和硬度较前(　　),淬火后的硬度可显著增加。

(A)不变 (B)降低 (C)提高 (D)减少

139. 某一个尺寸减其基本尺寸所得的代数差是(　　)。

(A)尺寸公差 (B)尺寸偏差 (C)基本偏差 (D)下偏差

140. 在公差带图中(　　)是指由代表上、下偏差的两条直线所限定的一个区域。

(A)公差 (B)公差带 (C)偏差 (D)基本偏差

141. 配合公差是允许间隙的变动量,它等于最大间隙与最小间隙之代数差的(　　),也等于互相配合的孔公差带与轴公差带之和。

(A)绝对值 (B)代数值 (C)积 (D)和

142. 机械和仪器制造业中的(　　),通常包括几何参数(如尺寸)和机械性能(如硬度、强

度)的更换。

(A)替代性 (B)互换性 (C)更换性 (D)互动性

143. 机械传动中( )传动速比较大,可传递较大负荷,传动效率较低,易发热。

(A)同步传动 (B)带传动 (C)链传动 (D)齿轮传动

144. 气动装置中的空气过滤器起( )作用。

(A)润滑 (B)清洁 (C)调节压力 (D)稳压

145. 用( )控制单个执行元件的运动方向,使之能正反方向运动或停止的回路,称为换向回路。

(A)调速阀 (B)方向控制阀 (C)节流阀 (D)减压阀

146. 虽然非晶合金变压器购买成本高,但考虑到其变压器具有低铁损,在变压器运行一段时间后,由于低的( )形成的节电效益即可大于与硅钢变压器的购买差价。

(A)成本 (B)电压 (C)电流 (D)空载损耗

147. 假设剖切平面将机件的某处断开,仅画出( ),并画上剖面符号,这种图称为剖面。

(A)全部图形 (B)局部图形 (C)切断面图形 (D)半面图形

148. 低温回火所得的组织是回火( )。

(A)屈氏体 (B)马氏体 (C)索氏体 (D)贝氏体

149. 目前大型的结构件制造,普遍采用的是( )。

(A)调整装配法 (B)选配法 (C)部件装配法 (D)互模装配法

150. 用来测量液压系统的压力表所指示的压力为( )。

(A)绝对压力 (B)一般压力 (C)参考压力 (D)相对压力

151. 用塞规检测工件,如果过端通过,止端不能通过,则这个工件( )。

(A)合格 (B)不合格 (C)尺寸大 (D)尺寸小

152. 冲压模具的导柱与下模座的配合一般采用( )。

(A)间隙配合 (B)过渡配合

(C)过盈配合 (D)低熔点合金浇铸

153. 正圆锥底圆直径与圆锥高度之比是( )。

(A)比例 (B)锥度 (C)斜度 (D)斜面

154. 一条直线或曲线绕固定轴线旋转而形成的表面,这条直线或曲线称为( )。

(A)轴线 (B)边线 (C)素线 (D)母线

155. 斜视图也可以转平,但必须在斜视图上注明( )。

(A)x 向视图 (B) x 向旋转 (C) x-x 视图 (D) x 视图

156. 基本尺寸是( )尺寸。

(A)设计给定的 (B)实际测量的 (C)工艺给定的 (D)最大极限

157. 通过测量得到的尺寸是( )。

(A)设计尺寸 (B)工艺尺寸 (C)实际尺寸 (D)基本尺寸

158. 允许尺寸变化的两界限值称为( )。

(A)尺寸偏差 (B)实际尺寸 (C)工艺尺寸 (D)极限尺寸

159. 最大极限尺寸减其基本尺寸所得尺寸为( )。

(A)尺寸偏差　(B)上偏差　(C)下偏差　(D)公差

160. 靠近零线的偏差称为(　　)。

(A)基本尺寸允许的误差　(B)标准公差

(C)基本偏差　(D)实际偏差

161. 表面结构高度参数(　　),参数值前不可标注参数代号。

(A)轮廓算数平均偏差 *Ra*　(B)轮廓微观不平度十点高度 *Rz*

(C)轮廓最大高度 *Rz*　(D)上、下限

162. HRC是(　　)代号。

(A)洛氏硬度　(B)布氏硬度　(C)维氏硬度　(D)邵氏硬度

163. 4CrMnMoV属于(　　)。

(A)冷作模具钢　(B)热作模具钢　(C)结构钢　(D)高速钢

164. 钢的硬度主要受(　　)影响。

(A)含碳量　(B)含锰量　(C)含磷量　(D)含硫量

165. 将钢加热到Ac3以上30～50 ℃,低温一定时间,然后随炉缓慢冷却,这种退火方式称为(　　)。

(A)正火　(B)完全退火　(C)球化退火　(D)去应力退火

166. 皮带传动使用于(　　)。

(A)较大中心距　(B)承载能力大

(C)传动比准确　(D)空间较小的范围

167. 油雾器是为了得到(　　)的压缩空气所必须的一种基本元件。

(A)有润滑　(B)洁净、干燥　(C)稳定的压力　(D)方向一定

168. 分水滤气器是为了得到(　　)的压缩空气所必须的一种基本元件。

(A)有润滑　(B)洁净、干燥　(C)稳定的压力　(D)方向一定

169. 模具所用的弹簧钢通常采用(　　)钢。

(A)35号　(B)Q215　(C)T8　(D)60Si2Mn

170. 二氧化碳气体保护焊常用于(　　)焊接。

(A)低合金钢　(B)高合金钢　(C)有色金属　(D)不锈钢

171. 焊接16Mn钢常用的焊条牌号为(　　)。

(A)J422　(B)J506　(C)J606　(D)J707

172. 24 V电压可用于(　　)。

(A)室内工作灯　(B)手提灯　(C)厂内照明灯　(D)室外照明灯

173. 基孔制的代号是(　　)。

(A)h　(B)H　(C)k　(D)m

174. 为了消除大型结构的内应力,需在焊后进行(　　)处理。

(A)时效　(B)回火　(C)正火　(D)退火

175. 公称直径以mm为单位的螺纹,其标记应直接注在(　　)的尺寸线上或其引出线上。

(A)中径　(B)大径　(C)小径　(D)中心线

176. 铸件表面相交处应做成(　　)。

(A)圆角　(B)直角　(C)倒角　(D)斜度

177. 轴肩处常采用圆角过度是为了(　　)。

(A)避免应力集中　(B)去毛刺　(C)退出刀具　(D)便于磨削

178. 在平行于弹簧轴线方向的视图中，其各圈的轮廓应画成(　　)，是圆柱螺旋压缩弹簧的特殊画法之一。

(A)真实图形　(B)直线　(C)圆形　(D)工作负荷

179. 确定工时定额及计算单位成本是根据(　　)。

(A)产品设计图　(B)产品或零件的实际加工

(C)有关人员的核算　(D)工艺规程

180. 选择定位基准时尽可能使定位基准与(　　)相重合。

(A)安装定位　(B)操作方便　(C)设计基准　(D)零件较宽的面

181. 冲压生产是指在压力机的作用下，利用模具使材料产生局部或整体的(　　)，以实现分离或成型。

(A)弹性变形　(B)塑形变形　(C)破坏　(D)屈服

182. 制件断面光亮度太宽，有齿状毛刺是因为(　　)。

(A)冲裁间隙不均匀　(B)冲裁间隙太小

(C)冲裁间隙太大　(D)材质太软

183. 碳素工具钢的含碳量在(　　)。

(A)0.1%～0.5%　(B)0.5%～0.7%　(C)0.7%～1.3%　(D)1.5%以上

184. 制造形状比较复杂，精度比较高，截面比较大的模具，一般采用(　　)。

(A)碳素工具钢　(B)合金工具钢　(C)热作模具钢　(D)合金结构

185. 测量直线度用(　　)。

(A)千分尺　(B)角尺　(C)卷尺　(D)游标卡尺

186. 重复冲裁或叠冲会导致(　　)。

(A)定位不准　(B)冲床超载

(C)凹凸模相啃　(D)模闭合高度不够

187. 图样上给定的每一个尺寸和形状、位置要求均是独立的，应分别满足要求称为(　　)。

(A)独立原则　(B)相关原则　(C)包容原则　(D)最大实体原则

188. 决定运动精度的是压力机的(　　)。

(A)塑形　(B)硬度　(C)刚度　(D)疲劳

189. 四个导轨均能单独调节的滑块机构，能提高压力的精度，但(　　)。

(A)组装困难　(B)调节困难　(C)使用困难　(D)制造困难

190. 材料断裂噪声主要与(　　)有关。

(A)板料的机械性能　(B)凸模的冲裁速度

(C)压力机的自身振动　(D)润滑情况

191. 选择压力机时只能使用冲床公称压力的(　　)。

(A)50%　(B)60%　(C)80%　(D)100%

192. 处理测量误差中的系统误差的方法是(　　)。

(A)重新测量或按一定规律予以剔除　(B)设法消除或修正测量结果
(C)减少并控制其误差对测量结果的影响　(D)不可避免,无法解决

193. 我国的法定长度单位是(　　)。
(A)公尺　(B)尺　(C)米　(D)毫米

194. 英制单位的换算关系是(　　)。
(A)1 英尺=10 英寸　(B)1 英尺=12 英寸
(C)1 英尺=8 英寸　(D)1 英寸=100 英丝

195. 测量两个结合面间隙时使用(　　)。
(A)长钳　(B)直尺　(C)游标卡尺　(D)塞尺

196. 水平仪不能用于(　　)测量。
(A)倾斜度　(B)平面度　(C)直线度　(D)圆度

197. 普通水平仪处在水平位置时,气泡应在(　　)。
(A)玻璃管中间　(B)偏离玻璃管中间的某一位置
(C)玻璃管的最低点　(D)直到看不到气泡为止

198. 给出形状和位置公差的要素称为(　　)。
(A)理想要素　(B)实际要素　(C)主测要素　(D)基准要素

199. 刻度值 0.02 mm/1 000 mm 的水平仪,当水泡移动一格时,其水平仪工作平面倾斜(　　)。
(A)2 分　(B)4 分　(C)5 分　(D)6 分

200. 冲压加工能达到(　　)的公差等级。
(A)2～5 级　(B)5～10 级　(C)8～12 级　(D)10～14 级

三、多项选择题

1. 直流电机定子部分主要由(　　)、端盖和刷架等组成。
(A)定子铁芯　(B)滑环　(C)机座　(D)线圈

2. 电机工作时铁芯要受到(　　)的综合作用。
(A)机械振动　(B)机械力　(C)电场　(D)磁通

3. 按装配方式可将转子铁芯分为(　　)。
(A)磁极冲片　(B)对轴装　(C)对假轴装　(D)主极冲片

4. 电机斜槽铁芯主要是为了改善电机的(　　)。
(A)电流　(B)减低噪声　(C)启动特性　(D)涡流

5. 电工材料是由(　　)组成。
(A)磁性材料　(B)导电材料　(C)半导体材料　(D)绝缘材料

6. 铁芯叠压的要求有(　　)。
(A)铁芯的绝缘　(B)铁芯叠压的紧密度
(C)铁芯叠压的准确度　(D)铁芯的材料

7. 冲模工作零件有足够的(　　),还须有较高的硬度和耐磨性。
(A)强度　(B)韧性　(C)脆性　(D)刚性

8. 槽样棒、通槽棒一般所用材质为(　　),经淬火处理,硬度达到 50～55 HRC。

(A)Q235-A (B)T10A (C)Cr12 (D)T8A

9. 冲裁变形可分为(　　)三个阶段。

(A)刚性变形 (B)弹性变形 (C)塑性变形 (D)剪裂

10. 硅钢片性能的好坏可以用它在相同磁场强度作用下的(　　)来表征。

(A)磁通密度值 (B)单位铁损 (C)磁通量 (D)铁损

11. 铁芯在工况下产生(　　),会增加电机发热,降低电机效率。

(A)磁通密度 (B)磁滞损失 (C)涡流 (D)铁损

12. 铁芯片退火或烘焙后表面变色主要原因有(　　)。

(A)钢片表面有油污 (B)保护气体不纯

(C)温度太高 (D)加热时间过长

13. 铁芯片间压力不够,会造成(　　)缺点。

(A)铁芯质量不够 (B)铁芯密实度不够

(C)振动大 (D)铁损耗增大

14. 铁芯片间压力过大,会造成(　　)缺点。

(A)损伤绝缘 (B)铁芯发热 (C)振动大 (D)铁损耗增大

15. 铁芯压装的主要工艺参数是(　　)。

(A)压力 (B)铁芯长度 (C)铁芯质量 (D)冲片尺寸

16. 铁芯压装时,通常(　　)均在给定的范围之内。

(A)压力 (B)质量 (C)数量 (D)冲片尺寸

17. 变压器铁芯通常分为(　　)两种。

(A)芯式 (B)筒式 (C)壳式 (D)方体式

18. 铁芯压装时,在槽中插入 2～4 根(　　),以保证尺寸精度,槽壁整齐。

(A)通槽棒 (B)槽样棒 (C)定位棒 (D)定位销

19. 铁芯长度不对时会影响(　　)。

(A)磁通量 (B)磁密的大小 (C)励磁电流 (D)电磁力

20. 铁芯扇张的影响因素有(　　)。

(A)冲片毛刺 (B)叠压配合 (C)压圈刚性不足 (D)端板刚性不足

21. 扇张现象在运行中振动力作用下会产生(　　)问题。

(A)损坏线圈 (B)发生噪声 (C)损坏定位筋 (D)损坏端板

22. 由几张 1 mm 厚的钢板点焊而成的端板,点焊时焊接电流要调节合适,不能有(　　)现象。

(A)焊穿 (B)焊瘤 (C)松散 (D)熔焊

23. 冲片的两种绝缘处理方法为(　　)。

(A)涂绝缘漆绝缘 (B)真空压力浸漆 (C)氧化膜绝缘 (D)包扎绝缘材料

24. 在保证图纸要求的铁芯长度下,压力越大,硅钢片所占比例就越多,电机工作时(　　),功率因数与效率高。

(A)磁通密度低 (B)励磁电流小 (C)铁芯损耗小 (D)温升低

25. 铁芯槽形尺寸不符合图纸要求时会造成(　　)现象。

(A)影响下线质量 (B)增加锉槽工时 (C)铁芯损耗小 (D)引起涡流损失

26. 铁芯叠片图中主要叠压参数有(　　)及铁芯槽不齐度等。

(A)铁芯损耗　(B)铁芯的长度　(C)叠压系数　(D)铁芯密实度

27. 变压器铁芯叠片图就是反映铁芯中每层叠片的分布和排列方式的图,在叠片图中,规定了叠片的(　　)。

(A)接缝结构　(B)形状　(C)尺寸　(D)数量

28. 由冲片构成铁芯的方式有(　　)。

(A)叠装式　(B)卷叠式　(C)卷绕式　(D)粘接式

29. 由冲片叠压连接与固定方式分类,叠装式有(　　)和自动扣铆等多种。

(A)压装　(B)铆接　(C)焊接　(D)粘接

30. 三相异步电动机定子主要由(　　)和接线盒等组成。

(A)机座　(B)定子铁芯　(C)定子绕组　(D)端盖

31. 异步电动机的转子由(　　)等组成。

(A)转子绕组　(B)转子铁芯　(C)风扇　(D)转轴

32. 电机铁芯密实度增大,电机工作时铁芯中(　　),电动机的功率因数和效率高。

(A)磁通密度低　(B)激磁电流小　(C)铁芯损耗小　(D)温升低

33. 异步电机定子铁芯产生的铁芯损耗包括(　　)。

(A)磁滞损耗　(B)涡流　(C)磁通损耗　(D)温度损耗

34. 转子铁芯斜槽线应平直,(　　),其斜槽尺寸应符合产品图样规定。

(A)无明显曲折　(B)无(锯齿)波纹

(C)无斜度　(D)与转轴中心线平行

35. 液压机采用电液控制相结合的方式,具有调整、手动、半自动三种工作方式,可实现(　　)两种加工工艺。

(A)定时　(B)定压　(C)定程　(D)定量

36. 设备保三好是指(　　)。

(A)管好　(B)用好　(C)修好　(D)护好

37. 设备保养是指(　　)。

(A)使用　(B)保养　(C)检查　(D)排出故障

38. 液压传动装置由(　　)组成。

(A)动力元件　(B)执行元件　(C)控制元件　(D)辅助元件

39. 铁芯冲片毛刺过大时会引起铁芯的(　　)现象。

(A)片间短路　(B)增大铁耗　(C)温升　(D)磁通量变大

40. 冲片毛刺的存在,会使(　　),引起激磁电流增加和效率降低。

(A)齿部外胀　(B)冲片数目减少

(C)叠压系数变大　(D)磁通量变大

41. 力矩扳手绝不能用于(　　),使用时应尽量轻拿轻放,不许任意拆卸与调整。

(A)拆卸工具　(B)敲打　(C)磕碰　(D)它用

42. 转子铁芯轴孔处毛刺过大时,可能引起(　　),致使铁芯在轴上的压装产生困难。

(A)孔尺寸变大　(B)孔尺寸缩小　(C)椭圆度　(D)轴变小

43. 冲片冲裁过程中(　　)都会使冲片毛刺变大或超差。

(A)冲模间隙过大 (B)冲模安装不正确
(C)冲模刃口磨钝 (D)冲模间隙过小

44. 当叠装冲片有( )等时,会使叠压系数降低。
(A)波纹 (B)锈 (C)油污 (D)通风孔

45. 叠片式铁芯的工艺过程一般包括( )及表面处理等。
(A)理片 (B)称重或定片数 (C)定位叠压固紧 (D)固定

46. 铁芯压装就是将一定数量的冲片理齐、压紧、固定成一个( )的整体。
(A)尺寸准确 (B)外形整齐 (C)无残余压力 (D)紧密适宜

47. 转子不平衡的原因有( )。
(A)电枢铁芯冲片分度不匀
(B)线圈嵌线无法达到完全对称
(C)换向器套筒的偏心
(D)导条胀紧与端环焊完后无法达到完全对称

48. 铁芯质量不足时会使电机有( )现象。
(A)铁耗增加 (B)磁感应强度增高
(C)叠压系数变大 (D)效率降低

49. 铁芯在机械振动、电磁和热力综合作用下,不应出现( )。
(A)尺寸变小 (B)松动 (C)无残余压力 (D)变形

50. 级进冲模是按照一定的距离把两副以上的( )组装起来,在每次冲程下,各闭合刃口同时冲裁,在连续冲程下,能使工件逐级经过模具的各工位进行冲裁的冲模。
(A)单冲模 (B)单工序模 (C)复冲模 (D)落料模

51. 铁芯片涂漆的方法有( ),分别用于喷涂硅钢片刃口及整张片子的表面涂漆。
(A)刷涂法 (B)喷涂法 (C)滚涂法 (D)真空压力浸漆法

52. 铁芯冲片冲裁是在冲床上通过冲裁模实现的,根据所用冲裁模的不同,相应有( )等。
(A)单式冲裁 (B)复式冲裁
(C)多工序组合冲裁 (D)级进式冲裁

53. 减小毛刺的基本措施是( )、经常检查毛刺的大小等。
(A)冲模凸凹模间隙要合理 (B)冲裁时间隙要均匀
(C)冲模工作要正常 (D)冲模冲裁力不能过大

54. 冲片表面上的绝缘层应( )。
(A)薄而均匀 (B)有良好的介电强度
(C)耐油 (D)防潮性能好

55. 从冲模方面来看,( )是保证冲片尺寸准确性的必要条件。
(A)薄而均匀 (B)合理的间隙 (C)制造精度 (D)材料性能

56. 冲片的尺寸精度、同轴度、槽位置的准确度等可以从( )及冲床等几方面来保证。
(A)硅钢片 (B)冲模 (C)冲制方案 (D)冲制精度

57. 合理套裁包括( )。
(A)多孔冲裁 (B)相同直径冲片的错位套裁

(C)四角余料套裁 (D)不同直径冲片的混合套裁

58. 铁芯线圈浸漆处理包括(　　)等主要工序。

(A)预烘 (B)浸漆 (C)烘干 (D)连线

59. 磁极铁芯的紧固方式有(　　)等基本方法。

(A)铆接 (B)拉杆紧固 (C)螺杆紧固 (D)焊接

60. 铁芯叠压压力增大,会使铁芯(　　)。

(A)密实度增加 (B)损耗减小

(C)破坏冲片的绝缘 (D)磁通密度增加

61. 叠压压力过小,铁芯压不紧,使(　　)增加,甚至在运行中会发生冲片松动。

(A)密实度 (B)铁芯损耗 (C)激磁电流 (D)磁通密度

62. 在保证铁芯长度的情况下,压力越大,就会使(　　)。

(A)压装的冲片数越多 (B)质量越大

(C)铁芯越紧 (D)密实度越高

63. 铁芯压装通常采用的方式有(　　)。

(A)定量压装 (B)定槽压装 (C)定压压装 (D)定芯压装

64. 扇形冲片结构铁芯交叉叠装的优点是(　　)。

(A)减小铁芯的磁阻 (B)提高铁芯的机械强度

(C)提高叠装效率 (D)密实度越高

65. 扇形片定子铁芯叠装时,叠压基准分别可以以(　　)为定位基准。

(A)外圆 (B)内圆 (C)槽孔 (D)记号槽

66. 定子铁芯长度大于允许值,会使(　　),此外,铁芯的有效长度增大,使漏抗系数增大。

(A)气隙有效长度增大 (B)激磁电流增大

(C)定子铜耗增大 (D)密实度越高

67. 电机铁芯材料的要求:具有较高的磁导性能,(　　),厚度公差小。

(A)具有较低的铁芯损失 (B)磁性陈老现象小

(C)一定的机械强度 (D)表面要求光洁平整

68. 较高的磁导性能可以减小(　　),提高电机性能,使电机尺寸减小。

(A)励磁电流 (B)冲片毛刺 (C)磁路截面 (D)端板厚度

69. 硅钢片漆用于覆盖硅钢片,以降低铁芯的涡流损耗,增强(　　)的能力。

(A)氧化 (B)防锈 (C)耐腐蚀 (D)摩擦

70. 换向器的绝缘包括(　　)绝缘。

(A)换向片片间 (B)换向片 (C)云母 (D)换向片组对地

71. 换向器按其和电枢压圈的联接形式中换向器套筒和电枢铁芯前压圈可分为(　　)结构。

(A)合为一体 (B)焊接式 (C)无电枢压圈 (D)分体式

72. 铁芯涡流损失同材料本身的(　　)有关。

(A)电阻系数 (B)薄厚 (C)波浪形 (D)叠压系数

73. 直流电机的换向过程会受到(　　)等各种匀速的影响,其中电磁原因是产生火花的重要因素。

(A)电磁 (B)电热 (C)电化学 (D)机械

74. 直流牵引电机主要由(　　)组成。

(A)机座 (B)定子 (C)转子 (D)转轴

75. 直流电机换向不良时,就会在(　　)产生火花。

(A)电刷 (B)滑环 (C)轴承 (D)换向器表面

76. 电枢由(　　)组成。

(A)转轴 (B)电枢铁芯 (C)电枢绕组 (D)换向器

77. 冷冲模的工作零件有(　　)和刃口镶块。

(A)凸模 (B)凹模 (C)凸凹模 (D)脱料版

78. 冷冲模基本结构零件可分为(　　)零件。

(A)压料类 (B)工艺类 (C)辅助类 (D)脱料类

79. 凹模的类型按刃口形状分为(　　)两种。

(A)平刃 (B)台阶刃 (C)侧刃 (D)斜刃

80. 影响冷冲模寿命的因素有(　　)和冲制中的保养。

(A)冲床质量 (B)冲模安装质量 (C)冲裁力 (D)合理的修磨

81. 铁芯的绝缘可分为(　　)的绝缘。

(A)拉板 (B)片间 (C)拉杆 (D)叠片与结构件间

82. 直流牵引电机转子部分主要由转子铁芯、(　　)等组成。

(A)线圈 (B)轴承 (C)换向器 (D)风扇

83. 铁芯叠装用定位棒一般有(　　)等形式。

(A)矩形 (B)梯形 (C)圆棒形 (D)三角形

84. 铁芯叠装用通槽棒一般有(　　)等形式。

(A)矩形 (B)梯形 (C)圆棒形 (D)三角形

85. 铁芯修理的方法主要有(　　)等方法。

(A)敲击 (B)剥片 (C)研磨 (D)加工

86. 换向器由(　　)三部分组成。

(A)导电 (B)绝缘 (C)套筒 (D)支撑紧固

87. 交流电机有(　　)两种主要类型。

(A)永磁电动机 (B)异步电动机 (C)同步电动机 (D)风力发动机

88. 铁芯按通风系统分为(　　)。

(A)轴向通风 (B)径向通风

(C)轴向径向混合通风 (D)没有通风道

89. 铁芯叠装过程中,主要由工艺准备、(　　)等主要工序。

(A)预压 (B)加压调整 (C)叠片 (D)紧固

90. 槽形尺寸不对时会影响下线质量,会(　　)。

(A)减小叠压系数 (B)增加锉槽工时 (C)引起涡流损失 (D)使线圈松动

91. 按铁芯槽方向可将铁芯分为(　　)。

(A)梯形槽 (B)直槽 (C)长方形槽 (D)斜槽

92. 铁芯叠压过程中，有(　　)缺陷的零部件不得叠入铁芯中。
(A)端板弯曲高度相邻齿高度差超差　(B)槽形宽度尺寸超差 0.01 mm
(C)不同模具冲制的冲片　(D)试嵌时线圈松动的冲片
93. 冲片与转轴配合过盈量大的转子铁芯叠装时，主要工艺内容有(　　)。
(A)转轴保压　(B)预压加压调整　(C)叠片　(D)热套
94. 变压器铁芯是由(　　)等组成。
(A)夹紧件　(B)铁芯本体　(C)绝缘件　(D)接地片
95. 按剪切刃与冷轧钢带的轧制方向的相对位置，剪切方式可分为(　　)。
(A)纵剪　(B)90°横剪　(C)45°纵剪　(D)45°横剪
96. 冲裁冲片的冲剪刀应具有高硬度、(　　)和高耐热性。
(A)高耐磨性　(B)高强度　(C)高韧性　(D)耐低温
97. 铁芯叠装后的质量检查主要有(　　)及铁耗试验等几个方面。
(A)铁芯质量　(B)尺寸精度　(C)整齐度　(D)紧密度
98. 磁极铁芯叠装后，必须(　　)，不应进行补充加工。
(A)铁芯质量一致　(B)形位整齐准确　(C)无焊缝　(D)紧密度良好
99. 铸铝转子铁芯叠装准备工作完成后，工艺过程主要有(　　)。
(A)冲片加工　(B)铁芯叠压　(C)熔铝　(D)浇注
100. 硅钢片厚度不匀时，会造成铁芯(　　)。
(A)松紧不一　(B)不等高超差　(C)槽形不好　(D)压圈变形
101. 冲片大小齿超差时会造成(　　)的影响。
(A)定子齿密度不均匀　(B)槽形有效截面减少
(C)槽绝缘易损坏　(D)叠压系数变小
102. 定子冲片内外圆同轴度超差时会使电机(　　)，严重时会造成定、转子铁芯相擦。
(A)气隙不均匀　(B)磁拉力不匀　(C)增大振动　(D)铁芯质量减小
103. 定子铁芯不齐的原因主要有(　　)。
(A)冲片毛刺大于允许值　(B)冲片未按顺序顺向压装
(C)定位棒尺寸超差　(D)叠压工装不合理或定位超差
104. 冲裁加工有(　　)特点。
(A)落料件尺寸由凹模决定　(B)冲孔件尺寸由凸模决定
(C)凸凹模间隙逐渐变大　(D)毛刺不变
105. 电机铁芯冲片按形状分为(　　)。
(A)圆形冲片　(B)扇形冲片　(C)山形冲片　(D)磁极冲片
106. 铁芯冲片冲制模具主要由(　　)等部分组成。
(A)导向部件　(B)工作部件　(C)刚性结构部件　(D)装模部件
107. 铁芯冲片制造工艺方案有(　　)。
(A)单冲　(B)复冲　(C)级进冲　(D)扇形冲
108. 铁芯冲片冲制过程中严禁(　　)。
(A)冲双次　(B)双片冲　(C)局部冲　(D)整体冲
109. 模具刃磨之前首先要检查模具状况，查看模具(　　)现象再采取措施。

(A)凸凹模有无裂纹　　(B)凸凹模有无啃蹦
(C)有无局部烧损　　(D)刃口高度是否足够

110. 单槽冲片制造中的主要质量问题有(　　)。
(A)冲片大小牙尺寸超差　　(B)冲片内外径同轴度超差
(C)槽位尺寸超差　　(D)轴孔尺寸超差

111. 单冲槽制造中冲片内外径同轴度超差的主要因素有(　　)。
(A)托盘止口与内径同轴度超差　　(B)孔与止口配合间隙太大
(C)托盘孔与主轴配合间隙太大　　(D)模具刃口变钝

112. 定子铁芯压装后槽形不齐、外径超差的主要原因有(　　)。
(A)冲片毛刺大　　(B)冲制时未保持原冲制顺序
(C)冲片毛刺未按同一方向冲制　　(D)通槽棒尺寸变小

113. 复式冲模冲制的冲片的质量问题主要有(　　)。
(A)定子冲片槽根圆与外径同轴度超差　　(B)定位棒尺寸变小
(C)定子冲片压装后槽形不齐,外径超差　　(D)定子冲片内径超差

114. 三视图关系表达的内容有(　　)。
(A)长对正　　(B)高平齐　　(C)宽相等　　(D)尺寸相等

115. 在几何作图中尺寸分为(　　)。
(A)定形尺寸　　(B)定位尺寸　　(C)实际尺寸　　(D)测量尺寸

116. 机械制图中常用的几种线形有(　　)。
(A)粗实线　　(B)细实线　　(C)虚线　　(D)点化线

117. 细实线一般应用于(　　)。
(A)尺寸线　　(B)尺寸界线　　(C)剖面线　　(D)轮廓线

118. 一个完整的尺寸包括以下(　　)要素。
(A)尺寸界线　　(B)尺寸线　　(C)尺寸线终端　　(D)数字

119. 工程上常用的投影法有(　　)。
(A)中心投影法　　(B)平行投影法　　(C)斜投影法　　(D)模拟投影法

120. 三视图中的投影面包括(　　)。
(A)正立投影面　　(B)水平投影面　　(C)测立投影面　　(D)60°角投影

121. 标注尺寸的基本要求为(　　)。
(A)正确　　(B)完全　　(C)清晰　　(D)合理

122. 目前国际上使用着两种投影面体系,这两种投影面体系指(　　)。
(A)第一分角　　(B)第二分角　　(C)第三分角　　(D)第四分角

123. 三视图指(　　)。
(A)主视图　　(B)左视图　　(C)俯视图　　(D)右视图

124. 零件尺寸的加工误差包括(　　)。
(A)尺寸误差　　(B)几何形状误差　　(C)相互位置误差　　(D)表面结构

125. 形位公差指(　　)。
(A)形状公差　　(B)位置公差　　(C)表面结构　　(D)尺寸公差

126. 位置公差包括(　　)。

(A)定向公差 (B)定位公差 (C)跳动 (D)平行度

127. 轴测图一般可分(　　)。

(A)正等轴测图 (B)正二等轴测图 (C)斜二等轴测图 (D)正三等轴测图

128. 一般完整的零件图应包括(　　)。

(A)图形 (B)尺寸 (C)技术条件 (D)标题栏

129. 尺寸基准可分为(　　)。

(A)设计基准 (B)工艺基准 (C)参考基准 (D)测量基准

130. 构成零件的要素包括(　　)。

(A)点 (B)线 (C)面 (D)圆

131. 形状公差包括(　　)。

(A)直线度 (B)平面度 (C)圆柱度 (D)线/面轮廓度

132. 尺寸偏差有(　　)。

(A)上偏差 (B)下偏差 (C)实际偏差 (D)理论偏差

133. 常用配合分类有(　　)。

(A)间隙配合 (B)过盈配合 (C)过渡配合 (D)小过盈

134. 基准制包括(　　)。

(A)基孔制 (B)基轴制 (C)基面制 (D)基线制

135. 配合代号用(　　)表示。

(A)孔的公差带号 (B)轴的公差带号 (C)分数线 (D)小数公差带

136. 螺纹的要素包括(　　)。

(A)牙型 (B)公称直径

(C)线数 n (D)螺距 P 和导程 P_b

137. 螺纹旋向分为(　　)。

(A)左旋 (B)右旋 (C)螺旋 (D)半旋

138. 低碳钢优点是(　　)。

(A)强度低 (B)硬度低 (C)塑性好 (D)焊接性好

139. 下列碳素结构钢是(　　)。

(A)Q235 (B)45 (C)65Mn (D)Q195

140. 低碳钢牌号有(　　)。

(A)Q195 (B)Q215 (C)Q235 (D)Q255

141. 硅钢片按含硅量可分为(　　)。

(A)低硅钢 (B)高硅钢 (C)热轧钢 (D)冷轧钢

142. 冷轧硅钢片按晶粒取向可分为(　　)。

(A)无取向 (B)取向 (C)低硅钢 (D)高硅钢

143. 下列与退火相关的内容是(　　)。

(A)消除内应力 (B)降低硬度 (C)提高硬度 (D)以便切削

144. 下列与淬火相关的内容是(　　)。

(A)急冷 (B)提高硬度和强度

(C)回火 (D)降低硬度和强度

145. 下列与调质相关的内容是(　　)。

(A)淬火后高温回火　(B)空气或油中冷却
(C)提高韧性和强度　(D)降低硬度和强度

146. 一般液压传动系统由(　　)组成。

(A)动力部分　(B)传送部分　(C)控制部分　(D)执行部分

147. 液压阀在液压系统中的作用可分为(　　)。

(A)压力控制阀　(B)流量控制阀　(C)方向控制阀　(D)系统控制阀

148. 气压传动系统中的气源装置主要由(　　)组成。

(A)空气过滤器　(B)油雾器　(C)调压阀　(D)系统控制阀

149. 气压传动系统中调压阀起到(　　)的作用。

(A)调节压力　(B)稳定压力　(C)转换压力　(D)平衡压力

150. 变压器的主要作用是(　　)。

(A)变压　(B)变电流　(C)传送功率　(D)改变方向

151. 绝缘纸是通常是由(　　),通过水和其他介质将纤维沉积在造纸机上而形成的薄页状材料。

(A)植物纤维　(B)矿物纤维
(C)合成纤维或其混合物　(D)化学纤维

152. 绝缘漆由(　　)和溶剂等组成。

(A)基料　(B)阻燃剂　(C)颜填料　(D)助剂

153. 表面结构对配合性质的影响有(　　)。

(A)间隙配合,磨损后间隙增大　(B)无影响
(C)过盈配合压入后过盈量不足　(D)表面结构对磨损无影响

154. 下面不是直流电动机工作时换向器的作用是(　　)。

(A)能够自动改变电路中电流方向　(B)能够自动改变线圈的转动方向
(C)能够自动改变线圈的受力方向　(D)能够自动改变线圈中的电流方向

155. 绝缘漆包括(　　)。

(A)硅钢片绝缘漆　(B)覆盖绝缘漆　(C)漆包线绝缘漆　(D)浸渍绝缘漆

156. 测量要素包括(　　)。

(A)被测对象　(B)计量单位　(C)测量方法　(D)测量误差

157. 样板检测工件的优点有(　　)。

(A)用样板检测很简单　(B)检测效率高
(C)检测时不需要专用设备　(D)检测准确

158. 样板检测工件的缺点有(　　)。

(A)制造困难　(B)通用性较低
(C)检测效率低　(D)用样板检测很简单

159. 普通螺纹代号包括(　　)。

(A)特征代号　(B)公称直径　(C)螺距或导程　(D)旋向

160. 螺栓、螺纹和垫圈连接时螺栓的长度与(　　)有关。

(A)螺栓旋入长度　(B)垫片厚度　(C)螺母高度　(D)螺栓头高度

161. 下列属于样板检测工装的是(　　)。
(A)铁长通止规　(B)换向器对中规　(C)毛刺检测规　(D)导条检测规
162. 当通电导体放入磁场里且电流方向与磁场方向不平行时,(　　)。
(A)通电导体会受到磁场的力的作用
(B)力的方向与电流方向有关
(C)力的方向与电流方向和磁场方向有关
(D)通电导体不会受到磁场的力的作用
163. 主视图中能反映零件图的(　　)方位。
(A)上　(B)下　(C)左　(D)右
164. 左视图能反映零件的(　　)。
(A)长　(B)高　(C)宽　(D)左
165. 剖视图的标注包括(　　)。
(A)剖切线　(B)投影方向的箭头
(C)×—×字样　(D)数字
166. 螺纹的(　　)不符合国家标准的称为特殊螺纹。
(A)牙型　(B)直径　(C)线数　(D)螺距
167. 装配图中的尺寸种类有(　　)。
(A)规格尺寸　(B)装配尺寸　(C)安装尺寸　(D)外形尺寸
168. 主要尺寸会影响产品的(　　)。
(A)性能　(B)工作精度　(C)配合尺寸　(D)尺寸
169. 下列属于形状公差的是(　　)。
(A)直线度　(B)平面度　(C)圆度　(D)平行度
170. 下列属于位置公差的是(　　)。
(A)跳动　(B)平面度　(C)同轴度　(D)平行度
171. 表面不去除材料获得的表面结构的加工方法有(　　)。
(A)锻　(B)铸　(C)冲压　(D)机加工
172. 一个完整的测量过程包括(　　)。
(A)被测对象　(B)计量单位　(C)测量方法　(D)测量精度
173. 公差等级的选择依据为(　　)。
(A)保证产品质量　(B)经济、精度等级低
(C)精度等级高　(D)精度越高越好
174. 基轴制只有在(　　)时选用。
(A)同标准件配合　(B)结构上的特殊要求
(C)优先选用　(D)备用
175. 公差与配合的应用包括(　　)。
(A)选择基准　(B)选择公差等级　(C)选择配合种类　(D)选择偏差
176. 对孔、轴装配后可能的配合有(　　)。
(A)过盈　(B)间隙　(C)过渡　(D)一般
177. 极限尺寸与基本尺寸的关系可能是(　　)。
(A)大　(B)小　(C)不明确　(D)相等

178. 表面结构影响零件的(　　)。

(A)疲劳强度　(B)抗腐蚀性　(C)密封性　(D)测量精度

179. 碳素工具钢的特点是(　　)。

(A)回火抗力低　(B)淬透性好　(C)硬化层浅　(D)价格便宜

180. 测量表面结构的仪器各式各样,从测量原理上来看有(　　)几种测量方法。

(A)比较法　(B)光切法　(C)光干涉法　(D)针描法

181. 碳素钢按用途可分为(　　)。

(A)碳素结构钢　(B)合金钢　(C)碳素工具钢　(D)低碳钢

182. 测定轴电压的目的是(　　)。

(A)了解轴电流的大小

(B)防止轴电流过大造成轴承发热,出现伤疤或斑点

(C)了解电机振动产生的原因

(D)防止轴承磨损、烧坏

183. 下列(　　)是对优质碳素结构钢的描述。

(A)典型的钢号有 40、45　(B)杂质多

(C)制造小齿轮　(D)制作紧固件是不需调质

184. 齿轮的失效形式有很多种,常见的失效形式有(　　)。

(A)齿面磨损　(B)轮齿折断　(C)轮齿塑性变形　(D)齿面点蚀

185. 按照电器的动作方式可分为(　　)。

(A)手动电器　(B)自动电器　(C)控制电器　(D)保护电器

186. 气动传动流量控制阀包括(　　)。

(A)节流阀　(B)单向节流阀　(C)排气节流阀　(D)柔性节流阀

187. 内卡钳可用来测量(　　)。

(A)内径　(B)外径　(C)长度　(D)凹槽

188. 基本线条的画法包括(　　)。

(A)平行线　(B)角度线　(C)垂直线　(D)圆弧线

189. 数显千分尺分为(　　)。

(A)齿轮结构　(B)数码管　(C)数显部分　(D)机械部分

190. 几何形状误差包括(　　)。

(A)宏观几何形状误差　(B)微观几何形状误差

(C)表面波纹　(D)普通几何形状误差

191. 位置误差包括(　　)。

(A)定向误差　(B)定位误差　(C)跳动　(D)直线度

192. 液压系统的组成包括(　　)。

(A)能源装置　(B)执行装置　(C)控制调节装置　(D)辅助装置

193. 金属热处理工艺大体可分为(　　)。

(A)整体热处理　(B)表面热处理　(C)物理热处理　(D)化学热处理

194. 气动三大件包括(　　)。

(A)分水滤气器　(B)调压阀　(C)油雾器　(D)净水器

195. 螺纹连接的优点有(　　)。

(A)结构简单　(B)连接可靠

(C)装卸方便　(D)适用于批量生产

196. 展开图的画法有(　　)。

(A)平行线法　(B)放射线法　(C)三角法　(D)梯形法

197. 工作机械的电气控制线路包括(　　)。

(A)动力电路　(B)控制电路　(C)信号电路　(D)保护电路

198. 一般电动机可分为(　　)。

(A)直流电动机　(B)交流电动机　(C)单向电动机　(D)异步电动机

199. 下列与硅钢片相关的内容是(　　)。

(A)含碳极低的硅铁软磁合金

(B)使用较多的是热轧硅钢片

(C)主要用来制作变压器、电动机和发电机的铁芯

(D)含硅量为0.5%～4.5%

200. 与冷轧无取向硅钢片制造工艺流程相关的是(　　)。

(A)冷轧　(B)回火　(C)酸洗　(D)退火

四、判 断 题

1. 不论直流电机还是交流电机，主要由定子和转子两大部分组成。(　　)

2. 铁芯两端采用端板的目的是为了保护铁芯两端的冲片，在装压后消除向外扩张的现象。(　　)

3. 当电动机线圈中通过交流电流时，铁芯中将感应出涡流，使铁芯中损耗增大，引起铁芯发热。(　　)

4. 按剪切刃与冷轧钢带的轧制方向的相对位置，剪切方式可分为纵剪、90°横剪。(　　)

5. 冲裁冲片的冲剪刀应具有高硬度，高耐磨性，高强度，高韧性和高耐热性。(　　)

6. 定位棒一般所用材质为Cr12或T10、T8，经淬火处理，硬度达到58～62 HRC。(　　)

7. 定位棒是根据槽形按一定公差来制造，一般比冲片的槽形每边小0.12～0.14 mm。(　　)

8. 厚度较大的产品冲裁后形成大小端，落料件应测量小端，冲孔件应测量大端。(　　)

9. 冲裁变形可分为弹性变形阶段、塑性阶段、剪裂阶段。(　　)

10. 冲片槽或齿不正的偏差检查可用正反冲片相叠合起来，用眼睛观察，沿对径方向的一对槽或齿应做到上下两片基本对正。(　　)

11. 硅钢片按晶粒取向性分为取向硅钢片和无取向硅钢片。(　　)

12. 硅钢片性能的好坏可以用它在相同磁场强度作用下的磁通密度值和单位铁损来表征。(　　)

13. 冲片冲制毛刺大小的影响因素主要有冲模间隙、冲模刃口是否锐利及操作工水平。(　　)

14. 对于扇形片装配的中小型电机外圆与机座之间无间隙，只能以外圆为基准进行定子装配。(　　)

15. 铁芯在工况下产生涡流和磁滞损失，会增加电机发热，降低电机效率。(　　)

16. 转子铁芯采用剪片办法时,留下的部分应保留键槽和二分之一以上的轴孔,使能够定位,在离心力作用下不会飞出。( )

17. 铁芯片退火或烘焙后表面变色主要原因有钢片表面有油污、保护气体不纯和温度太低。( )

18. 铁芯片间压力不够,使铁芯质量及其密实度不够,会造成振动大、铁损耗大。( )

19. 铁芯压装的三个主要工艺参数是压力、铁芯长度和叠压系数。( )

20. 铁芯压装时,通常压力和质量二者之一在给定的范围之内。( )

21. 叠压系数是判断铁芯叠压质量的唯一指标。( )

22. 过长的铁芯在压装时应采用分段多次压装的装配方法。( )

23. 槽形尺寸的准确度主要靠定位棒来保证,靠通槽棒来检查。( )

24. 为了保证铁芯同心度,原则上以外圆为基准冲槽的铁芯以内圆为基准来装配,反之,如以内圆为基准冲槽,就应以外圆为基准来装配。( )

25. 铁芯长度不对时会影响磁密的大小,使励磁电流过小。( )

26. 铁芯扇张的影响因素有冲片毛刺、叠压配合及压圈、端板刚性不足等。( )

27. 铁芯扇张现象在电机运行中会发生噪声,损坏线圈和断齿等现象。( )

28. 我厂常用硅钢片为 50DW470 和 50DW360。50 代表硅钢片厚度为 0.5 mm。( )

29. 冲剪时要考虑到硅钢片有边厚中薄的现象,应避免使它有规则地反映到冲片中来。( )

30. 干式变压器型号 SCB10-1000 kV·A/10 kV/0.4 kV 中 B 的意思是箔式绕组。( )

31. 干式变压器型号 SCB10-1000 kV·A/10 kV/0.4 kV 中 0.4 kV 表示此变压器的一次额定电压。( )

32. 电力变压器型号 SFP-90000/220 中 F 表示此变压器为油浸风冷。( )

33. 电力变压器型号 SFP-90000/220 中 220 表示此变压器的容量。( )

34. 变压器铁芯叠片图就是反映铁芯中每层叠片的分布和排列方式的图。在叠片图中,规定了叠片的接缝结构、形状、尺寸和数量。( )

35. 由冲片构成铁芯的方式有叠装式、卷叠式和卷绕式等,其中叠装式铁芯应用最广。( )

36. 转子铁芯斜槽线应平直,无明显曲折,无锯齿波纹,其斜槽尺寸应符合产品图样规定,转子铁芯斜槽角度值允许偏差为±0.1°。( )

37. 将变压器的一次侧绕组接交流电源,二次侧绕组闭路,这种运行方式称为变压器的空载。( )

38. 铁芯叠压在工艺上应保证铁芯压装具有一定的紧密度、准确度和牢固性。( )

39. 铁芯压装的设备为液压机。小电机有专用的铁芯压装机,大电机一般为四柱液压机。( )

40. 液压机具有调整、手动、半自动三种工作方式,可实现定压、定程两种加工工艺。( )

41. 油压机液压系统中的压力取决于负载,执行元件的运动速度取决于液体流速。( )

42. 在使用扭矩设备前一定要正确了解力矩扳手的最大量程,选择扳手的条件最好以工

作值在被选用扳手的最大量程之内。（　）

43. 力矩扳手能用作安装紧固件时测量其安装力矩使用，也可以用于拆卸工具。（　）

44. 毛刺会引起铁芯的片间短路，增大铁耗和温升。（　）

45. 由于毛刺的存在，会使冲片数目减少，引起激磁电流减少和效率降低，还会引起齿部外胀。（　）

46. 当冲片有波纹，有锈，有油污、尘土等时，会使叠压系数升高。（　）

47. 扇形片铁芯压装时在铁芯圆周的槽中插 2～4 根定位棒来定位就可以保证尺寸精度和槽壁整齐。（　）

48. 铁芯压装后，通常用通槽棒来检查，通槽棒尺寸一般比槽形尺寸小 0.2 mm。（　）

49. 铁芯内外圆的准确度一方面取决于冲片的尺寸精度和同轴度，另一方面取决于铁芯压装的工艺和工装。（　）

50. 变压器铁芯被吊出暴露在空气中的时间规定为小于 48 h。（　）

51. 电力变压器的空载损耗是指变压器的铜耗。（　）

52. 外压装铁芯在机械振动、电磁和热力综合作用下，不应出现松动和变形。同时还要保证在运输中不致松动和变形。（　）

53. 在定子冲片外圆上冲有记号槽，其作用是保证叠压时按冲制方向叠片，使毛刺方向一致。（　）

54. 公称压力是指油压机名义上能产生的最大力量，在数值上等于工作液体压力和工作柱塞总工作面积的乘积。（　）

55. 硅钢片冲制时应根据模具及相应垫板的高度、工作行程大小以及放入坯料、取出工件所需空间大小等工艺因素来确定最大净空距的冲制设备。（　）

56. 油压机工作台尺寸是指工作台面的实际尺寸。（　）

57. 允许最大偏心距是指工件变形阻力接近公称压力时所能允许的最大偏心值。（　）

58. 作业前检查压力表压力指针偏转情况，如发现来回摆动或不动，应停车检查设备额定压力。（　）

59. 闭合高度是冲模设计和冲模在冲床上安装时都必须考虑的重要因素。（　）

60. 液压机动作失灵有可能是油箱注油不足，其排除方法是加油至油标位。（　）

61. 液压机保压时压力降得太快原因之一是主缸内密封圈损坏，其排除方法是更换密封圈。（　）

62. 硅钢片的厚度对冲模的结构有很大影响，通常，凸凹模刃口之间的间隙为硅钢片厚度的 20%。（　）

63. 铁芯片涂漆有喷涂法和滚涂法两种。前者通常用于整张片子的表面涂漆；后者用于喷涂硅钢片刃口，以防生锈。（　）

64. 铁芯冲片冲裁是在冲床上通过冲裁模实现的。根据所用冲裁模的不同，相应有单式冲裁、复式冲裁、多工序组合冲裁、级进式冲裁等。（　）

65. 从冲模方面来看，合理的间隙及冲模制造精度是保证冲片尺寸准确性的必要条件。（　）

66. 单冲时槽位不准的原因有分度盘分度不准、冲槽机的旋转机构不能正常工作和装冲片的定位心轴磨损和毛刺等。（　）

67. 合理套裁包括相同直径冲片的错位套裁、不同直径冲片的混合套裁和四角余料套裁等。( )

68. 浸漆处理包括预烘、浸漆及烘干三个主要工序。( )

69. 按照电机冲片形状的不同,可将铁芯分为整形冲片铁芯、扇形冲片铁芯和磁极铁芯三类。( )

70. 叠压后的铁芯的质量应符合图纸要求,并以此作为衡量铁芯叠压系数的方法之一。( )

71. 测量铁芯长度的位置通常选择在铁芯槽槽顶或铁芯外圆靠近扣片处。( )

72. 按照长短不同,磁极铁芯的紧固方式有铆接、螺杆紧固及焊接三种基本方法。( )

73. 磁极铁芯铆接方式主要用于铁芯长度在 500 mm 以上的磁极。( )

74. 叠压压力增大,铁芯密实度增加,铁芯损耗减小,但压力过大会破坏冲片的绝缘,使铁芯损耗反而增加。( )

75. 叠压压力过小,铁芯压不紧,使激磁电流减少和铁芯损耗增加,甚至在运行中会发生冲片松动。( )

76. 在保证铁芯长度的情况下,压力越大,压装的冲片数越多,铁芯越紧,质量越大。( )

77. 相邻层的扇形冲片要交叉叠装。叠装时,相邻层之间的接缝应错开。( )

78. 扇形冲片要交叉叠装的优点是既能增大铁芯的磁阻,又可提高铁芯的机械强度。( )

79. 叠装时,每一扇形冲片上的定位棒不应少于两根,以保持槽形的整齐。( )

80. 万用表测电阻时,每个电阻挡都要调零,如调零不能调到欧姆挡的零位,说明电源电压不足,应换电池。( )

81. 叠压系数是指在规定压力下,铁芯长度和净铁芯长度的比值。( )

82. 叠压力一定的情况下,如果冲片厚度不匀,冲裁质量差,毛刺大,则叠压系数降低。( )

83. 使用同样的冲片,如果压的不紧,片间压力不够,则叠压系数升高。( )

84. 对于封闭式电机,铁芯外圆不齐,定子铁芯外圆与机座的内圆接触不好,将影响热的传导,电机温升高。( )

85. 电机铁芯内圆不齐,如果不磨内圆,有可能产生定转子铁芯相擦;如果磨内圆,既增加工时又会使铁耗增大。( )

86. 电机铁芯材料的要求:具有较高的导磁性能及较低的铁芯损失,一定的机械强度,表面要求光洁平整,厚度公差小。( )

87. 较高的导磁性能可以减小励磁电和增大磁路截面,提高电机性能,使电机尺寸减小。( )

88. 冲片表面不允许有氧化皮、裂纹、锈斑、刮伤等缺陷存在。( )

89. 硅钢片漆用于覆盖硅钢片,以降低铁芯的涡流损耗,增强防锈和耐腐的能力。( )

90. 使用换向器对中规可以来检查铁芯槽形中心线与换向器槽形中心线的偏移量。( )

91. 凹模的类型按刃口形状分为平刃、三角刃和斜刃三种。( )

92. 安装冷冲模的程序是先把底座固定在冲床平台上，然后再安装上模座。（ ）

93. 钢丝绳在使用过程中严禁超负荷使用，不应受冲击力作用。（ ）

94. 铁芯整形通常运用去除材料的原理利用整形棒整理槽形。（ ）

95. 厚度较大的产品冲裁后形成大小端，落料件应测量小端。（ ）

96. 厚度较大的产品冲裁后形成大小端，冲孔件应测量大端。（ ）

97. 圆形冲片内外圆的椭圆度偏差，应在图纸上相应直径尺寸公差带的范围内。（ ）

98. 硅钢片是一种含碳极低的硅铁软磁合金，一般含硅量为0.5%～4.5%。（ ）

99. 公称压力是指油压机名义上能产生的最大压力，它反映了油压机的主要工作能力。（ ）

100. 定量压装就是在压装时，先按设计要求称好每台铁芯冲片的质量，然后加压，将铁芯压实。（ ）

101. 通过用一个木锤打击外部硅钢片的背铁部分，短路的硅钢片将振动并常常被分开。（ ）

102. 转子铁芯斜槽的目的是为了改善启动性能和降低噪声，转子斜槽度一般为0.8～1.2个槽距。（ ）

103. 当模具的闭合高度低于压力机最小装模闭合高度时，可在压力机的垫板上加垫块调整。（ ）

104. 压力机的最大闭合高度是指当压力机在最大行程及最小连杆长度时，由压力机工作台上平面到滑块的底平面之间的距离。（ ）

105. 主、磁极叠压装备根据铁芯装配方式有立式和卧式两种。（ ）

106. 冲片绝缘层主要用途是防止产生涡流的产生。（ ）

107. 冲床一次行程，板料在冲模内，经过一次定位同时完成两种或两种以上不同的工序，叫复合冲压工序。（ ）

108. 脉流牵引电动机铁芯包括电枢铁芯、转子铁芯、磁极铁芯和换向极铁芯。（ ）

109. 硅钢片是由硅钢锭轧制而成，含硅量在0.8%～4.8%之间，硅的含量对硅钢片的性能不起什么作用。（ ）

110. 硅钢50WD470中W表示无取向，470代表最大铁损。（ ）

111. 冲裁力是冲裁时板料阻止凹模向下运动的阻力，也就是阻止凸模切入板料的阻力。（ ）

112. 在槽形设计时应注意不宜设计有圆角，其会破坏磁畴分布，即破坏磁场分布，使铁耗增加。（ ）

113. 在保证铁芯长度符合要求的情况下，压力越大、压装的冲片越多、铁芯越紧密，绝缘性能越好。（ ）

114. 定子铁芯有内定位叠压工装和外定位工装两种，整张冲片一般采用外定位工装，扇形片一般采用内定位工装。（ ）

115. 铁芯叠压后须有一定的紧密度，才能防止由于机械振动和温升作用引起的松动，使铁芯始终保持一个规则的形状，而不致发生严重的滞胀现象。（ ）

116. 铁芯叠压准确度是指铁芯叠压后的几何尺寸精度和形位度，尤其是槽形的几何尺寸及其精度。（ ）

117. 发生轴摆现象应主要分析铁芯冲片的质量和叠压有关因素。( )

118. 解决轴摆的办法有发现轴摆后进行矫正和事前控制两种,经矫正的转子会产生内应力,经运行振动后可能会重新出现轴摆现象。( )

119. 叠压设备及工装的状态也是影响轴摆数值的重要因素,特别压力机上下压板的平行度应达到 0.02 mm/m,工装的压板强度应满足要求。( )

120. 交流牵引电动机定子铁芯,采用退火处理等方法消除机械应力和应变,恢复材料原有的磁性,对提高效率、减少机械损耗和发热不起什么作用。( )

121. 标注线性尺寸时尺寸线无须与所标注的线段平行。( )

122. 尺寸标注时应尽量符合加工顺序。( )

123. 装配中所有的零部件都必须编写序号。( )

124. 使用千分尺测量时,测量力的大小完全凭经验控制。( )

125. 一个物体可有 6 个基本投影方向。( )

126. 主视图为自后方投影所得到的图形。( )

127. 画局部视图,要在局部视图上方标出视图名称“x 向”,在相应的视图附近用箭头指明投影方向,并注上同样的字母。( )

128. 机件倾斜部分只能倾斜投影画出。( )

129. 画在视图轮廓之内的剖面图称为剖面。( )

130. 线性尺寸的数字一般应注写在尺寸线的上方。( )

131. 角度的数字可以写成水平或垂直两个方向。( )

132. 尺寸界限应与尺寸垂直,必要时才允许倾斜。( )

133. 图样中所标注的尺寸为该图样所示机件的最后完工尺寸,否则应另说明。( )

134. 装配图中的所有零、部件都必须编写序号。( )

135. 同一装配图中编注序号的形式可以不一致。( )

136. 允许尺寸的变动量称为尺寸的极限尺寸。( )

137. 基本尺寸相同,相互结合的孔和轴公差带之间的关系称为公差。( )

138. 具有间隙(包括最小间隙等于零)的配合叫过渡配合。( )

139. 允许间隙和过盈的配合量称为配合公差。( )

140. 构成零件几何特征的点、线、面称为基准。( )

141. 金属材料在冲击载荷作用下而不被破坏的性能称为强度。( )

142. 6CrW3Mo2VNb 是一种高韧性冷作模具钢属于基体钢类型。( )

143. 曲柄压力机都采用圆盘摩擦式离合器。( )

144. 设备的辅助装备主要包括润滑系统、气动系统、液压系统、过载保护系统及其他专用机床设施。( )

145. 部分电路欧姆定律公式为 $R=U/I$。( )

146. 36 V 电压常用于机床灯。( )

147. 为用户服务的观点是全面质量管理的四大观点之一。( )

148. QC 小组活动是全面质量管理的四大支柱之一。( )

149. 从事技术工种的劳动者,上岗前必须经过培训。( )

150. 装配图只对一般零件进行编写序号。( )

151. 装配图上只需表明表示机器或部件规格、性能以及装配、检验安装所必须的尺寸。(　　)

152. 当剖视图部分图形面积较大时,可以只沿轮廓的周边画出剖面符号。(　　)

153. 装配图中也可用涂色代替剖面符号。(　　)

154. 不可见的螺纹的所有图线用虚线绘制。(　　)

155. 非标注的螺纹,应画出螺纹的牙型,并注出所需尺寸及有关要求。(　　)

156. 铸件的壁厚变化对金属的机械性能均有要求。(　　)

157. 各道工序的名称、性质、质量要求、工艺参数及主要工序所必要的半成品或成品草图,是工艺规程的主要内容之一。(　　)

158. 排出不同排样方案以成本最低为原则确定排样方法及下料形式,并算出材料的消耗量是工艺规程的主要任务之一。(　　)

159. 冲压加工虽然是一种较先进的加工方法,但对不同零件并非是最经济的方法。(　　)

160. 冲裁间隙不均匀,不会出现毛刺。(　　)

161. 碳素工具钢的淬火温度高,淬火变形大。(　　)

162. 热继电器部分属于控制电路。(　　)

163. 绘制电器控制线路时,动力电路和控制信号电路不分开。(　　)

164. 含碳量 0.7%的碳钢,以及合金钢,经过适当的球化处理,也可以得到良好的精冲效果。(　　)

165. 飞轮转动时的跳动量是压力机精度指标之一。(　　)

166. 压力机的最大装模高度应大于冲模的最大闭合高度。(　　)

167. 在外力的作用下,金属材料抵抗变形和破坏的能力称为金属材料的塑性。(　　)

168. 螺纹千分尺只能测量低精度的螺纹。(　　)

169. 杠杆百分表可使测量头回转 180°。(　　)

170. 不能使用杠杆百分表调整机床与工件的同轴度。(　　)

171. 水平仪的气泡随着温度的升高而变长,随着温度的降低而变短。(　　)

172. 万能角度尺可以测量小于 40°的角。(　　)

173. 基轴制轴的公差带位于零线之上。(　　)

174. 在生产过程中公差带的数量过多,既不利于标准化应用,也不利于生产,因此对所选用的公差与配合做了必要的限制。(　　)

175. 公差等级的选用由国标规定。(　　)

176. 在图样上,标准粗糙度值 $Ra12.5$ 要比 $Ra6.3$ 的表面质量高。(　　)

177. 提高表面结构可以提高其疲劳强度。(　　)

178. 表面结构是用去除材料方法获得,包括剪切加工。(　　)

179. 水平仪可以检查直线度。(　　)

180. 用百分表检查平面度。(　　)

181. 用千分尺测量工件时,测量力完全凭经验控制;读数时要特别留心不要读错 0.5 mm。(　　)

182. 千分尺固定后可当卡规用,测量工件通止;游标卡尺受到损坏后,应立即拆开修后方

可使用。(　　)

183. 常用水平仪检验构件表面的水平度:若气泡居中,说明该构件表面处于水平位置;气泡偏左,说明左边低;气泡偏右,说明右边低。(　　)

184. 磁粉探伤常用于铁磁性表面缺陷检验。(　　)

185. 变压器——利用电磁感应原理,从一个电路向另一个电路传递电能或传输信号的一种电器是电能传递或作为信号传输的重要元件。(　　)

186. 物体上凡是相互平行的直线,在轴测图中不一定平行。(　　)

187. 物体上凡是与坐标轴平行的直线,在轴测图中,也必定与相对应的轴测轴平行。(　　)

188. 螺纹的六要素包括牙型、公称直径、线数 n、螺距 P 和导程 P_h、旋向。(　　)

189. 配合代号由孔和轴的公差带号组成,写成分数形式,分子为孔的公差带代号,分母为轴的公差带代号。通常分子中含 h 的为基孔制配合,通常分母中含 H 为基轴制配合。(　　)

190. ϕ25H6/h6 优先选用基轴制的原则。(　　)

191. ϕ25N7/h6 的含义指该配合的基本尺寸为 ϕ25、基轴制配合,基准轴的公差带为 h6(基本偏差为 h,公差带等级为 6 级),孔的公差带为 N7。(　　)

192. 专用量具不能测量出实际尺寸,只能测量零件和产品的形状及尺寸是否合格。(　　)

193. 变压器的主要作用是变压、变电流、传送功率。(　　)

194. 带传动属于啮合传动,齿轮齿廓为特定曲线,瞬时传动比恒定,且传动平稳、可靠。(　　)

195. 硅钢片是一种含碳极低的硅铁软磁合金,一般含硅量为 3.5%~4.5%。加入硅可提高铁的电阻率和最大磁导率,降低矫顽力、铁芯损耗和磁时效。(　　)

196. 气压传动系统中空气过滤器起润滑作用,油雾器可以提高气缸的使用寿命,调压阀起到调节压力和稳压的作用。(　　)

197. 低碳钢强度低、硬度低,塑性好、焊接性好。(　　)

198. 硅钢片铁损越高,牌号越高,质量也高。(　　)

199. 变压器之匝数比,一般可作为变压器升压或降压的参考指标。(　　)

200. 冷轧取向薄硅钢带是将 0.30 mm 或 0.35 mm 厚的取向硅钢带,再经酸洗、冷轧和退火制成。(　　)

五、简 答 题

1. 简述铁芯叠压的任务。
2. 简述粘接端板对电机性能的影响。
3. 简述热套的优点。
4. 简述液压机的最小闭合高度的定义。
5. 简述选用力矩扳手紧固螺栓的基本原则。
6. 简述换向器的作用。
7. 铁芯修理的方法主要有哪些?
8. 铁芯的绝缘分为哪几种?

9. 影响冷冲模寿命的因素有哪几种?
10. 冷冲模的工作零件有哪些?
11. 简述硅钢片漆的特点。
12. 简述电机铁芯片较高的磁导性能对电机性能的影响。
13. 简述电机铁芯片材料的基本要求。
14. 简述缺边的定子冲片掺用太多对电机性能的影响。
15. 简述定子铁芯长度大于允许值对电机性能的影响。
16. 简述铁芯叠压系数的定义。
17. 简述扇形冲片要交叉叠装的优点。
18. 简述铁芯压装的基本要求。
19. 永磁材料的主要技术参数有哪两项?
20. 最常用的永磁材料有哪两种?
21. 浸漆处理包括哪三个主要工序?
22. 简述减小毛刺的基本措施。
23. 铁芯冲片冲裁模有哪几类?
24. 冲片表面上的绝缘层基本要求是什么?
25. 简述级进模的定义。
26. 简述铁芯质量不足对电机的影响。
27. 铁芯内外圆的准确度取决于哪两个方面?
28. 简述铁芯片产生毛刺的几个方面。
29. 简述液压传动装置的组成。
30. 设备保养四会指的是什么?
31. 铁芯叠压在工艺上应保证的准确度包括哪些?
32. 转子铁芯斜槽的基本要求是什么?
33. 电机定子铁芯产生的铁芯损耗包括哪两种?
34. 根据冲片叠压连接与固定方式不同,可分为哪几种?
35. 简述三相异步电动机定子的组成。
36. 由冲片构成铁芯的方式有哪几种?
37. 简述电力变压器型号 SFP-90000/220 的 S、F、P 的含义。
38. 简述铁芯扇张对电机的影响。
39. 简述铁芯长度不对时对电机的影响。
40. 简述保证铁芯叠装同心度的基本原则。
41. 简述冲片轭部残缺高度的规定。
42. 简述铁芯片间压力过大对电机的影响。
43. 简述电机铁芯涡流损耗的定义。
44. 铁芯片退火或烘焙后表面变色主要原因有哪些?
45. 硅钢片性能的好坏通过哪些指标来表征?
46. 冲片槽或齿不正的偏差检查的一般方法有哪些?
47. 圆形冲片内圆与外圆的偏摆要求是什么?

48. 冲裁变形可分为哪几个阶段?
49. 定位棒、通槽棒一般所用材质有哪几种?
50. 降低冲裁力的方法有哪三种方法?
51. 好的冲模要具备哪些特性?
52. 铁芯叠压的要求主要有哪几方面?
53. 简述外压装铁芯结构的特点。
54. 简述壳式变压器铁芯的特点。
55. 简述铁芯中涡流损耗与硅钢片厚度的关系。
56. 转子铁芯叠压按装配方式分哪两类?
57. 列举影响产品质量的主要因素。
58. 电机工作时铁芯要受到哪几个方面的作用?
59. 铸铝转子的质量与哪些因素有关?
60. 说明定子铁芯铆压压装吨位计算公式 $P=TS/9810$ 中字母的含义。
61. 简述转子斜槽的目的。
62. 简述硅钢片太薄的缺点。
63. 简述硅钢片含硅量高的缺点。
64. 简述无取向冷轧硅钢片的特点。
65. 简述软磁材料的种类。
66. 什么叫软磁材料?
67. 在电机中磁场的形成有哪两种基本形式?
68. 绝缘材料的耐温性能分为哪几个等级?
69. 简述铸铝转子铁芯裂纹对电机的影响。
70. 简述硅钢片厚薄不均对铁芯的影响。

六、综 合 题

1. 简述冲压事故发生的原因。
2. 铁芯叠压的设备、工装、工位器具详细周到主要表现哪些方面?
3. 简述转子的轴摆的控制方法。
4. 简述铁芯质量要求。
5. 简述主、磁极叠压装备的分类。
6. 磁极铁芯叠压的铆装压力如何计算?
7. 剪切件及冲裁件的省料原则是什么?
8. 影响冲片质量的主要因素有哪些?
9. 简述铁芯冲片的质量要求。
10. 简述电机冲片对模具的要求。
11. 简述铁芯采用端板的目的及端板的结构形式。
12. 分析交流异步牵引电动机定转子之间的工作气隙在转子冲片冲制时冲制的优点。
13. 简述牵引电机冲片的特点。
14. 简述压力机的装模闭合高度与模具的闭合高度的关系。

15. 合理冲裁间隙的断面特征是什么?
16. 简述力矩扳手使用的基本注意事项。
17. 简述电力变压器型号 SFP-90000/220 的含义。
18. 变压器铁芯叠片图通常应包含哪些叠片信息?
19. 转子铁芯影响平衡量的因素有哪些?
20. 动平衡的校正原理是什么?
21. 转子铁芯不平衡对电机性能的影响有哪些?
22. 提高定子铁芯质量的措施有哪些?
23. 简述定子铁芯不齐对电机性能的影响。
24. 简述定子铁芯有效长度增大对电机性能的影响。
25. 简述铁芯压装的质量问题及对电机性能的影响。
26. 外压装的工艺装备通常有哪些?
27. 简述铁芯内外圆的准确度的保证措施。
28. 简述保证铁芯准确度的工艺措施。
29. 简述保证铁芯紧密度的工艺措施。
30. 简述定子铁芯压装的技术要求。
31. 冲裁时怎样预防毛刺的产生?
32. 简述单冲槽时槽位不准的原因。
33. 简述铁芯对冲片的技术要求。
34. 简述铁磁物质的分类和作用。
35. 电机制造用绝缘薄膜有何意义?

铁芯叠装工(高级工)答案

一、填 空 题

1. 轴向径向混合通风　2. 定子铁芯　3. 转子铁芯　4. 磁通
5. 绝缘　6. 外压装　7. 对假轴装　8. 启动特性
9. 薄　10. 矩形　11. 分级圆柱　12. 搭接
13. 外圆　14. 内圆　15. 斜刃　16. 0.02～0.04 mm
17. 光亮带　18. 直径尺寸　19. 某一角度　20. 0.03 mm
21. 偶数　22. 接触面积　23. 涡流　24. 定压
25. 定量　26. 7～10 kg/cm^2　27. 铁芯净铁长　28. 1～1.5 MPa
29. 定子内圆　30. 7%　31. 松散　32. 涂绝缘漆绝缘
33. 小　34. 直流　35. 扇形　36. 压装
37. 激磁电流　38. 磁滞损耗　39. 电阻率　40. 三梁四柱
41. 扩张　42. 动力元件　43. 缩小　44. 叠压系数
45. 0.20 mm　46. 铁芯结构　47. 磁通密度幅值　48. 叠压
49. 增高　50. 上表面　51. 最大距离　52. 受力中心
53. 电气图　54. 密封件　55. 拧松　56. 两个
57. 两副　58. 间隙　59. 不小于　60. 冲模
61. 不整齐　62. 塞尺　63. 刃口　64. 铁氧体永磁材料
65. 剩磁强度　66. 不大于　67. 0.20 mm　68. 扭矩检查
69. 控制质量　70. 控制压力　71. 质量　72. 内圆
73. 小于　74. 半槽　75. 3 mm　76. 增大
77. 增大　78. 增大　79. 1%　80. 交叉叠放
81. 0.5∶100　82. 材料成分　83. 材料薄厚　84. 小
85. 合为一体　86. 热套　87. 电枢绕组　88. 电磁
89. 电枢绕组　90. 电枢铁芯　91. 工艺类　92. 冲模安装
93. 叠片组与结构件间　94. 机械能　95. 冲击　96. 斜槽
97. 顶丝　98. 顺利通过　99. 纵剪　100. 叠装
101. 敲击　102. 研磨　103. 绝缘　104. 0.5 mm
105. 车削　106. 绝缘　107. 电枢绕组　108. 键槽
109. 整形棒　110. 差异　111. 发动机　112. 不平行度
113. 凸模　114. 轧制　115. 存油　116. 减少或消除
117. 0.8～1.2　118. 敲击　119. 第三响　120. 火花
121. 剥开分离　122. 冲槽　123. 间隙　124. 不大于

125. 附着力强	126. 片间	127. 下线	128. 复式冲裁
129. Y	130. 减少	131. 实际	132. 内部
133. 组合剖	134. 上	135. 结构形状	136. 对称平面
137. 数字	138. 螺纹牙型	139. 粗实线	140. 直齿
141. 图样右上角统一标注		142. 轴线的同轴度	143. 大
144. 调质处理	145. 表面的抗腐蚀能力	146. 内应力	147. $es-IT=-0.060$
148. 降低	149. 薄	150. 退火	151. 1 mm
152. 0.35 mm	153. 终结	154. 球直径	155. 高度
156. 第一象限	157. 直径	158. 平行投影	159. 三面投影
160. 实长	161. 垂直线	162. 由前向后	163. 对称
164. 剖视方法	165. M24-6g-LH	166. 圆柱销	167. 形状
168. 02	169. *Ra*	170. 低	171. 不锈钢
172. 表面	173. 定位误差	174. 冷却速度	175. 冷作硬化
176. 互换性好	177. 模具	178. 变形与开裂	179. 硬度高
180. 液体	181. 润滑性	182. 密封容积变化	183. 轴向
184. 压力控制回路	185. 小	186. 水平	187. 间接
188. 数码管	189. 凹槽	190. 比较	191. 便宜
192. 静	193. 比值	194. 毛刺	195. 偏差
196. 碳素结构	197. 灰口	198. 可锻	199. 作用原理
200. 高一些			

二、单项选择题

1. B	2. D	3. D	4. D	5. D	6. B	7. B	8. A	9. A
10. C	11. B	12. A	13. C	14. B	15. C	16. D	17. D	18. B
19. B	20. B	21. B	22. B	23. B	24. C	25. A	26. B	27. B
28. C	29. B	30. B	31. B	32. B	33. B	34. B	35. B	36. B
37. A	38. C	39. C	40. B	41. B	42. B	43. B	44. B	45. B
46. B	47. B	48. C	49. B	50. C	51. B	52. A	53. B	54. A
55. D	56. A	57. B	58. A	59. D	60. A	61. B	62. C	63. B
64. B	65. B	66. C	67. D	68. D	69. C	70. B	71. B	72. B
73. A	74. B	75. C	76. B	77. A	78. A	79. C	80. D	81. B
82. B	83. A	84. A	85. B	86. A	87. B	88. A	89. A	90. A
91. D	92. B	93. C	94. B	95. B	96. B	97. C	98. D	99. B
100. A	101. B	102. A	103. C	104. B	105. B	106. C	107. C	108. C
109. A	110. B	111. D	112. B	113. B	114. B	115. C	116. C	117. C
118. A	119. A	120. B	121. B	122. A	123. B	124. A	125. D	126. C
127. A	128. A	129. A	130. A	131. B	132. C	133. D	134. A	135. B
136. C	137. C	138. C	139. B	140. B	141. A	142. B	143. D	144. B
145. B	146. D	147. C	148. B	149. C	150. A	151. A	152. C	153. B

154. D 155. B 156. A 157. C 158. D 159. B 160. C 161. A 162. A
163. A 164. A 165. B 166. A 167. A 168. B 169. D 170. A 171. B
172. B 173. B 174. D 175. B 176. A 177. A 178. B 179. D 180. C
181. B 182. B 183. C 184. B 185. B 186. C 187. A 188. C 189. B
190. A 191. C 192. B 193. C 194. B 195. D 196. D 197. A 198. C
199. B 200. D

三、多项选择题

1. ACD 2. ACD 3. BC 4. BC 5. BCD 6. ABC 7. AB
8. BCD 9. BCD 10. AB 11. BC 12. ABCD 13. ABCD 14. ABD
15. ABC 16. AB 17. AC 18. BC 19. BC 20. ABCD 21. ABC
22. ABC 23. AC 24. ABCD 25. ABD 26. BC 27. ABCD 28. ABC
29. ABCD 30. ABCD 31. ABCD 32. ABCD 33. AB 34. AB 35. BC
36. ABC 37. ABCD 38. ABCD 39. ABC 40. AB 41. ABCD 42. BC
43. ABC 44. ABC 45. ABCD 46. ABD 47. ABCD 48. ABD 49. BD
50. AC 51. BC 52. ABCD 53. ABC 54. ABCD 55. BC 56. ABC
57. BCD 58. ABC 59. ACD 60. ABC 61. AC 62. ABCD 63. AC
64. ABC 65. ABC 66. ABC 67. ABCD 68. AC 69. BC 70. AD
71. AD 72. AB 73. ABC 74. BC 75. AD 76. BCD 77. ABC
78. BC 79. AD 80. ABD 81. BD 82. ABCD 83. ABC 84. ABC
85. ABC 86. ABD 87. BD 88. ABCD 89. ABCD 90. ABD 91. BD
92. AC 93. ABCD 94. ABCD 95. ABD 96. ABC 97. ABCD 98. BD
99. BCD 100. AB 101. ABC 102. ABC 103. ABCD 104. ABC 105. ABD
106. ABD 107. ABCD 108. ABC 109. ABCD 110. ABC 111. ABC 112. ABC
113. ACD 114. ABC 115. AB 116. ABCD 117. ABC 118. ABCD 119. AB
120. ABC 121. ABCD 122. AC 123. ABC 124. ABCD 125. AB 126. ABC
127. ABC 128. ABCD 129. AB 130. ABC 131. ABCD 132. ABC 133. ABC
134. AB 135. ABC 136. ABCD 137. AB 138. ABCD 139. ABCD 140. ABCD
141. AB 142. AB 143. ABD 144. ABD 145. ABC 146. ABCD 147. ABC
148. ABC 149. AB 150. ABC 151. ABC 152. AD 153. AC 154. ABC
155. ABCD 156. ABCD 157. ABC 158. AB 159. ABCD 160. ABC 161. ABCD
162. AC 163. ABCD 164. BC 165. ABC 166. BD 167. ABCD 168. ABC
169. ABC 170. ACD 171. ABC 172. ABCD 173. AB 174. AB 175. ABC
176. AC 177. ABD 178. ABCD 179. ABCD 180. ABCD 181. AC 182. ABD
183. AC 184. ABCD 185. AB 186. ABCD 187. AD 188. ABCD 189. AB
190. ABC 191. ABC 192. ABCD 193. ABD 194. ABC 195. ABCD 196. ABCD
197. ABCD 198. AB 199. ACD 200. ACD

四、判 断 题

1. √　2. ×　3. √　4. ×　5. √　6. √　7. ×　8. ×　9. √
10. √　11. √　12. √　13. ×　14. ×　15. √　16. √　17. ×　18. √
19. ×　20. ×　21. ×　22. √　23. √　24. ×　25. ×　26. √　27. √
28. √　29. ×　30. √　31. ×　32. √　33. ×　34. √　35. √　36. ×
37. ×　38. √　39. √　40. √　41. ×　42. ×　43. ×　44. √　45. ×
46. ×　47. ×　48. √　49. √　50. ×　51. ×　52. √　53. √　54. √
55. √　56. ×　57. √　58. √　59. √　60. √　61. √　62. ×　63. ×
64. √　65. √　66. √　67. √　68. √　69. √　70. √　71. ×　72. √
73. ×　74. √　75. ×　76. √　77. √　78. ×　79. √　80. √　81. ×
82. √　83. ×　84. √　85. √　86. √　87. ×　88. √　89. √　90. √
91. ×　92. ×　93. √　94. ×　95. ×　96. ×　97. √　98. √　99. √
100. ×　101. √　102. √　103. √　104. ×　105. √　106. √　107. √　108. √
109. ×　110. √　111. ×　112. ×　113. ×　114. ×　115. √　116. √　117. √
118. √　119. √　120. ×　121. ×　122. √　123. ×　124. ×　125. √　126. ×
127. √　128. ×　129. ×　130. √　131. ×　132. √　133. ×　134. √　135. ×
136. ×　137. ×　138. ×　139. √　140. √　141. ×　142. √　143. ×　144. √
145. √　146. √　147. √　148. √　149. √　150. ×　151. √　152. √　153. ×
154. √　155. √　156. √　157. √　158. √　159. √　160. ×　161. √　162. ×
163. ×　164. √　165. √　166. √　167. ×　168. √　169. √　170. ×　171. ×
172. ×　173. ×　174. √　175. ×　176. ×　177. √　178. √　179. √　180. √
181. ×　182. ×　183. ×　184. √　185. √　186. ×　187. √　188. √　189. ×
190. ×　191. √　192. √　193. √　194. ×　195. ×　196. ×　197. √　198. ×
199. √　200. √

五、简 答 题

1. 答:将一定数量的冲片理齐、压紧、压装成为一个整体(2.5 分),使之能满足电磁和机械方面的要求(2.5 分)。

2. 答:减小电机铁芯长度(2 分),降低涡流损耗(1.5 分),提高电机功率(1.5 分)。

3. 答:套装后配合牢固(2.5 分),不会产生回弹和松动(2.5 分)。

4. 答:指当压力机在最大行程及最大连杆长度时(2.5 分),由压力机工作台上平面到滑块的底平面之间的距离(2.5 分)。

5. 答:扳手的最大扭矩值不得小于所紧螺栓的需求值(5 分)。

6. 答:将电枢绕组中感应的交变电势经电刷变为直流电势(2.5 分),或把由电刷引入的外部直流电压变为交流电压,加到电枢绕组上(2.5 分)。

7. 答:敲击(2 分)、剥片(2 分)、研磨等(1 分)。

8. 答:片间绝缘(2.5 分)和叠片与结构件间的绝缘(2.5 分)。

9. 答:冲床质量(1.5 分)、冲模安装质量(1.5 分)、冲制中的保养和合理的修磨(2 分)。

10. 答:凸模(1.5 分)、凹模(1.5 分)、凸凹模(1 分)、刃口镶块等(1 分)。

11. 答:涂层薄(0.5 分)、附着力强(0.5 分)、坚硬(0.5 分)、光滑(0.5 分)、厚度均匀(0.5 分),并具有良好的耐油性耐潮性和电气性能(2.5 分)。

12. 答:减小励磁电流和磁路截面(5 分)。

13. 答:具有较高的导磁性能(1 分),具有较低的铁芯损失(1 分),磁性陈老现象小(1 分),一定的机械强度(1 分),表面要求光洁平整,厚度公差小(1 分)。

14. 答:定子轭部的磁通密度增大(5 分)。

15. 答:激磁电流增大(1.5 分),定子铜耗增大(1.5 分),使漏抗系数增大(2 分)。

16. 答:在规定压力下,净铁芯长度和铁芯长度的比值(2.5 分),或者等于铁芯净重和相当于铁芯长度的同体积的硅钢片质量的比值(2.5 分)。

17. 答:既能减小铁芯的磁阻(1.5 分),又可提高铁芯的机械强度(1.5 分)和叠装效率(2 分)。

18. 答:规定尺寸下,以质量为主控制尺寸(1 分),而压力允许在一定范围内变动(1.5 分)。如压力超过允许范围,可适当增减冲片数(1 分),这样既能保证质量,又能保证铁芯紧密度(1.5 分)。

19. 答:剩磁强度和矫顽力(5 分)。

20. 答:铁氧体永磁材料(2.5 分)和稀土永磁材料(2.5 分)。

21. 答:预烘(1.5 分)、浸漆(1.5 分)及烘干(2 分)。

22. 答:在冲模制造时,严格控制凸凹模的间隙,保证冲裁时有均匀的间隙(2.5 分);冲裁过程中,要保持冲模工作正常,经常检查毛刺的大小(2.5 分)。

23. 答:单式冲裁(1.5 分)、复式冲裁(1.5 分)、多工序组合冲裁(1 分)、级进式冲裁等(1 分)。

24. 答:绝缘层应薄而均匀(1.5 分),有良好的介电强度(1.5 分)、耐油(1 分)和防潮性能(1 分)。

25. 答:是按照一定的距离把两副以上的复冲模或单冲模组装起来(1.5 分),在每次冲程下,各闭合刃口同时冲裁(1.5 分),在连续冲程下,能使工件逐级经过模具的各工位进行冲裁的冲模(2 分)。

26. 答:使磁感应强度增高(1.5 分),导致铁耗增加(1.5 分),效率降低(2 分)。

27. 答:一方面取决于冲片的尺寸精度和同轴度(2.5 分),另一方面取决于铁芯压装的工艺和工装(2.5 分)。

28. 答:冲模间隙过大(1.5 分)、冲模安装不正确(1.5 分)或冲模刃口磨钝(2 分)。

29. 答:动力元件(1.5 分)、执行元件(1.5 分)、控制元件(1 分)和辅助元件四部分(1 分)。

30. 答:会使用(1.5 分)、会保养(1.5 分)、会检查(1 分)、会排除故障(1 分)。

31. 答:槽形准确度(1.5 分)、铁芯端面的平行度(1 分)、铁芯长度的准确度(1.5 分)、内外圆和转子槽的同心度(1 分)。

32. 答:槽线应平直(1 分),无明显曲折(1 分),无锯齿波纹(1 分),其斜槽尺寸应符合产品图样规定(1 分),转子铁芯斜槽值允许偏差为±1.0 mm(1 分)。

33. 答:磁滞损耗(2.5 分)和涡流损耗(2.5 分)。

34. 答:压装(1 分)、铆接(1 分)、焊接(1 分)、粘接(1 分)、自动扣铆(1 分)。

35. 答:机座(1 分)、定子铁芯(1 分)、定子绕组(1 分)、端盖(1 分)、接线盒等(1 分)。

36. 答:叠装式(2 分)、卷叠式(1.5 分)和卷绕式(1.5 分)。

37. 答:S 表示此变压器为三相变压器(2 分),F 表示此变压器为油浸风冷(1.5 分),P 表示强迫油循环(1.5 分)。

38. 答:在运行中振动力作用下,会发生噪声(2 分),损坏线圈(1.5 分)和定位筋(1.5 分)。

39. 答:影响磁密的大小(2.5 分),使励磁电流过大(2.5 分)。

40. 答:以外圆为基准冲槽的铁芯也要以外圆为基准来装配(2.5 分),反之,如以内圆为基准冲槽,就应以内圆为基准来装配(2.5 分)。

41. 答:不允许超过其磁轭高度的 7%(3 分),缺失质量不得超过净重的 2%(2 分)。

42. 答:会损伤绝缘导致铁损耗增大(2.5 分),铁芯发热(2.5 分)。

43. 答:铁芯中的磁场发生变化时,在其中会产生感生电流(1 分),成为涡流(1 分),它引起的损耗称为涡流损耗(3 分)。

44. 答:钢片表面有油污(1.5 分)、保护气体不纯(1.5 分)和温度太高(2 分)。

45. 答:用它在相同磁场强度作用下的磁通密度值(2.5 分)和单位铁损来表征(2.5 分)。

46. 答:用正反冲片相叠合起来,用眼睛观察(1.5 分),沿对径方向的一对槽或齿应做到上下两片基本对正(1.5 分),检查时要多看几个方向(2 分)。

47. 答:其内圆与外圆的偏摆(2.5 分),应在外圆直径尺寸公差带内(2.5 分)。

48. 答:弹性变形阶段(1.5 分)、塑性阶段(1.5 分)、剪裂阶段(2 分)。

49. 答:Cr12(2 分)、T10(1.5 分)或 T8(1.5 分)。

50. 答:一般采用斜刃冲裁冲裁(1.5 分)、阶梯凸模冲裁(1.5 分)、加热冲裁三种方法(2 分)。

51. 答:有足够的强度和韧性(2.5 分),较高的硬度和耐磨性(2.5 分)。

52. 答:铁芯的绝缘(1 分)、铁芯叠压的紧密度(2 分)、铁芯叠压的准确度(2 分)。

53. 答:以冲片的内圆定位(2 分),利用叠压用心胎(2 分),将单张或数张冲片,以一定的记号孔定位后叠压而成(1 分)。

54. 答:一般是水平放置的(1 分),铁芯截面为矩形(1 分),每柱有两旁轭(1.5 分),铁芯包围了绕组(1.5 分)。

55. 答:硅钢片愈薄(2.5 分),涡流损耗愈小(2.5 分)。

56. 答:对轴装(2.5 分)和对假轴装(2.5 分)。

57. 答:人(1 分)、机(1 分)、料(1 分)、法(1 分)、环(1 分)。

58. 答:机械振动(1.5 分)、温度(1 分)、电场(1.5 分)、磁通(1 分)。

59. 答:(1)铝锭的质量(1 分);(2)铝锭熔化(1 分);(3)铝水的清化(1 分);(4)铸铝转子铁芯的预处理(1 分);(5)合理的注射系统(0.5 分);(6)操作工的素质(0.5 分)。

60. 答:P 表示油压机的吨位(2 分),T 表示压装时的压力(1.5 分);S 表示冲片的净面积(1.5 分)。

61. 答:改善启动性能(2.5 分)和降低噪声(2.5 分)。

62. 答:硅钢片越薄,铁芯损耗越小(1 分),但冲片的机械强度减弱(1 分),铁芯制造工时增加(1 分),叠压后由于冲片绝缘厚度所占比例增加(1 分),因而使磁路的有效截面积减少(1 分)。

63. 答:硅钢片含硅量越高,电阻系数越大(1分),但使材料变脆(1分),硬度增加(1分),给冲裁和剪切常带来困难(1分),含硅量很大时,则无法进行轧制加工(1分)。

64. 答:材料内部的晶格取向不一致(2分),顺轧制方向或垂直方向交变磁化时,其导磁性能差不多(2分),是适合于制作中小型电机铁芯的良好材料(1分)。

65. 答:硅钢片(1分)、电工纯铁(1分)、铁镍合金(1分)、铁铝合金(1分)、软磁铁氧体等(1分)。

66. 答:用含碳量低的或某些特种合金钢制成(1分),这些材料在螺线管内形成电磁铁(1分),当螺线管通电时,这些材料被磁化产生磁性(1分),当螺线管失电时,这些材料磁性消失,磁性能是交变的(2分)。

67. 答:永久磁铁形成的恒定磁场(2.5分)和电磁铁形成的非交变或交变的磁场(2.5分)。

68. 答:Y(0.5分)、A(0.5分)、E(0.5分)、B(0.5分)、F(1分)、H(1分)、C(1分)。

69. 答:使转子电阻增大(1.5分),效率降低(1.5分),温升变高(1.5分),转差率大(0.5分)。

70. 答:(1)转子铁芯易造成端跳超差(2.5分)。

(2)定子铁芯易造成松紧不一(2.5分)。

六、综 合 题

1. 答:(1)冲压安全管理工作(如安全技术培训教育、安全装置的合理使用、管理及文明生产等工作)不善(3分)。

(2)工作现场劳动条件不符合要求(如照明不合适、工作环境噪声超过规定标准等)(3分)。

(3)无安全技术措施或安全技术措施不够完善(如压力机上未配备可靠的安全装置等)(3分)。

为了减少和防止冲压事故的发生必须作好冲压安全管理工作、环境保护工作及安全技术工作(1分)。

2. 答:(1)每个工序内都有很多工装(1.5分)、工位器具(1.5分)、吊具放置在最方便的地方(1.5分)。如铁芯叠压区,所有叠压工装存放于工装架上,就置于叠压底座旁,各种吊具有不同的吊具架,放在不同工序内(0.5分)。

(2)所有操作位旁边都有一个可移动的多层工具车(2分),上面存放或悬挂着与该工序操作有关的所有工具、检测器具、工艺用辅助材料、小型工装等(2分)。这样可避免工人在操作时手忙脚乱,需要什么工具随手拿来,节省了反复找工具、材料的时间(1分)。

3. 答:发生轴摆现象主要应分析铁芯冲片的质量(2.5分)和叠压有关因素(2.5分)。解决办法有发现轴摆后进行矫正(1.5分)和事前控制两种(1.5分),经矫正的转子会产生内应力,经运行振动后可能会重新出现轴摆现象(1.5分)。所以应该采取事前控制,注意板料厚度的偏差和冲片质量(1.5分)。下冲片条料时,在冲制第一道工序时,可采取一次转动180°,以补偿板料厚度的偏差(1.5分)。叠压设备及工装的状态也是影响轴摆数值的重要因素(1.5分),特别压力机上下压板的平行度应达到0.02 mm/m;工装的压板强度应满足要求(1分)。

4. 答:(1)铁芯叠压紧密(1.5分):铁芯叠压后须有一定的紧密度,才能防止由于机械振动和温升作用引起的松动(0.5分),使铁芯始终保持一个规则的形状,而不致发生严重的滞胀现象(0.5分)。

(2)铁芯冲片的净重(1.5分):一般采用固定铁芯质量的方法,来达到铁芯装压质量的要求(0.5分)。

(3)铁芯叠压准确度是指铁芯叠压后的几何尺寸精度(0.5分)和形位度(0.5分),尤其槽形的几何尺寸及其精度准确性(1分)。

(4)电枢铁芯轴摆符合要求(1.5分):转子的轴摆是必控项点,发生轴摆现象主要应分析铁芯冲片的质量和叠压有关因素(0.5分)。

(5)铁芯槽内无铁屑(0.5分)、无毛刺(0.5分)、无油污等异物(0.5分)。

5. 答:主、磁极叠压装备根据铁芯装配方式有立式和卧式(2分)。主、磁极铁芯铆接式一般采用立式(2分),对主磁极铁芯焊接接式或螺杆紧固式一般采用卧式转子铁芯叠压装备(2分)。根据铁芯的要求有热套叠压装备(包括叠片工装、热套底座、换向器对中工装)(1.5分)和冷压叠压装备(包括后支架压轴工装、铁芯叠压工装、压换向器工装)(1.5分)及铁芯校轴和矫轴工装等(1分)。

6. 答:$P = P_1 \cdot A_1 + P_2 \cdot A_2$(6分)

式中　P_1——单位面积压力,一般取100 kg/cm^2(1分);

P_2——张开铆杆头所需要的压力(1分),一般取4 000 kg/cm^2;

A_1——冲片净面积,单位cm^2(1分);

A_2——铆杆总面积=0.785 $d^2 n$(cm^2)(1分),d表示铆杆直径(cm),n表示铆杆根数。

铆装压力一般可选在1.5 MPa。

7. 答:通常通过零件研制与模具设计的密切合作可以大大降低材料的浪费(2分)。工件应设计的尽可能小,根据形状应选择能在条料上并靠紧排列或交错排列(2分)。当然如工件形状左右相配,则可以使材料得到最充分的利用,即条料上没有废料(3分)。无废料冲裁的缺点是工件不只是一侧有毛刺,而且冲裁模也比较复杂(3分)。

8. 答:(1)冲片的正确设计。冲片的设计要考虑到工艺性和运行的可靠性(1.5分),这是保证冲片、铁芯、电机质量的基础(1.5分)。

(2)冲模的正确设计、制造、维修质量(1.5分),特别是冲模的设计要考虑到冲片尺寸的变化和冲片的变形(1.5分)。模具尺寸合格并不代表冲片尺寸合格,所谓模具合格,应该是冲片尺寸合格(1分)。

(3)冲床的精度(1.5分)。

(4)原材料质量(1.5分)。

9. 答:铁芯是由许多冲片叠压起来的,要保证铁芯有准确的几何形状以满足电机嵌线及组装的要求,同时要求磁路均匀(1.5分)。

(1)冲片的外径、内径、槽形尺寸及对称度、轴孔等应符合图纸要求(1.5分)。特别是在槽形设计时应注意不宜设计有尖角(0.5分)。

(2)冲片毛刺要均匀(1.5分)。毛刺大,铁芯压不紧、铁耗增加,空载电流增大,温升增加损伤绕组绝缘影响寿命,也影响平衡精度(0.5分)。

(3)冲片平整不变形(1.5分)。

(4)冲片厚度均匀,并在冲制时可将放料依次转动180°或90°。对于高要求的电机也可依次转动60°(1.5分)。

(5)分批、分模摆放(1.5 分)。

10. 答:(1)能冲出合乎技术要求的工件,电机冲片属薄板冲件不定因素多,但电机冲片又是磁路的主要部分,影响电机性能的稳定性(1.5 分)。因此在模具设计中要把不定因素考虑到,不能简单地照搬模具设计公式和结构,要确立只有冲件合格才能算模具合格(1 分)。

(2)有合乎需要的生产率(2 分)。

(3)模具制造维修方便(1.5 分)。

(4)模具具有足够的寿命(2 分)。

(5)模具易于安装调整,且操作方便、安全(2 分)。

11. 答:铁芯两端采用端板的目的是为了保护铁芯两端的冲片,在压装后减少向外张的现象(1 分)。由于电机的大小不同,而采用的铁芯端板的结构形式也不同(1 分)。端板主要有三种形式:

(1)用厚度为 3~5 mm 的钢板(1.5 分):冲片的形状及尺寸与电机基本相同,但齿部略大于铁芯尺寸,其特点是强度高,但须制造专用模具(1 分)。

(2)用厚度为 0.5~1 mm 的电工钢板(1.5 分):冲片的形状及尺寸与电机相同,利用冲片模具冲制,并将 3~8 片点焊,齿部压弯成型,其特点是冲裁力较小、强度较低(1 分)。

(3)用电机本身冲片粘接(1.5 分):利用专用胶粘剂将一定数量的冲片粘接在一起,此种端板可减小电机铁芯长度,降低涡流损耗,提高电机功率(1.5 分)。

12. 答:交流异步牵引电动机转子冲片的生产和新产品试制采用复冲轴孔、外圆和通风孔(2 分),单冲冲片槽形(2 分)。由于交流异步牵引电动机在高次谐波作用下,转子加工会使电机的铁损急剧增加(3 分),所以交流异步牵引电动机定、转子之间的工作气隙是在转子冲片冲制时冲制出的(3 分)。

13. 答:(1)在振动条件下工作,如果铁芯片间压力不够,会造成振动大,又加上在振动下工作,这就要求必须压紧(0.5 分)。尽管影响因素较多,如硅钢片厚薄不匀(0.5 分)、毛刺大小也不稳定(0.5 分)、冲片内外径尺寸不标准(0.5 分)、槽形整齐度不稳定等(0.5 分)。但铁芯压不紧,在运行中会由于铁芯凸片而使线圈接地,造成机破(1 分)。

(2)牵引电机冲片在冲制中模具不允许采用不利于冲片绝缘的手段,如油润滑等(2 分)。

(3)牵引电机冲片采用冷轧硅钢片,表面已有一层绝缘薄膜,不能再有去毛刺工序(2 分)。

(4)牵引电动机在并联下工作,即几台牵引电动机并联运行,要求电机特性一致,那电机磁路就应有较小的公差(2.5 分)。

14. 答:$(H_{max}-H_1)-5 \geqslant H_m \geqslant (H_{min}-H_1)+10$(6 分)

式中 H_{max}——压力机的最大闭合高度,mm(1 分);

H_{min}——压力机的最小闭合高度,mm(1 分);

H_1——压力机垫板厚度,mm(1 分);

H_m——模具的闭合高度,mm(1 分)。

15. 答:合理的冲裁间隙会使凸模与凹模的刃口产生的两个裂纹连成一条线(2 分),靠近凹模的工作下部是一条带有小圆角的光亮带(2 分),靠近凸模的工作上部略呈锥形(1.5 分),表面粗糙(1.5 分),断面没有裂纹与裂口(1.5 分),毛刺正常,质量良好(1.5 分)。

16. 答:(1)在使用力矩扳手前一定要正确了解力矩扳手的最大量程,不能乱用,选择扳手的条件最好以工作值在被选用扳手的量限值 20%~80%之间为宜(3 分)。

(2)力矩扳手只能用作安装紧固件时测量其安装力矩使用，绝不能用于拆卸工具(2分)。不能敲打、磕碰或作他用(2分)。

(3)使用是应尽量轻拿轻放，不许任意拆卸与调整(3分)。

17. 答：S表示此变压器为三相变压器(2分)，F表示此变压器为油浸风冷(2分)，P表示强迫油循环(2分)，90000表示此变压器的容量(2分)，220表示此变压器的电压等级(2分)。

18. 答：变压器铁芯叠片图就是反映铁芯中每层叠片的分布(2分)和排列方式的图(2分)。在叠片图中，规定了叠片的接缝结构(2分)、叠片的形状(2分)、尺寸(1分)和数量(1分)。

19. 答：(1)转子本身结构上的不对称(1分)，如键槽等，所以在小电机的转子冲片上加上了平衡槽(0.5分)。

(2)铸铝浇铸质量不好(1分)，如缩孔、气孔、未浇满、飞边清除不干净等(0.5分)。

(3)转子叠压质量不好(1分)，如因冲片毛刺大，造成叠压产生歪斜(0.5分)。

(4)铜条转子焊接引起的变形、不均匀(1分)。

(5)下线转子浸烘方法不当，造成绝缘漆分布不均匀(1分)。

(6)其他配件的不平衡量过大或安装有松动现象(1分)。如转子压圈、换向器、甩油盘、平衡环、铁风叶、飞轮等(0.5分)。

(7)动平衡的参数输入不正确(1分)。

(8)转子的轴线不水平，轴肩与滚轮相擦等(1分)。

20. 答：通过调整转子的质量分布(2分)，使重心与旋转轴线重合(1.5分)，或使重心与旋转轴线之间的偏心距 e 足够小(1.5分)，以保证电机运行时的振动振幅不超过规定值(2分)。校动平衡的方法很多，现在的电机厂都是用动平衡机法(1.5分)，即在一台专用动平衡机上校动平衡(1.5分)。

21. 答：电机转子不平衡所产生的振动对电机的危害很大：

(1)消耗能量，使电机效率降低(2分)。

(2)直接伤害电机轴承，加速其磨损，缩短使用寿命(2分)。

(3)影响安装基础和与电机配套设备的运转，使某些零件松动或疲劳损伤，造成事故(2分)。

(4)直流电枢的不平衡引起的振动会使换向器产生火花(2分)。

(5)产生机械噪声(2分)。

22. 答：需采取以下措施：提高冲模制造精度(2分)；单冲时严格控制大小齿的产生(2分)；实现单机自动化，使冲片顺序顺向叠放，顺序顺向压装(2分)；保证定子铁芯压装时所用的胎具，槽样棒等工艺装备应有的精度(2分)；加强在冲剪与压装过程中各道工序的质量检查(2分)。

23. 答：(1)外圆不齐(1分)：对于封闭式电机，定子铁芯外圆与机座的内圆接触不好，影响热的传导，电机温升高(1.5分)。

(2)内圆不齐(1分)：如果不磨内圆，有可能产生定转子铁芯相擦；如果磨内圆，既增加工时又会使铁耗增大(1.5分)。

(3)槽壁不齐(1分)：如果不锉槽，下线困难，而且容易破坏槽绝缘；如果锉槽，铁损耗增大(1.5分)。

(4)槽口不齐(1 分):如果不锉槽口,则下线困难;如果锉槽口,则定子卡式系数增大,空气隙有效长度增加,使激磁电流增大,旋转铁耗增大(1.5 分)。

24. 答:定子铁芯有效长度增大,相当于气隙有效长度增大(1 分),使空气隙磁势增大(1.5 分),激磁电流增大(1.5 分),同时使定子电流增大(1.5 分),定子铜耗增大(1.5 分)。此外,铁芯的有效长度增大,使漏抗系数增大(1.5 分),电机的漏抗增大(1.5 分)。

25. 答:(1)定子铁芯长度大于允许值(1 分),相当于气隙有效长度增大,使空气隙磁势增大(1 分)。

(2)定子铁芯齿部弹开大于允许值(1 分),这主要是因为定子冲片毛刺过大所致,使激磁电流增大(1 分)。

(3)定子铁芯质量不够,它使定子铁芯净长减小(1 分),定子齿和定子轭的截面减小,磁通密度增大(1 分)。

(4)缺边的定子冲片掺用太多(1 分),它使定子轭部的磁通密度增大。缺边的定子冲片可以适当掺用,但不宜超过 1%(1 分)。

(5)定子铁芯不齐(2 分)。

26. 答:外压装的工艺(1 分):以冲片内圆为基准面(1 分),把冲片叠装在胀胎上,压装时,先加压使胀胎胀开,将铁芯内圆胀紧(1 分),然后再加压铁芯,铁芯压好后,以扣片扣住压板,将铁芯紧固(1 分)。

外压装的工装(1 分):外压装的主要及典型工装是胀胎(1 分),胀胎要求有胀紧自锁力,耐磨、垂直度较好,胀紧力均匀(1 分)。

外压装的设备为液压机(1 分)。小电机有专用的铁芯压装机(1 分),大电机一般为四柱液压机(1 分)。

27. 答:一方面取决于冲片的尺寸精度和同轴度(2 分);另一方面取决于铁芯压装的工艺和工装(2 分)。

采用合理的压装基准(1.5 分),即压装时的基准必须与冲片的基准一致(1.5 分)。即当冲片以外圆定位冲制时,压装的定位基准也应是冲片的外圆(1.5 分);当冲片以内圆定位冲制时,压装的定位基准应是冲片的内圆(1.5 分)。

28. 答:(1)槽形尺寸的准确度主要靠定位棒来保证(2 分)。压装时在铁芯的槽中插 2~4 根槽样棒来定位,以保证尺寸精度和槽壁整齐(0.5 分)。定位棒根据槽形按一定的公差制造(0.5 分)。铁芯压装后,用通槽棒来检查,通槽棒尺寸一般比槽形尺寸小 0.20 mm(0.5 分)。

(2)铁芯内外圆的准确度(2 分)。一方面取决于冲片的尺寸精度和同轴度(0.5 分),另一方面取决于铁芯压装的工艺和工装(0.5 分)。采用合理的压装基准,即压装时的基准必须与冲片的基准一致(0.5 分)。

(3)铁芯长度及两端面的平行度(3 分)。

29. 答:铁芯压装有三个工艺参数:压力、铁芯长度和铁芯质量(2.5 分)。在保证铁芯长度的情况下,压力越大,压装的冲片数越多,铁芯越紧,质量越大(1.5 分)。因而电机工作时铁芯中磁通密度低,激磁电流小,铁芯损耗小,电动机的功率因数和效率高,温升低(1.5 分)。但压力过大会破坏冲片的绝缘,使铁芯损耗反而增加,所以压力过大是不适宜的(1.5 分)。压力过小,铁芯压不紧,使激磁电流和铁芯损耗增加(1.5 分),甚至在运行中会发生冲片松动(1.5 分)。

30. 答:(1)质量符合图纸要求(1 分)。

(2)应保证铁芯长度,在外圆靠近扣片处或槽底处测量(1.5 分)。

(3)尽可能减少齿部弹开,齿部弹开量应符合图纸要求(1.5 分)。

(4)槽形应光洁整齐,槽形尺寸应符合图纸要求(1.5 分)。

(5)铁芯内外圆要求光洁、整齐;冲片外圆的记号槽要对齐(1.5 分)。

(6)扣片不得高于铁芯外圆(1 分)。

(7)在搬运及生产过程中应紧固可靠,并能承受可能发生的撞击,在电机运行条件下也应紧固可靠(1 分)。

归纳以上要求,在工艺上应保证定子铁芯压装具有一定的紧密度、准确度(即尺寸精度、光洁度)和牢固性(1 分)。

31. 答:冲模间隙过大(1.5 分)、冲模安装不正确(1.5 分)或冲模刃口磨钝,都会使冲片产生毛刺(1.5 分)。要减小毛刺,就必须在模具制造时严格控制冲头与凹模间的间隙(2 分);在冲模安装时要保证各边间隙均匀(2 分);在冲制时还要保证冲模的正常工作,经常检查毛刺的大小,及时修磨刃口(1.5 分)。

32. 答:(1)分度盘不准(2 分):盘上各齿的位置和尺寸因磨损而不一致,这样冲片上的槽距就不一样,出现大小齿距现象(0.5 分)。

(2)冲槽机的旋转机构不能正常工作(2 分):例如间隙、润滑、摩擦等情况的变化,都会引起旋转角度大小的变化,影响冲片槽位置的均匀性(0.5 分)。

(3)装冲片的定位心轴磨损(2 分):尺寸变小,将引起槽位置的径向偏移。使叠压铁芯时槽形不整齐,对转子冲片还会引起机械上的不平衡(0.5 分)。

(4)心轴上键的磨损也会引起槽位的偏移(2 分):键的磨损使键和冲片键槽间的间隙增大,导致槽位的偏移。偏移量随着冲片直径的增大而相应增大(0.5 分)。

33. 答:(1)电磁性能方面要求(1 分)。现有软磁铁芯材料沿轧制方向的磁导率比垂直方向大,因此铁芯的叠压应考虑其方向性(1 分),如果采用级进模下料冲制,其冲制方向与冲片的导磁方式已经确定(1 分)。其次应考虑材料在外力(冲裁、碰撞、冲击等)作用后,将改变晶格的排列方向,使电磁性能改变(1 分)。冲压、叠装、切削加工产生的冷作硬化现象主要分布在距剪切轮廓的边缘 0.5～3 mm 范围内,易使磁性能恶化(1 分)。在交变的磁场中工作的铁芯会产生涡流现象,使铁损增加,并产生不希望的附加力矩(1 分)。

(2)机械方面的要求(1 分)。合理选用铁芯材料,表面质量良好,平整光滑,厚薄均匀(1 分),冲片的断面整齐,毛刺要小(1 分)。过大的毛刺在叠装后容易形成片间短路,使铁损增加,叠压系数下降(1 分)。

34. 答:(1)硬磁材料(2 分):用含碳量高的或某些特种合金钢制成,这些材料一旦被磁化以后,其磁性能很难消失,适合做永久磁铁(永磁或直流电机)(1 分)。

(2)软磁材料(2 分):用含碳量低的或某些特种合金钢制成,这些材料在螺线管内,就形成电磁铁(1 分)。当螺线管通电时,这些材料就被磁化,产生磁性(1 分);当螺线管失电时,则这些材料磁性消失。磁性能是可以交变的(1 分),适合做电动机、变压器的铁芯(1 分)。软磁材料种类有硅钢片、电工纯铁、铁镍合金、铁铝合金、软磁铁氧体等(1 分)。

35. 答:(1)绝缘寿命提高(1 分):绝缘寿命可提高 150%(1 分)。另外,由于它热稳定性高，能经受短时过热，因而大大提高了电机的过载能力(1 分)。

(2)绝缘等级提高可从 A 级提高到 E 级，单纯聚酯薄膜可以达到 B 级(1 分)。

(3)电机小型化、轻量化(1 分)：使用聚酯薄膜等后，大大减少了绝缘厚度，提高效率 1.2～1.3 倍，对减小电机尺寸很有利(1 分)，据此节约 10%的铜线、25%的硅钢片和其他材料(1 分)。

(4)简化电机制造过程(1 分)：因为绝缘层数少，同时使用复合聚酯薄膜等，嵌线时省工时约 20%(1 分)；加外绝缘处理简化，也可节省制造工时，对工作环境较恶劣的航空电机和湿热用电机制造更有意义(1 分)。

铁芯叠装工(初级工)技能操作考核框架

一、框架说明

1. 依据《国家职业标准》[注],以及中国中车确定的"岗位个性服从于职业共性"的原则,提出铁芯叠装工(初级工)技能操作考核框架(以下简称:技能考核框架)。

2. 本职业等级技能操作考核评分采用百分制。即:满分为 100 分,60 分为及格,低于 60 分为不及格。

3. 实施"技能考核框架"时,考核制件(活动)命题可以选用本企业的加工件(活动项目),也可以结合实际另外组织命题。

4. 实施"技能考核框架"时,考核的时间和场地条件等应依据《国家职业标准》,并结合企业实际确定。

5. 实施"技能考核框架"时,其"职业功能"的分类按以下要求确定:

(1)"加工与装配"属于本职业等级技能操作的核心职业活动,其"项目代码"为"E"。

(2)"工艺准备"、"检测工作"、"设备的维护与保养"属于本职业等级技能操作的辅助性活动,其"项目代码"分别为"D"和"F"。

6. 实施"技能考核框架"时,其"鉴定项目"和"选考数量"按以下要求确定:

(1)按照《国家职业标准》有关技能操作鉴定比重的要求,本职业等级技能操作考核制件的"鉴定项目"应按"D"+"E"+"F"组合,其考核配分比例相应为:"D"占 25 分,"E"占 50 分,"F"占 25 分(其中:检测工作 15 分,设备维护与保养 10 分)。

(2)依据中国中车确定的"核心职业活动选取 2/3,并向上取整"的规定,在"E"类鉴定项目——"加工与装配"的全部 3 项中,至少选取 2 项。

(3)依据中国中车确定的"其余'鉴定项目'的数量可以任选"的规定,"D"和"F"类鉴定项目——"工艺准备"、"检测工作"、"设备的维护与保养"中,至少分别选取 1 项。

(4)依据中国中车确定的"确定'选考数量'时,所涉及'鉴定要素'的数量占比,应不低于对应'鉴定项目'范围内'鉴定要素'总数的 60%,并向上取整"的规定,考核制件的鉴定要素"选考数量"应按以下要求确定:

①在"D"类"鉴定项目"中,在已选定的至少 1 个鉴定项目中,至少选取已选鉴定项目所对应的全部鉴定要素的 60%项,并向上保留整数。

②在"E"类"鉴定项目"中,在已选定的至少 2 个鉴定项目所包含的全部鉴定要素中,至少选取总数的 60%项,并向上保留整数。

③在"F"类"鉴定项目"中,对应"检测工作"的 7 个鉴定要素,至少选取 5 项;对应"设备的维护与保养"的 4 个鉴定要素,至少选取 3 项。

举例分析:

按照上述"第 6 条"要求,若命题时按最少数量选取,即:在"D"类鉴定项目中选取了"叠装工艺”1 项,在“E”类鉴定项目中选取了“叠片铁芯”、“ 压装铁芯”2 项,在“F”类鉴定项目中分别选取了“铁芯整形、检测”和“设备维护与保养”2 项,则:

此考核制件所涉及的“鉴定项目”总数为 5 项,具体包括:“叠装工艺”、“叠片铁芯”、“压装铁芯”、“铁芯整形、检测”、“设备维护与保养”;

此考核制件所涉及的鉴定要素“选考数量”相应为 17 项,具体包括:“叠装工艺”鉴定项目包含的全部 2 个鉴定要素中的 2 项,“叠片铁芯”、“压装铁芯”2 个鉴定项目包括的全部 11 个鉴定要素中的 7 项,“铁芯整形、检测”鉴定项目包含的全部 7 个鉴定要素中的 5 项,“设备的维护与保养”鉴定项目包含的全部 4 个鉴定要素中的 3 项。

7. 本职业等级技能操作需要两人及以上共同作业的,可由鉴定组织机构根据“必要、辅助”的原则,结合实际情况确定协助人员的数量。在整个操作过程中,协助人员只能起必要、简单的辅助作用。否则,每违反一次,至少扣减应考者的技能考核总成绩 10 分,直至取消其考试资格。

8. 实施“技能考核框架”时,应同时对应考者在质量、安全、工艺纪律、文明生产等方面行为进行考核。对于在技能操作考核过程中出现的违章作业现象,每违反一项(次)至少扣减技能考核总成绩 10 分,直至取消其考试资格。

注:按照中国中车规定,各《职业技能操作考核框架》的编制依据现行的《国家职业标准》或现行的《行业职业标准》或现行的《中国中车职业标准》的顺序执行。

二、铁芯叠装工(初级工)技能操作鉴定要素细目表

<table>
<tr><th rowspan="2">职业功能</th><th colspan="4">鉴定项目</th><th colspan="3">鉴定要素</th></tr>
<tr><th>项目代码</th><th>名　称</th><th>鉴定比重(%)</th><th>选考方式</th><th>要素代码</th><th>名　称</th><th>重要程度</th></tr>
<tr><td rowspan="5">工艺准备</td><td rowspan="5">D</td><td rowspan="3">读图识图</td><td rowspan="5">25</td><td rowspan="5">任选</td><td>001</td><td>能读懂冲片、转轴等主要零件工作图</td><td>Y</td></tr>
<tr><td>002</td><td>能读懂铁芯装配图</td><td>Y</td></tr>
<tr><td>003</td><td>了解所有配件及其装配位置关系</td><td>Y</td></tr>
<tr><td rowspan="2">叠装工艺</td><td>001</td><td>能读懂简单的定、转子铁芯叠压工艺文件,了解装配方法以及工艺流程</td><td>X</td></tr>
<tr><td>002</td><td>领取所需工装、工具、量具,并清洁</td><td>X</td></tr>
<tr><td rowspan="10">加工与装配</td><td rowspan="10">E</td><td rowspan="3">加工铁芯片</td><td rowspan="10">50</td><td rowspan="10">至少选2项</td><td>001</td><td>能够进行简单冲裁模具的安装与调试</td><td>X</td></tr>
<tr><td>002</td><td>能够按照要求进行转料</td><td>X</td></tr>
<tr><td>003</td><td>能够进行铁芯片简单质量检查</td><td>X</td></tr>
<tr><td rowspan="7">叠片铁芯</td><td>001</td><td>按照图纸要求领取配件,使用前对合格标识(合格证、PC 表)进行确认</td><td>X</td></tr>
<tr><td>002</td><td>能对配件表面进行目测检查与清洁</td><td>Y</td></tr>
<tr><td>003</td><td>能够判断主要配件安装的方向性</td><td>X</td></tr>
<tr><td>004</td><td>能够对主要装配尺寸进行过程检查</td><td>X</td></tr>
<tr><td>005</td><td>能够正确使用一般定位工装</td><td>X</td></tr>
<tr><td>006</td><td>能对一般不符合的配件进行简单处置</td><td>Y</td></tr>
<tr><td>007</td><td>在通槽检查后正确进行一般整形处置</td><td>X</td></tr>
</table>

续上表

职业功能	鉴定项目				鉴定要素		
	项目代码	名称	鉴定比重(%)	选考方式	要素代码	名称	重要程度
加工与装配	E	压装铁芯	50	至少选2项	001	铁芯预压、加压、保压过程操作正确，压力参数设置符合工艺要求	X
					002	能正确装配铁芯端板、压板	X
					003	十字测量铁芯长度方法正确，能够进行简单的铁芯长度调整	X
					004	能正确紧固拉杆、正确安装环键或锁紧螺母，操作顺序正确	X
检测工作	F	铁芯整形、检测	25	必选	001	能够正确整理槽形，去除凸片、槽口毛刺、进行通槽检查	X
					002	能够根据图纸及工艺文件要求选用合适的量具，正确使用量具	X
					003	能够检测铁芯长度、长度差(不等高)，十字检测方法正确	X
					004	能够对产品质量进行一般性判断	X
					005	能够对铁芯进行清洁与防护	X
					006	交验记录填写	X
					007	工位器具归整	Y
设备的维护与保养		设备维护与保养			001	能够正确维护、保养自用设备	Y
					002	能够及时发现运行故障	Y
					003	能够使用叠压设备，熟悉操作，能正确设置相关参数，并填写记录	Y
					004	能正确使用工具、量具、测量仪器仪表	Y

注：重要程度中X表示核心要素，Y表示一般要素，Z表示辅助要素。下同。

中国中车
CRRC

铁芯叠装工(初级工)
技能操作考核样题与分析

职 业 名 称：________________________

考 核 等 级：________________________

存 档 编 号：________________________

考核站名称：________________________

鉴定责任人：________________________

命题责任人：________________________

主管负责人：________________________

中国中车股份有限公司劳动工资部制

职业技能鉴定技能操作考核制件图示或内容

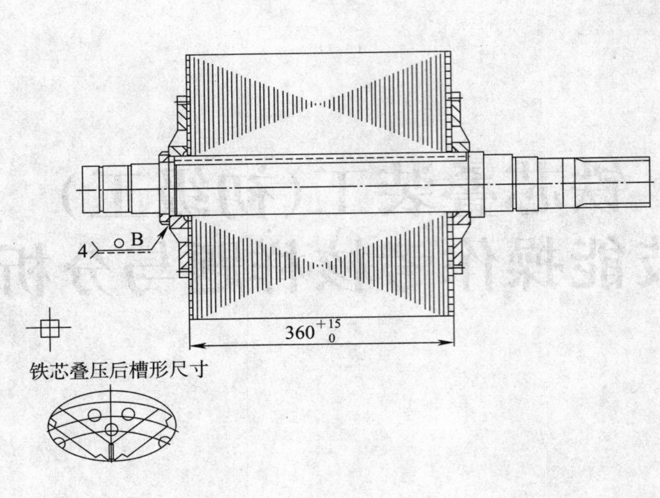

职业名称	铁芯叠装工
考核等级	初级工
试题名称	YJ257A 转子铁芯
材质等信息：无	

职业技能鉴定技能操作考核准备单

职业名称	铁芯叠装工
考核等级	初级工
试题名称	YJ257A 转子铁芯

一、材料准备

1. 配件:转子冲片、转子端板、转子前压圈、转子后压圈、转轴、圆螺母、铁芯键。
2. 辅料:平纹白布、0 号砂布、7447B 百洁布及焊接用辅料。

二、主要设备、工、量、卡具准备清单

序号	名　称	规　格	数　量	备　注
1	油压机		1	
2	烘箱(或感应加热器)		1	
3	交流弧焊机		1	
4	游标卡尺	500 mm	1	
5	2 m 卷尺	2 m 卷尺	1	
6	角尺	500 mm×315 mm	1	
7	ST052 双脚吊具	2 m×2 t	1	
8	环形尼龙绳	ϕ25 mm×8 m	1	
9	吊环螺钉	M8、M12	各 2	
10	叠压底座	946・5316770507・01000	1	
11	长定位棒	946・5316770507・02000	4	
12	通槽棒	946・5316770507・04000	1	
13	轴头吊具	946・5316770464・07000	1	
14	叠片压板	946・5316770507・05000	1	
15	短定位棒	946・5316770507・02000	8	
16	装螺母压板	946・5316770507・06000	1	

三、考场准备

1. 相应的公用设备,设备与器具的润滑与冷却等。
2. 相应的场地及安全防范措施。
3. 其他准备。

四、考核内容及要求

1. 考核内容(按考核制件图示及要求制作)
2. 考核时限:4 h
3. 考核评分(表)

职业名称	铁芯叠装工		考核等级	初级工	
试题名称	YJ257A 转子铁芯		考核时限	4 h	
鉴定项目	考核内容	配分	评分标准	扣分说明	得分
读图识图	读懂铁芯装配图	10	认真读懂装配图，了解装配需要的零部件，掌握技术要求内容，不符合要求扣 3 分/项		
装配工艺	读懂叠压工艺文件	15	掌握装配方法以及工艺流程，不符合要求扣 3 分/项		
	按照要求领取所需工装、工具、量具等		领全所需工装、工具、量具并清洁，不符合要求扣 3 分/项		
叠片铁芯	配件确认	30	按标识进行配件确认，不符合要求扣 2 分/个		
	对配件表面进行目测检查与清洁		装配前目测检查配件表面，做必要的清洁，不符合要求扣 2 分/项		
	对主要装配尺寸进行过程检查		随机进行槽形、铁长、记号槽、通风孔检查，不符合要求扣 2 分/个		
	能够正确使用定位工装		定位棒使用与调整达到装配要求，不符合要求扣 2 分/项		
	能对一般不符合的配件进行简单处置		对凸片、有涂层锈蚀、缺角、断齿、弯曲、非工艺性变形冲片的处置，不符合要求扣 2 分/项		
	在通槽检查后正确进行一般整形处置		通槽检查后对不齐度超差的实施整形，不符合要求扣 2 分/项		
压装铁芯	铁芯预压、加压、保压过程操作正确，压力参数设置符合工艺要求	20	预压、加压、保压过程及参数设置，不符合要求的扣 2 分/项		
	能正确装配铁芯端板、压板		转子端板、转子前压圈装配顺序、方向正确，不符合要求的扣 2 分/项		
	铁芯长度测量方法正确，能够进行简单的铁芯长度调整		保压状态下在圆周方向上每 90°测量一点，按照测量尺寸增减冲片，不符合要求扣 2 分/项		
	能正确紧固拉杆、正确安装环键或锁紧螺母，操作顺序正确		对称、均匀紧固拉杆，安装环键或锁紧螺母方法正确，未按规定操作的扣 2 分/项		
铁芯整形检测	能够正确整理槽形，通槽检查	15	整理槽形，修理凸片、去除槽口毛刺、进行通槽检查，未执行的扣 1 分/项		
	能够根据图纸及工艺文件要求选用合适的量具，正确使用量具		选用工艺规定的量具，量具使用方法正确，未按规定操作的扣 1 分/项		
	能够检测铁芯长度、长度差（不等高），检测方法正确		在圆周方向上十字测量四点，从四点计算出不等高，不符合要求扣 2 分/项		
	能够对产品质量进行一般性判断		从外观、齿松、齿胀等进行一般性质量判定，未按规定操作的扣 1 分/项		
	能够对铁芯进行清洁与防护		对铁芯进行表面清洁，对转轴进行防护，未按规定操作的扣 1 分/项		
	交验记录填写		填写质量记录，不符合要求扣 2 分/项		
	工位器具归整		对于使用过的工装、工具、工位器具归整，未按规定操作的扣 2 分/项		

续上表

鉴定项目	考核内容	配分	评分标准	扣分说明	得分
设备维护与保养	能够正确使用和维护、保养自用设备	10	设备干净、工具未出现问题,不符合要求扣2分/项		
	能正确使用工具、量具、测量仪器仪表,并能进行维护、保养		工具、量具正确摆放,在有效期限内,不符合要求扣1分/项		
质量、安全、工艺纪律、文明生产等综合考核项目	考核时限	不限	每超时10分钟,扣5分		
	工艺纪律	不限	依据企业有关工艺纪律管理规定执行,每违反一次扣10分		
	劳动保护	不限	依据企业有关劳动保护管理规定执行,每违反一次扣10分		
	文明生产	不限	依据企业有关文明生产管理规定执行,每违反一次扣10分		
	安全生产	不限	依据企业有关安全生产管理规定执行,每违反一次扣10分,有重大安全事故,取消成绩		

职业技能鉴定技能考核制件(内容)分析

职业名称	铁芯叠装工				
考核等级	初级工				
试题名称	YJ257A 转子铁芯				
职业标准依据	《国家职业标准》				
试题中鉴定项目及鉴定要素的分析与确定					
分析事项 \ 鉴定项目分类	基本技能“D”	专业技能“E”	相关技能“F”	合计	数量与占比说明
鉴定项目总数	2	3	2	7	核心职业活动占比大于2/3
选取的鉴定项目数量	2	2	2	6	
选取的鉴定项目数量占比(%)	100	66.7	100	86	
对应选取鉴定项目所包含的鉴定要素总数	5	11	11	27	鉴定要素数量占比大于60%
选取的鉴定要素数量	3	10	10	23	
选取的鉴定要素数量占比(%)	60	91	91	85	

所选取鉴定项目及相应鉴定要素分解与说明

鉴定项目类别	鉴定项目名称	国家职业标准规定比重(%)	《框架》中鉴定要素名称	本命题中具体鉴定要素分解	配分	评分标准	考核难点说明
“D”	读图识图	25	读懂铁芯装配图	铁芯主结构图	10	确定各零配件,不符合要求扣3分/项	
				明细表各配件内容			
				技术要求			
	叠装工艺		能读懂转子铁芯叠压工艺文件,了解装配方法以及工艺流程	读懂工艺文件	10	制定装配方法与顺序,不符合要求扣3分/项	
				各零部件装配方法			
				装配流程			
			能正确领取所需工装、工具、量具,并清洁	能正确领取所需工装、工具、量具,并清洁	5		
“E”	叠片铁芯	50	按照图纸要求领取配件,使用前对合格标识(合格证、PC表)进行确认	按标识进行配件确认	5	未进行扣2分/件	
			对配件表面进行目测检查与清洁	目测检查压圈、端板,去除磕碰伤高点与毛刺并清洁	5	不符合要求扣2分/个	
				目测检查转轴表面,有磕碰伤交由专业人员处置			
				目测检查冲片表面锈蚀、油污并清洁			
			对主要装配尺寸进行过程检查	过程中进行通槽检查	5	不符合要求扣2分/个	
				过程中进行铁长检查			
				过程中进行通风孔、记号槽检查			

续上表

鉴定项目类别	鉴定项目名称	国家职业标准规定比重(%)	《框架》中鉴定要素名称	本命题中具体鉴定要素分解	配分	评分标准	考核难点说明
"E"	叠片铁芯	50	能够正确使用一般定位工装	正确使用短定位棒	5	不符合要求扣2分/个	
				正确使用长定位棒			
			能对一般不符合的配件进行简单处置	去除叠片过程中出现的凸片	5	不符合要求扣2分/项	
				去除有涂层锈蚀、缺角、断齿、弯曲、非工艺性变形冲片			
				有油污、灰尘、铁屑等附着杂物的冲片要进行清洁			
			在通槽检查后正确进行一般整形处置	通槽检查后对不齐度超差的实施整形	5	未执行的不得分	
	压装铁芯		铁芯预压、加压、保压过程操作正确，压力参数设置符合工艺要求	预压力为300～350 kN，保压时间为10 s，预压2次	5	不符合要求的扣2分/项	
				加压力为200～260 kN			
			能正确装配铁芯端板、压板	后压圈加热到120～140 ℃热套，转子前压板冷压，安装方向正确	5	不符合要求扣2分/项	
				转子两端端板安装方向正确			
			十字测量铁芯长度方法正确，能够进行简单的铁芯长度调整	保压状态下在圆周方向上每90°测量一点	5	不符合要求扣2分/项	
				按照测量结果增减冲片，使铁长达360～361.5 mm(含两端端板)			
			能正确紧固拉杆、正确安装环键或锁紧螺母，操作顺序正确	锁紧螺母紧固方法正确，紧固到位	5	未执行的不得分	
"F"	铁芯整形、检测	25	能够正确整理槽形，通槽检查	修理凸片、去除槽口毛刺、整理槽形	2	未执行的扣1分/项	
				进行通槽检查			
			能够根据图纸及工艺文件要求选用合适的量具，正确使用量具	选用500 mm游标卡尺，量具使用方法正确	2	未按规定操作的扣1分/项	
			能够检测铁芯长度、长度差(不等高)，检测方法正确	在圆周方向上十字测量四点	3	未按规定操作的扣2分/项	
				从四点计算出不等高			
			能够对产品质量进行一般性判断	从外观、齿松、齿涨等进行一般性质量判定	2	未执行的不得分	

续上表

鉴定项目类别	鉴定项目名称	国家职业标准规定比重(%)	《框架》中鉴定要素名称	本命题中具体鉴定要素分解	配分	评分标准	考核难点说明
“F”	铁芯整形、检测	25	能够对铁芯进行清洁与防护	铁芯进行表面清洁	2	未按规定操作的扣1分/项	
				转轴进行防护			
			交验记录填写	填写质量记录	2	未执行的不得分	
			工位器具归整	对于使用过的工装、工具、工位器具归整	2	未执行的不得分	
	设备维护与保养		能够正确使用和维护、保养自用设备	设备干净、工具未出现问题	5	不符合要求扣2分/项	
			能够及时发现运行故障	能够及时发现运行故障	2	不符合不得分	
			能正确使用工具、量具、测量仪器仪表，并能进行维护、保养	工具、量具正确摆放，在有效期限内	3	不符合要求扣1分/项	
质量、安全、工艺纪律、文明生产等综合考核项目				考核时限	不限	每超时10分钟，扣5分	
				工艺纪律	不限	依据企业有关工艺纪律管理规定执行，每违反一次扣10分	
				劳动保护	不限	依据企业有关劳动保护管理规定执行，每违反一次扣10分	
				文明生产	不限	依据企业有关文明生产管理规定执行，每违反一次扣10分	
				安全生产	不限	依据企业有关安全生产管理规定执行，每违反一次扣10分，有重大安全事故，取消成绩	

铁芯叠装工(中级工)技能操作考核框架

一、框架说明

1. 依据《国家职业标准》注,以及中国中车确定的"岗位个性服从于职业共性"的原则,提出铁芯叠装工(高级工)技能操作考核框架(以下简称:技能考核框架)。

2. 本职业等级技能操作考核评分采用百分制。即:满分为 100 分,60 分为及格,低于 60 分为不及格。

3. 实施"技能考核框架"时,考核制件(活动)命题可以选用本企业的加工件(活动项目),也可以结合实际另外组织命题。

4. 实施"技能考核框架"时,考核的时间和场地条件等应依据《国家职业标准》,并结合企业实际确定。

5. 实施"技能考核框架"时,其"职业功能"的分类按以下要求确定:

(1)"加工与装配"属于本职业等级技能操作的核心职业活动,其"项目代码"为"E"。

(2)"工艺准备"、"检测工作"、"设备的维护与保养"属于本职业等级技能操作的辅助性活动,其"项目代码"分别为"D"和"F"。

6. 实施"技能考核框架"时,其"鉴定项目"和"选考数量"按以下要求确定:

(1)按照《国家职业标准》有关技能操作鉴定比重的要求,本职业等级技能操作考核制件的"鉴定项目"应按"D"+"E"+"F"组合,其考核配分比例相应为:"D"占 20 分,"E"占 55 分,"F"占 25 分(其中:检测工作 15 分,设备维护与保养 10 分)。

(2)依据中国中车确定的"核心职业活动选取 2/3,并向上取整"的规定,在"E"类鉴定项目——"加工与装配"的全部 3 项中,至少选取 2 项。

(3)依据中国中车确定的"其余'鉴定项目'的数量可以任选"的规定,"D"和"F"类鉴定项目——"工艺准备"、"检测工作"、"设备的维护与保养"中,至少分别选取 1 项。

(4)依据中国中车确定的"确定'选考数量'时,所涉及'鉴定要素'的数量占比,应不低于对应'鉴定项目'范围内'鉴定要素'总数的 60%,并向上取整"的规定,考核制件的鉴定要素"选考数量"应按以下要求确定:

①在"D"类"鉴定项目"中,在已选定的至少 1 个鉴定项目中,至少选取已选鉴定项目所对应的全部鉴定要素的 60%项,并向上保留整数。

②在"E"类"鉴定项目"中,在已选定的至少 2 个鉴定项目所包含的全部鉴定要素中,至少选取总数的 60%项,并向上保留整数。

③在"F"类"鉴定项目"中,对应"检测工作"的 7 个鉴定要素,至少选取 5 项;对应"设备的维护与保养的"的 4 个鉴定要素,至少选取 3 项。

举例分析:

按照上述"第 6 条"要求,若命题时按最少数量选取,即:在"D"类鉴定项目中选取了"叠装工艺”1项，在“E”类鉴定项目中选取了“叠片铁芯”、“压装铁芯”2项，在“F”类鉴定项目中分别选取了“铁芯整形、检测”和“设备维护与保养”2项，则：

此考核制件所涉及的“鉴定项目”总数为5项，具体包括：“叠装工艺”、“叠片铁芯”、“压装铁芯”、“铁芯整形、检测”、“设备维护与保养”；

此考核制件所涉及的鉴定要素“选考数量”相应为17项，具体包括：“叠装工艺”鉴定项目包含的全部2个鉴定要素中的2项，“叠片铁芯”、“压装铁芯”2个鉴定项目包括的全部11个鉴定要素中的7项，“铁芯整形、检测”鉴定项目包含的全部7个鉴定要素中的5项，“设备的维护与保养”鉴定项目包含的全部4个鉴定要素中的3项。

7. 本职业等级技能操作需要两人及以上共同作业的，可由鉴定组织机构根据“必要、辅助”的原则，结合实际情况确定协助人员的数量。在整个操作过程中，协助人员只能起必要、简单的辅助作用。否则，每违反一次，至少扣减应考者的技能考核总成绩10分，直至取消其考试资格。

8. 实施“技能考核框架”时，应同时对应考者在质量、安全、工艺纪律、文明生产等方面行为进行考核。对于在技能操作考核过程中出现的违章作业现象，每违反一项(次)至少扣减技能考核总成绩10分，直至取消其考试资格。

注：按照中国中车规定，各《职业技能操作考核框架》的编制依据现行的《国家职业标准》或现行的《行业职业标准》或现行的《中国中车职业标准》的顺序执行。

二、铁芯叠装工(中级工)技能操作鉴定要素细目表

<table>
<tr><th rowspan="2">职业功能</th><th colspan="4">鉴定项目</th><th colspan="3">鉴定要素</th></tr>
<tr><th>项目代码</th><th>名　称</th><th>鉴定比重(%)</th><th>选考方式</th><th>要素代码</th><th>名　称</th><th>重要程度</th></tr>
<tr><td rowspan="5">工艺准备</td><td rowspan="5">D</td><td rowspan="3">读图识图</td><td rowspan="5">20</td><td rowspan="5">任选</td><td>001</td><td>能读懂冲片、转轴、压板、端板等零件工作图</td><td>Y</td></tr>
<tr><td>002</td><td>能读懂铁芯装配图及技术要求</td><td>Y</td></tr>
<tr><td>003</td><td>懂得所有配件及其装配位置关系</td><td>Y</td></tr>
<tr><td rowspan="2">叠装工艺</td><td>001</td><td>能读懂定、转子铁芯叠压工艺文件，读懂铁芯装配方法以及工艺流程</td><td>X</td></tr>
<tr><td>002</td><td>能正确领取所需工装、工具、量具，确认并清洁</td><td>X</td></tr>
<tr><td rowspan="10">加工与装配</td><td rowspan="10">E</td><td rowspan="3">加工铁芯片</td><td rowspan="10">55</td><td rowspan="10">至少选2项</td><td>001</td><td>能够进行一般冲裁模具的安装与调试</td><td>X</td></tr>
<tr><td>002</td><td>能够进行冲裁与叠片过程毛刺的检查</td><td>X</td></tr>
<tr><td>003</td><td>能够进行铁芯片简单质量检查</td><td>X</td></tr>
<tr><td rowspan="7">叠片铁芯</td><td>001</td><td>按照图纸要求领取配件，使用前对合格标识(合格证、PC表)进行确认</td><td>X</td></tr>
<tr><td>002</td><td>能对配件表面进行目测检查与清洁</td><td>Y</td></tr>
<tr><td>003</td><td>能够正确判断配件安装的方向性</td><td>X</td></tr>
<tr><td>004</td><td>能够对装配尺寸进行过程检查</td><td>X</td></tr>
<tr><td>005</td><td>能够正确使用定位工装</td><td>X</td></tr>
<tr><td>006</td><td>能对不符合要求的配件进行一般处置</td><td>Y</td></tr>
<tr><td>007</td><td>能进行整形处置与通槽检查</td><td>X</td></tr>
</table>

续上表

<table>
<tr><th rowspan="2">职业功能</th><th colspan="5">鉴定项目</th><th colspan="3">鉴定要素</th></tr>
<tr><th>项目代码</th><th>名 称</th><th>鉴定比重(%)</th><th>选考方式</th><th>要素代码</th><th>名 称</th><th>重要程度</th></tr>
<tr><td rowspan="4">加工与装配</td><td rowspan="4">E</td><td rowspan="4">压装铁芯</td><td rowspan="4">55</td><td rowspan="4">至少选2项</td><td>001</td><td>能用冷装、一般的热套等任一方法进行装配</td><td>X</td></tr>
<tr><td>002</td><td>铁芯预压、加压、保压过程操作正确,压力参数设置符合工艺要求</td><td>X</td></tr>
<tr><td>003</td><td>铁芯长度十字测量四点方法正确,能够进行铁芯长度调整</td><td>X</td></tr>
<tr><td>004</td><td>能正确紧固拉杆、正确安装环键或锁紧螺母,操作顺序正确</td><td>X</td></tr>
<tr><td rowspan="7">检测工作</td><td rowspan="11">F</td><td rowspan="7">铁芯整形、检测</td><td rowspan="11">25</td><td rowspan="11">必选</td><td>001</td><td>能够正确整理槽形,去除凸片、槽口毛刺,进行通槽检查</td><td>X</td></tr>
<tr><td>002</td><td>能够根据图纸及工艺文件要求选用合适的量具,正确使用量具</td><td>X</td></tr>
<tr><td>003</td><td>能够确认铁芯长度、长度差(不等高)合格,十字测量四点方法正确</td><td>X</td></tr>
<tr><td>004</td><td>能够正确判断产品质量是否满足要求,能够对一般问题进行修整处置</td><td>X</td></tr>
<tr><td>005</td><td>能够对铁芯进行清洁与防护</td><td>X</td></tr>
<tr><td>006</td><td>交验记录填写</td><td>X</td></tr>
<tr><td>007</td><td>工位器具归整</td><td>Y</td></tr>
<tr><td rowspan="4">设备的维护与保养</td><td rowspan="4">设备使用及维护</td><td>001</td><td>能够正确维护、保养自用设备</td><td>Y</td></tr>
<tr><td>002</td><td>能够及时发现运行故障,能够对一般性故障进行处置</td><td>Y</td></tr>
<tr><td>003</td><td>正确使用叠压设备,熟练操作,能正确设置相关参数,并填写记录</td><td>Y</td></tr>
<tr><td>004</td><td>能正确使用工具、量具、测量仪器仪表,并能进行维护、保养</td><td>Y</td></tr>
</table>

中国中车
CRRC

铁芯叠装工(中级工)
技能操作考核样题与分析

职业名称：____________________

考核等级：____________________

存档编号：____________________

考核站名称：____________________

鉴定责任人：____________________

命题责任人：____________________

主管负责人：____________________

中国中车股份有限公司劳动工资部制

职业技能鉴定技能操作考核制件图示或内容

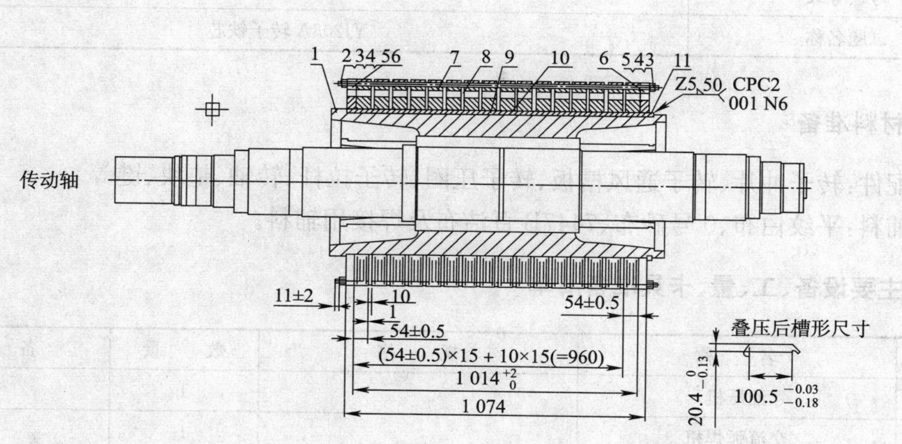

技术要求：

1. 叠压系数大于 0.975；
2. 槽钢不整齐度小于 0.15；
3. 叠压时接冲片质量为准，数量仅供参考；
4. 拉杆两端紧固后点焊螺母；
5. 拉杆对铁芯绝缘电阻大于 100 MΩ；
6. 项 3 的紧固力矩 7.5 N・m；
7. 在满足槽底尺寸情况下，保持适当压力，使项 11 维持在相配的槽底并焊接；
8. 转子叠压完后要求用工装支撑，不允许落地，以防冲片变形；
9. 压圈上槽型与冲片槽型保持一致。

职业名称	铁芯叠装工
考核等级	中级工
试题名称	YJ203A 转子铁芯
材质等信息：无	

职业技能鉴定技能操作考核准备单

职业名称	铁芯叠装工
考核等级	中级工
试题名称	YJ203A 转子铁芯

一、材料准备

1. 配件:转子冲片、转子通风槽板、转子压圈、转子拉杆、转轴、垫块、键等。
2. 辅料:平纹白布、0 号砂布、7447B 百洁布及焊接用辅料。

二、主要设备、工、量、卡具准备清单

序号	名　称	规　格	数　量	备　注
1	油压机		1	
2	交流弧焊机		1	
3	游标卡尺	1 500 mm	1	
4	2 m 卷尺	2 m 卷尺	1	
5	角尺	500 mm×315 mm	1	
6	ST054 四脚吊具	2 m×2 t	1	
7	环形尼龙绳	ϕ25 mm×8 m	1	
8	吊环螺钉	M12、M16、M20、M24	各 2	
9	叠压底座	946 · 5216770409 · 01000	1	
10	长定位棒	946 · 5216770409 · 03000	4	
11	通槽棒	946 · 5216770409 · 05000	1	
12	轴头吊具	946 · 5216770409 · 12000	1	
13	上压板	946 · 5216770409 · 10000	1	
14	短定位棒	946 · 5216770409 · 02000	8	
15	整形棒	946 · 5216770409 · 06000	1	
16	铁芯压具	946 · 5216770409 · 07000		

三、考场准备

1. 相应的公用设备,设备与器具的润滑与冷却等。
2. 相应的场地及安全防范措施。
3. 其他准备。

四、考核内容及要求

1. 考核内容(按考核制件图示及要求制作)
2. 考核时限:6 h
3. 考核评分(表)

职业名称	铁芯叠装工		考核等级	中级工	
试题名称	YJ203A 转子铁芯		考核时限	6 h	
鉴定项目	考核内容	配分	评分标准	扣分说明	得分
读图识图	读懂铁芯装配图	10	认真读懂装配图,了解装配需要的零部件,掌握技术要求内容,不符合要求扣3分/项		
装配工艺	读懂叠压工艺文件	10	掌握装配方法以及工艺流程,不符合要求扣3分/项		
	按照要求领取所需工装、工具、量具等		领全所需工装、工具、量具并清洁,不符合要求扣3分/项		
叠片铁芯	配件确认	35	按标识进行配件确认,不符合要求扣2分/个		
	对配件表面进行目测检查与清洁		装配前目测检查配件表面,做必要的清洁,不符合要求扣2分/项		
	对各种装配尺寸进行过程检查		过程中进行槽形、铁长、径向通风结构铁长控制,不符合要求扣3分/个		
	能够正确使用定位工装		定位棒使用与调整正确,熟练掌握使用通风槽定位装置,未执行的不得分		
	能对一般不符合的配件进行简单处置		对凸片、有涂层锈蚀、缺角、断齿、弯曲、非工艺性变形冲片的处置,不符合要求扣2分/项		
	能进行整形处置与通槽检查		通槽检查后对不齐度超差的实施整形,不符合要求的扣2分/项		
压装铁芯	铁芯预压、加压、保压过程操作正确,压力参数设置符合工艺要求	20	预压、加压、保压过程及参数设置,能够按照工艺执行,不符合要求的扣2分/项		
	能正确装配铁芯端板、压板		转子通风槽板、转子压圈装配顺序、方向正确,不符合要求的扣2分/项		
	铁芯长度测量方法正确,能够进行简单的铁芯长度调整		保压状态下在圆周方向上十字测量四点,按照测量尺寸增减冲片,不符合要求的扣2分/项		
	能正确紧固拉杆、正确安装环键或锁紧螺母,操作顺序正确		对称、均匀紧固转子拉杆,安装垫块方法正确,未按规定操作的扣2分/项		
铁芯整形检测	能够正确整理槽形,通槽检查	15	整理槽形,修理凸片、去除槽口毛刺、进行通槽检查,未执行的扣1分/项		
	能够根据图纸及工艺文件要求选用合适的量具,正确使用量具		选用工艺规定的量具,量具使用方法正确,未按规定操作的扣1分/项		
	能够检测铁芯长度、长度差(不等高),检测方法正确		在圆周方向上十字测量四点,从四点计算出不等高,不符合要求的扣2分/项		
	能够对产品质量进行一般性判断		从齿松、齿胀、通风槽板等进行外观性质量判定,未按规定操作扣1分/项		
	能够对铁芯进行清洁与防护		对铁芯进行表面清洁,对转轴进行防护,未按规定操作的扣1分/项		
	交验记录填写		填写质量记录,未操作的扣1分/项		
	工位器具归整		对于使用过的工装、工具、工位器具归整,未按规定操作的扣2分/项		

续上表

鉴定项目	考核内容	配分	评分标准	扣分说明	得分
设备维护与保养	能够正确使用和维护、保养自用设备	10	设备干净、工具未出现问题，不符合要求扣2分/项		
	能正确使用工具、量具、测量仪器仪表，并能进行维护、保养		工具、量具正确摆放，在有效期限内，不符合要求扣1分/项		
质量、安全、工艺纪律、文明生产等综合考核项目	考核时限	不限	每超时10分钟，扣5分		
	工艺纪律	不限	依据企业有关工艺纪律管理规定执行，每违反一次扣10分		
	劳动保护	不限	依据企业有关劳动保护管理规定执行，每违反一次扣10分		
	文明生产	不限	依据企业有关文明生产管理规定执行，每违反一次扣10分		
	安全生产	不限	依据企业有关安全生产管理规定执行，每违反一次扣10分，有重大安全事故，取消成绩		

职业技能鉴定技能考核制件(内容)分析

职业名称	铁芯叠装工
考核等级	中级工
试题名称	YJ203A 转子铁芯
职业标准依据	《国家职业标准》

试题中鉴定项目及鉴定要素的分析与确定

分析事项 \ 鉴定项目分类	基本技能“D”	专业技能“E”	相关技能“F”	合计	数量与占比说明
鉴定项目总数	2	3	2	8	核心职业活动占比大于 2/3
选取的鉴定项目数量	2	2	2	6	
选取的鉴定项目数量占比(%)	100	66.7	100	75	
对应选取鉴定项目所包含的鉴定要素总数	5	11	11	27	鉴定要素数量占比大于 60%
选取的鉴定要素数量	3	10	10	23	
选取的鉴定要素数量占比(%)	60	91	91	85	

所选取鉴定项目及鉴定要素分解

鉴定项目类别	鉴定项目名称	国家职业标准规定比重(%)	《框架中》鉴定要素名称	本命题中具体鉴定要素分解	配分	评分标准	考核难点说明
“D”	读图识图	20	读懂铁芯装配图	铁芯主结构图	10	确定各零配件,不符合要求扣 3 分/项	
				明细表各配件内容			
				技术要求			
	叠装工艺		能读懂转子铁芯叠压工艺文件,了解装配方法以及工艺流程	读懂工艺文件	5	制定装配方法与顺序,不符合要求扣 3 分/项	
				各零部件装配方法			
				装配流程			
			能正确领取所需工装、工具、量具,确认并清洁	能正确领取所需工装、工具、量具,确认并清洁	5		
“E”	叠片铁芯	55	按照图纸要求领取配件,使用前对合格标识(合格证、PC 表)进行确认	按标识进行配件确认	5	未进行扣 2 分/件	
			对配件表面进行目测检查与清洁	目测检查压圈、端板,去除磕碰伤高点与毛刺并清洁	5	不符合要求扣 2 分/个	
				目测检查转轴表面,有磕碰伤交由专业人员处置			
				目测检查冲片表面锈蚀、油污并清洁			
			对主要装配尺寸进行过程检查	过程中进行通槽检查	9	不符合要求扣 3 分/个	
				过程中进行铁长检查			
				过程中进行通风孔、记号槽检查			

续上表

鉴定项目类别	鉴定项目名称	国家职业标准规定比重(%)	《框架中》鉴定要素名称	本命题中具体鉴定要素分解	配分	评分标准	考核难点说明
"E"	叠片铁芯	55	能够正确使用定位工装	正确使用短定位棒	5	不符合要求扣2分/个	
				正确使用长定位棒			
			能对一般不符合的配件进行简单处置	去除叠片过程中出现的凸片	6	不符合要求扣2分/项	
				去除有涂层锈蚀、缺角、断齿、弯曲、非工艺性变形冲片			
				有油污、灰尘、铁屑等附着杂物的冲片要进行清洁			
			能进行整形处置与通槽检查	通槽检查后对不齐度超差的实施整形	5	未执行的不得分	
	压装铁芯		铁芯预压、加压、保压过程操作正确,压力参数设置符合工艺要求	预压力为650～750 kN,保压时间为30 s	5	不符合要求的扣2分/项	
				加压力为500～550 kN			
			能正确装配铁芯端板、压圈	转子压圈安装方向与顺序正确	5	不符合要求扣2分/项	
				转子通风槽板安装方向正确			
			铁芯长度测量方法正确,能够进行简单的铁芯长度调整	在铁芯压具保压状态下圆周方向上十字测量四点	5	不符合要求扣2分/项	
				每档及各档积累长度测量正确			
				按照测量结果增减冲片,使铁长达1014～1016 mm,不含转子压圈			
			能正确紧固拉杆、正确安装垫块,操作顺序正确	锁紧螺母紧固方法正确,紧固力矩为75 N·m	5	未执行的不得分	
"F"	铁芯整形、检测	25	能够正确整理槽形,通槽检查	修理凸片、去除槽口毛刺、整理槽形,进行通槽检查	2	未执行的扣1分/项	
			能够根据图纸及工艺文件要求选用合适的量具,正确使用量具	选用500 mm游标卡尺,量具使用方法正确,	2	未按规定操作的扣1分/项	
			能够检测铁芯长度、长度差(不等高),检测方法正确	在圆周方向上十字测量四点	3	未按规定操作的扣2分/项	
				从四点计算出不等高			
			能够对产品质量进行一般性判断	从外观、齿松、齿胀等进行一般性质量判定	2	未执行的不得分	

续上表

鉴定项目类别	鉴定项目名称	国家职业标准规定比重(%)	《框架》中鉴定要素名称	本命题中具体鉴定要素分解	配分	评分标准	考核难点说明
"F"	铁芯整形、检测	25	能够对铁芯进行清洁与防护	铁芯进行表面清洁	2	未按规定操作的扣1分/项	
				转轴进行防护			
			交验记录填写	填写质量记录	2	未执行的不得分	
			工位器具归整	对于使用过的工装、工具、工位器具归整	2	未执行的不得分	
	设备维护与保养		能够正确使用和维护、保养自用设备	设备干净、工具未出现问题	5	不符合要求扣2分/项	
			能够及时发现运行故障,能够对一般性故障进行处置	能够及时发现运行故障,能够对一般性故障进行处置	2	不符合不得分	
			能正确使用工具、量具、测量仪器仪表,并能进行维护、保养	工具、量具正确摆放,在有效期限内	3	不符合要求扣1分/项	
质量、安全、工艺纪律、文明生产等综合考核项目				考核时限	不限	每超时10分钟,扣5分	
				工艺纪律	不限	依据企业有关工艺纪律管理规定执行,每违反一次扣10分	
				劳动保护	不限	依据企业有关劳动保护管理规定执行,每违反一次扣10分	
				文明生产	不限	依据企业有关文明生产管理规定执行,每违反一次扣10分	
				安全生产	不限	依据企业有关安全生产管理规定执行,每违反一次扣10分,有重大安全事故,取消成绩	

铁芯叠装工(高级工)技能操作考核框架

一、框架说明

1. 依据《国家职业标准》注,以及中国中车确定的“岗位个性服从于职业共性”的原则,提出铁芯叠装工(高级工)技能操作考核框架(以下简称:技能考核框架)。

2. 本职业等级技能操作考核评分采用百分制。即:满分为 100 分,60 分为及格,低于 60 分为不及格。

3. 实施“技能考核框架”时,考核制件(活动)命题可以选用本企业的加工件(活动项目),也可以结合实际另外组织命题。

4. 实施“技能考核框架”时,考核的时间和场地条件等应依据《国家职业标准》,并结合企业实际确定。

5. 实施“技能考核框架”时,其“职业功能”的分类按以下要求确定:

(1)“加工与装配”属于本职业等级技能操作的核心职业活动,其“项目代码”为“E”。

(2)“工艺准备”、“检测工作”、“设备的维护与保养”、“培训指导”属于本职业等级技能操作的辅助性活动,其“项目代码”分别为“D”和“F”。

6. 实施“技能考核框架”时,其“鉴定项目”和“选考数量”按以下要求确定:

(1)按照《国家职业标准》有关技能操作鉴定比重的要求,本职业等级技能操作考核制件的“鉴定项目”应按“D”+“E”+“F”组合,其考核配分比例相应为:“D”占 15 分,“E”占 50 分,“F”占 35 分(其中:检测工作 15 分,设备维护与保养 10 分,“培训指导”10 分)。

(2)依据中国中车确定的“核心职业活动选取 2/3,并向上取整”的规定,在“E”类鉴定项目——“加工与装配”的全部 3 项中,至少选取 2 项。

(3)依据中国中车确定的“其余‘鉴定项目’的数量可以任选”的规定,“D”和“F”类鉴定项目——“工艺准备”、“检测工作”、“设备的维护与保养”、“培训指导”中,至少分别选取 1 项。

(4)依据中国中车确定的“确定‘选考数量’时,所涉及‘鉴定要素’的数量占比,应不低于对应‘鉴定项目’范围内‘鉴定要素’总数的 60%,并向上取整”的规定,考核制件的鉴定要素“选考数量”应按以下要求确定:

①在“D”类“鉴定项目”中,在已选定的至少 1 个鉴定项目中,至少选取已选鉴定项目所对应的全部鉴定要素的 60%项,并向上保留整数。

②在“E”类“鉴定项目”中,在已选定的至少 2 个鉴定项目所包含的全部鉴定要素中,至少选取总数的 60%项,并向上保留整数。

③在“F”类“鉴定项目”中,对应“检测工作”的 7 个鉴定要素,至少选取 5 项;对应“设备的维护与保养的”的 4 个鉴定要素,至少选取 3 项,对应“培训指导”,在已选定的至少 1 个鉴定项目中,至少选取已选鉴定项目所对应的全部鉴定要素的 60%项,并向上保留整数。

举例分析:

按照上述"第6条"要求,若命题时按最少数量选取,即:在"D"类鉴定项目中选取了"叠装工艺"1项,在"E"类鉴定项目中选取了"叠片铁芯"、"压装铁芯"2项,在"F"类鉴定项目中分别选取了"铁芯整形、检测"和"设备维护与保养"、"理论培训"3项,则:

此考核制件所涉及的"鉴定项目"总数为6项,具体包括:"叠装工艺"、"叠片铁芯"、"压装铁芯"、"铁芯整形、检测"、"设备维护与保养"、"理论培训"。

此考核制件所涉及的鉴定要素"选考数量"相应为20项,具体包括:"叠装工艺"鉴定项目包含的全部2个鉴定要素中的2项,"叠片铁芯"、"压装铁芯"2个鉴定项目包括的全部11个鉴定要素中的8项,"铁芯整形、检测"鉴定项目包含的全部7个鉴定要素中的5项,"设备的维护与保养"鉴定项目包含的全部4个鉴定要素中的3项,"理论培训" 鉴定项目包含的全部2个鉴定要素。

7. 本职业等级技能操作需要两人及以上共同作业的,可由鉴定组织机构根据"必要、辅助"的原则,结合实际情况确定协助人员的数量。在整个操作过程中,协助人员只能起必要、简单的辅助作用。否则,每违反一次,至少扣减应考者的技能考核总成绩10分,直至取消其考试资格。

8. 实施"技能考核框架"时,应同时对应考者在质量、安全、工艺纪律、文明生产等方面行为进行考核。对于在技能操作考核过程中出现的违章作业现象,每违反一项(次)至少扣减技能考核总成绩10分,直至取消其考试资格。

注:按照中国中车规定,各《职业技能操作考核框架》的编制依据现行的《国家职业标准》或现行的《行业职业标准》或现行的《中国中车职业标准》的顺序执行。

二、铁芯叠装工(高级工)技能操作鉴定要素细目表

职业功能	鉴定项目				鉴定要素		
	项目代码	名　称	鉴定比重(%)	选考方式	要素代码	名　称	重要程度
工艺准备	D	读图识图	15	任选	001	读懂解冲片、转轴、压板、端板等零件工作图	Y
					002	读懂解铁芯装配图、结构特点及技术要求,能够制定简单工艺顺序	Y
					003	明确所有配件及其装配位置关系	Y
		叠装工艺			001	能读懂定、转子铁芯叠压工艺文件,掌握铁芯装配方法以及工艺流程	X
					002	领取所需工装、工具、量具,并清洁	X
加工与装配	E	加工铁芯片	50	至少选2项	001	能够进行复杂冲裁模具的安装与调试	X
					002	能够按照要求进行转料	X
					003	能够进行铁芯片质量检查	X
		叠片铁芯			001	按照图纸要求领取配件,使用前对合格标识(合格证、PC表)进行确认	X
					002	能对配件表面进行检查与清洁	Y
					003	能够正确进行配件的方向与顺序安装	X
					004	能够对装配尺寸进行过程全面检查	X

续上表

鉴定项目					鉴定要素		
职业功能	项目代码	名　称	鉴定比重（%）	选考方式	要素代码	名　称	重要程度
加工与装配	E	叠片铁芯	50	至少选2项	005	能够正确使用定位装置，并调整	X
					006	能够对不符合要求的配件进行处置	Y
					007	熟练进行通槽检查与整形处置	X
		压装铁芯			001	能用冷叠片、热套转轴的方法进行复杂的铁芯装配	X
					002	铁芯预压、加压、保压过程操作正确熟练，压力参数设置符合工艺要求，对复杂铁芯装配能够提出合理方案	X
					003	铁芯长度十字测量四点方法正确，能够进行复杂的长度调整方案	X
					004	能正确紧固拉杆、正确安装环键或锁紧螺母，操作顺序正确	X
检测工作	F	铁芯整形检测	35	必选	001	能够正确整理槽形，去除凸片、槽口毛刺、进行通槽检查	X
					002	能够根据图纸及工艺文件要求选用合适的量具，正确使用量具	X
					003	能够确认铁芯长度、长度差（不等高）合格，十字四点检测方法正确	X
					004	能够正确判断产品质量是否满足要求，能够对问题铁芯进行修整处置	X
					005	能够对铁芯进行清洁与防护	X
					006	交验记录填写	X
					007	工位器具归整	Y
设备的维护与保养		设备维护与保养		必选	001	能够正确维护、保养自用设备	Y
					002	能够及时发现运行故障，并处置	Y
					003	掌握使用叠压设备，熟练操作，能正确设置相关参数，并填写记录	Y
					004	能正确使用工具、量具、测量仪器仪表，并能进行维护、保养	Y
培训指导		指导操作		任选	001	能够指导初级工进行实物技能操作	Z
					002	能够指导中级工进行实物技能操作	Z
		理论培训			001	能对初级工进行工艺、实做理论培训	Z
					002	能对中级工进行工艺、实做理论培训	Z

中国中车
CRRC

铁芯叠装工(高级工)
技能操作考核样题与分析

职 业 名 称：________________

考 核 等 级：________________

存 档 编 号：________________

考核站名称：________________

鉴定责任人：________________

命题责任人：________________

主管负责人：________________

中国中车股份有限公司劳动工资部制

职业技能鉴定技能操作考核制件图示或内容

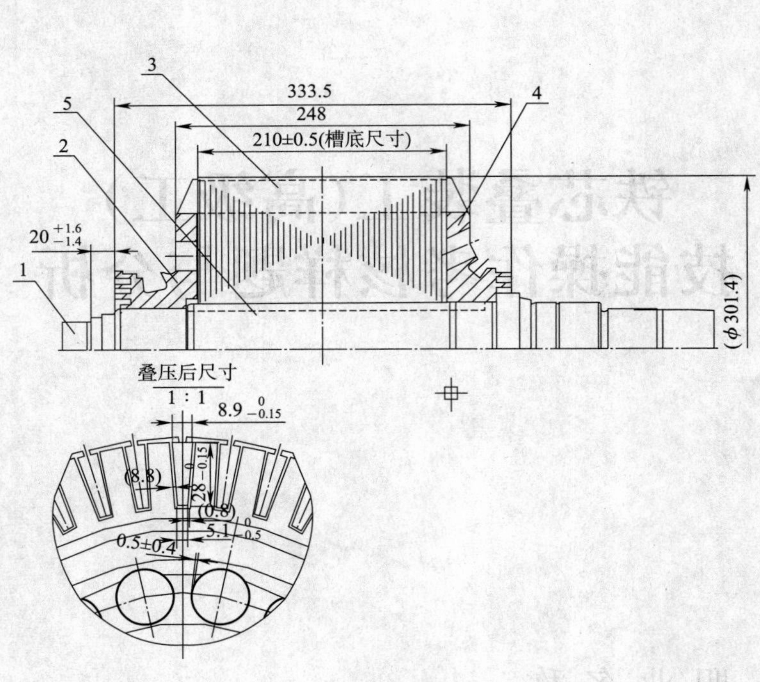

技术要求：

1. 建议叠压压力 170 kN；
2. 项 2，项 4 热套于项 1 上；
3. 轴上所套各部件的通风孔对齐；
4. 运输和储存时充分保护，以免磕碰和锈蚀。

职业名称	铁芯叠装工
考核等级	高级工
试题名称	YJ224B 转子铁芯
材质等信息：无	

职业技能鉴定技能操作考核准备单

职业名称	铁芯叠装工
考核等级	高级工
试题名称	YJ224B 转子铁芯

一、材料准备

1. 配件:转子冲片、转子前压板、转子后压板、转轴、铁芯键。
2. 辅料:90 号汽油、平纹白布、50 mm 纸胶带、7447B 百洁布、牛皮纸、0 号砂布。

二、主要设备、工、量、卡具准备清单

序号	名　称	规　格	数　量	备　注
1	YL-20D 四柱式油压机	100 t	1	
2	JSL-F 井式加热炉		1	
3	角尺	500 mm×315 mm	1	
4	游标卡尺	300 mm	1	
5	2 m 卷尺	2 m 卷尺	1	
6	F62 红外测温仪		1	
7	ST054 四脚吊具	2 m×2 t	1	
8	环形尼龙绳	ϕ25 mm×8 m	1	
9	吊环螺钉	M16、M20、M24	各 4	
10	叠压工装	946·5316770514·01000	1	
11	工艺轴	946·5316770514·02000	4	
12	通槽棒	946·5316770514·03000	1	
13	槽口定位棒	946·5316770437·08000	1	
14	叠压底座	946·5316770437·04000	1	
15	保压轴套	946·5316770437·06000	8	
16	校轴架	ZD22·946-161-000	1	

三、考场准备

1. 相应的公用设备,设备与器具的润滑与冷却等。
2. 相应的场地及安全防范措施。
3. 其他准备。

四、考核内容及要求

1. 考核内容(按考核制件图示及要求制作)
2. 考核时限:8 h
3. 考核评分(表)

职业名称	铁芯叠装工		考核等级	高级工	
试题名称	YJ224B转子铁芯		考核时限	8 h	
鉴定项目	考核内容	配分	评分标准	扣分说明	得分
读图识图	读懂铁芯装配图	5	读懂装配图,掌握铁芯结构特点、技术要求内容、装配需要的零部件,不符合要求扣1分/项		
装配工艺	读懂叠压工艺文件	10	掌握装配方法以及工艺流程,不符合要求扣2分/项		
	按照要求领取所需工装、工具、量具等		领全所需工装、工具、量具并清洁,不符合要求扣2分/项		
叠片铁芯	配件确认	30	按标识进行配件确认,核实定额量,不符合要求扣2分/个		
	对配件表面进行目测检查与清洁		装配前对配件做必要的检查、去除毛刺,并清洁,不符合要求扣2分/项		
	对主要装配尺寸进行过程检查		过程中进行槽形、铁长、记号槽、通风孔检查检查,不符合要求扣2分/项		
	能够正确使用定位工装		熟练使用定位棒并调整达到装配要求,不符合要求扣2分/项		
	能对不符合要求的配件进行处置		对凸片、有涂层锈蚀、缺角、断齿、弯曲、没有转料、非工艺性变形冲片的处置,不符合要求扣2分/项		
	熟练进行通槽检查与整形处置		通槽检查后对槽形、键槽不齐度超差的实施整形,不符合要求扣2分/项		
压装铁芯	预压、加压、保压过程操作正确熟练,压力参数设置正确,对复杂铁芯装配能够提出合理方案	20	预压、加压、保压、热套转轴过程熟练准确,参数设置正确,对热套铁芯装配能够提出合理方案,不符合要求的扣2分/项		
	能正确装配铁芯压板		转子压板装配正确,能够通过装配判断配合间隙的合理程度,不符合要求的扣2分/项		
	铁芯长度测量方法正确,能够进行复杂的长度调整方案		保压状态下在圆周方向上测量3～4点,按照测量尺寸增减冲片,不符合要求的扣2分/项		
	能正确紧固拉杆,力矩扳手使用正确		按规定力矩对称、均匀紧固拉杆,未按规定操作的扣2分/项		
铁芯整形检测	能够正确整理槽形,通槽检查	15	整理槽形,修理凸片、去除槽口毛刺、进行通槽检查,未执行的扣1分/项		
	能够根据图纸及工艺文件要求选用合适的量具,正确使用量具		选用300 mm游标卡尺(精度0.02 mm),量具使用方法正确,未按规定操作的扣1分/项		
	能够检测铁芯长度、长度差(不等高),检测方法正确		在圆周方向上测量3～4点,从3～4点计算出不等高,不符合要求扣2分/项		
	能够正确判断产品质量是否满足要求,能够对问题铁芯进行修整处置		从槽底缝隙、齿松、齿胀等进行外观质量判定,能够对问题铁芯进行修整处置,未按规定操作的扣1分/项		

续上表

鉴定项目	考核内容	配分	评分标准	扣分说明	得分
铁芯整形检测	能够对铁芯进行清洁与防护	15	对铁芯进行表面清洁，对转轴进行防护，未按规定操作的扣1分/项		
	交验记录填写		填写质量记录，不符合要求扣1分/项		
	工位器具归整		对于使用过的工装、工具、工位器具归整，未按规定操作的扣2分/项		
设备维护	能够正确使用和维护、保养自用设备	10	设备干净、工具未出现问题，不符合要求扣2分/项		
	能正确使用工具、量具、测量仪器仪表，并能进行维护、保养		工具、量具正确摆放，在有效期限内，不符合要求扣1分/项		
培训指导	指导操作	10	指导初(或中)级工进行实物技能操作，不符合要求扣2分/项		
	理论培训		对初(或中)级工进行工艺、实做理论培训，不符合要求扣2分/项		
质量、安全、工艺纪律、文明生产等综合考核项目	考核时限	不限	每超时10分钟，扣5分		
	工艺纪律	不限	依据企业有关工艺纪律管理规定执行，每违反一次扣10分		
	劳动保护	不限	依据企业有关劳动保护管理规定执行，每违反一次扣10分		
	文明生产	不限	依据企业有关文明生产管理规定执行，每违反一次扣10分		
	安全生产	不限	依据企业有关安全生产管理规定执行，每违反一次扣10分，有重大安全事故，取消成绩		

职业技能鉴定技能考核制件（内容）分析

职业名称	铁芯叠装工
考核等级	高级工
试题名称	YJ224B 转子铁芯
职业标准依据	《国家职业标准》

试题中鉴定项目及鉴定要素的分析与确定

分析事项 \ 鉴定项目分类	基本技能“D”	专业技能“E”	相关技能“F”	合计	数量与占比说明
鉴定项目总数	2	3	4	9	核心职业活动占比大于 2/3
选取的鉴定项目数量	2	2	3	7	
选取的鉴定项目数量占比(%)	100	66.7	75	78	
对应选取鉴定项目所包含的鉴定要素总数	5	11	13	29	鉴定要素数量占比大于 60%
选取的鉴定要素数量	3	10	12	25	
选取的鉴定要素数量占比(%)	60	91	92	86	

所选取鉴定项目及鉴定要素分解

鉴定项目类别	鉴定项目名称	国家职业标准规定比重(%)	《框架》中鉴定要素名称	本命题中具体鉴定要素分解	配分	评分标准	考核难点说明
“D”	读图识图	15	读懂铁芯装配图	铁芯主结构图	5	确定各零配件，不符合要求扣 1 分/项	
				明细表各配件内容			
				技术要求			
	叠装工艺		能读懂转子铁芯叠压工艺文件，了解装配方法以及工艺流程	读懂工艺文件	5	制定装配方法与顺序，不符合要求扣 2 分/项	
				各零部件装配方法			
				装配流程			
			领取所需工装、工具、量具，并清洁	领取所需工装、工具、量具，并清洁	5	不符合要求扣 2 分/个	
“E”	叠片铁芯	50	按照图纸要求领取配件，使用前对合格标识（合格证、PC 表）进行确认	按标识进行配件确认	5	未进行扣 2 分/件	
			对配件表面进行目测检查与清洁	目测检查压圈，去除磕碰伤高点与毛刺并清洁	5	不符合要求扣 2 分/个	
				目测检查转轴表面，有磕碰伤交由专业人员处置			
				目测检查冲片表面锈蚀、油污并清洁			
			对主要装配尺寸进行过程检查	过程中进行通槽检查	5	不符合要求扣 2 分/个	
				过程中进行铁长检查			
				过程中进行通风孔、记号槽检查			

续上表

鉴定项目类别	鉴定项目名称	国家职业标准规定比重(%)	《框架》中鉴定要素名称	本命题中具体鉴定要素分解	配分	评分标准	考核难点说明
“E”	叠片铁芯	50	能够正确使用定位工装	正确使用短定位棒	5	不符合要求扣2分/个	
				正确使用长定位棒			
			能对一般不符合的配件进行简单处置	去除叠片过程中出现的凸片	5	不符合要求扣2分/项	
				去除有涂层锈蚀、缺角、断齿、弯曲、非工艺性变形冲片			
				有油污、灰尘、铁屑等附着杂物的冲片要进行清洁			
			熟练进行通槽检查与整形处置	通槽检查后对不齐度超差的实施整形	5	未执行的不得分	
	压装铁芯		铁芯预压、加压、保压过程操作正确，压力参数设置符合工艺要求	预压力为500～550 kN，预压2次	5	不符合要求的扣2分/项	
				加压力为350～400 kN			
			能正确装配铁芯压板与工艺轴	后压圈加热到120～140℃热套，转子前压板冷压，安装方向正确	5	不符合要求扣2分/项	
				工艺轴安装后要垂直，保持从底座、下压板顺利退出			
			铁芯长度测量方法正确，能够进行简单的铁芯长度调整	保压状态下在圆周方向上均匀测量3～4点	5	不符合要求扣2分/项	
				按照测量结果增减冲片，铁长达(200±0.5)mm，铁芯长度差应≤0.5 mm			
			能正确紧固拉杆、正确安装环键或锁紧螺母，操作顺序正确	对称均匀紧固拉杆，紧固力矩为350～400 kN	5	未按规定操作的扣2分/项	
“F”	铁芯整形、检测	35	能够正确整理槽形，通槽检查	修理凸片、去除槽口毛刺、整理槽形	2	未执行的扣1分/项	
				进行通槽检查			
			能够根据图纸及工艺文件要求选用合适的量具，正确使用量具	选用300 mm游标卡尺，量具使用方法正确，	2	未按规定操作的扣1分/项	
			能够检测铁芯长度、长度差(不等高)，检测方法正确	在圆周方向上测量3～4点	3	未按规定操作的扣2分/项	
				从3～4点计算出铁芯长度差应≤0.5 mm			
			能够对产品质量进行一般性判断	从槽底缝隙、齿松、齿胀等进行外观质量判定	2	未按规定操作的扣1分/项	

续上表

<table>
<tr><th>鉴定项目类别</th><th>鉴定项目名称</th><th>国家职业标准规定比重(%)</th><th>《框架》中鉴定要素名称</th><th>本命题中具体鉴定要素分解</th><th>配分</th><th>评分标准</th><th>考核难点说明</th></tr>
<tr><td rowspan="10">“F”</td><td rowspan="4">铁芯整形、检测</td><td rowspan="10">35</td><td rowspan="2">能够对铁芯进行清洁与防护</td><td>铁芯进行表面清洁</td><td rowspan="2">2</td><td rowspan="2">未按规定操作的扣1分/项</td><td rowspan="2"></td></tr>
<tr><td>转轴进行防护</td></tr>
<tr><td>交验记录填写</td><td>填写质量记录</td><td>2</td><td>未执行的不得分</td><td></td></tr>
<tr><td>工位器具归整</td><td>对于使用过的工装、工具、工位器具归整</td><td>2</td><td>未执行的不得分</td><td></td></tr>
<tr><td rowspan="3">设备维护与保养</td><td>能够正确使用和维护、保养自用设备</td><td>设备干净、工具未出现问题</td><td>5</td><td>不符合要求扣2分/项</td><td></td></tr>
<tr><td>能够及时发现运行故障,并处置</td><td>能够及时发现运行故障,并处置</td><td>2</td><td>不符合不得分</td><td></td></tr>
<tr><td>能正确使用工具、量具、测量仪器仪表,并能进行维护、保养</td><td>工具、量具正确摆放,在有效期限内</td><td>3</td><td>不符合要求扣1分/项</td><td></td></tr>
<tr><td rowspan="2">指导操作</td><td>能够指导初级工进行实物技能操作</td><td>能够指导初级工进行实物技能操作</td><td>5</td><td>无法执行的不得分</td><td></td></tr>
<tr><td>能够指导中级工进行实物技能操作</td><td>能够指导中级工进行实物技能操作</td><td>5</td><td>无法执行的不得分</td><td></td></tr>
<tr><td colspan="3"></td><td></td><td></td></tr>
<tr><td colspan="4" rowspan="5">质量、安全、工艺纪律、文明生产等综合考核项目</td><td>考核时限</td><td>不限</td><td>每超时10分钟,扣5分</td><td></td></tr>
<tr><td>工艺纪律</td><td>不限</td><td>依据企业有关工艺纪律管理规定执行,每违反一次扣10分</td><td></td></tr>
<tr><td>劳动保护</td><td>不限</td><td>依据企业有关劳动保护管理规定执行,每违反一次扣10分</td><td></td></tr>
<tr><td>文明生产</td><td>不限</td><td>依据企业有关文明生产管理规定执行,每违反一次扣10分</td><td></td></tr>
<tr><td>安全生产</td><td>不限</td><td>依据企业有关安全生产管理规定执行,每违反一次扣10分,有重大安全事故,取消成绩</td><td></td></tr>
</table>

参 考 文 献

[1] 国家职业标准. 铁芯叠装工. 北京:中国劳动社会保障出版社,2004.
[2] 机械工业职业技能鉴定指导中心. 铁芯叠装工. 北京:机械工业出版社,2013.
[3] 变压器制造技术丛书编审委员会. 变压器铁芯制造工艺. 北京:机械工业出版社,1998.
[4] 曲永恒. 电机铁芯制造工艺手册. 上海:上海交通大学出版社,2013.
[5] 胡志强. 电机制造工艺学. 北京:机械工业出版社,2011.